WISSENSCHAFT IST DAS, WAS AUCH DANN GILT, WENN MAN NICHT DRAN GLAUBT

Das große Jubelbuch der Science Busters

Hanser

1. Auflage 2022

ISBN 978-3-446-27418-1
© 2022 Carl Hanser Verlag GmbH & Co. KG, München
Covergestaltung und Illustrationen: Büro Alba, München
Satz: Sandra Hacke, Dachau
Druck und Bindung: Friedrich Pustet, Regensburg
Printed in Germany

MIX
Papier | Fördert
gute Waldnutzung
FSC® C014889

Inhalt

Im 7. Jahrhundert v. u. Z. stritt sich der griechische Bauer Hesiod mit seinem Bruder Perses. Der wollte schnell reich werden und nicht, wie Hesiod, sein Geld durch harte landwirtschaftliche Arbeit verdienen. Und wie man das eben so macht unter streitenden Bauernbrüdern, dachte sich Hesiod mal eben 828 Hexameter aus, um dem unwilligen Bruder seinen fehlerhaften Lebenswandel in Form des Lehrgedichts *Werke und Tage* vorzuhalten. Und erklärte ihm darin auch gleich die Ordnung des Kosmos und die Geschichte der Menschheit. Danach ist sehr viel Geschichte passiert, und 2007 wurden folgerichtig die Science Busters gegründet.

Das ist, zugegebenermaßen, keine vollständige Geschichte der Wissenschaftskommunikation.* Aber wenn man davon ausgeht, dass die Science Busters deren Höhepunkt darstellen, und anders ist es eigentlich kaum denkbar, dann verpasst man auch nicht viel, wenn man all das ignoriert, was vor uns gekommen ist. Konzentrieren wir uns also auf den Ursprung der Science Busters.

Von der Science Boygroup zur Kelly Family der Naturwissenschaften – Prequel and early years

Ziemlich genau 13,8 Milliarden Jahre nach dem Urknall, ob der an einem Donnerstag war oder Freitag, da gehen die Quellen auseinander, ist Heinz Oberhummer emeritiert worden.

Davor war er Assistenzprofessor an der TU Wien für Theoretische Physik, Astrophysik, Teilchenphysik, Didaktik der Physik, Kosmologie und noch manches mehr, wenn man davon ausgeht, Fachkraft zu sein, nur weil man auf einem wissenschaftlichen Paper als Autor oder Co-Autor geführt wird. Der russische Regisseur Andrei Tarkowski lässt in seinem Film

---

* Wenn jemand daran interessiert sein sollte: Einen Überblick dazu findet man in *Genealogy of Popular Science: From Ancient Ecphrasis to Virtual Reality* von Jesús Muñoz Morcillo und Caroline Y. Robertson-Von Trotha. Ist aber genauso schwer zu kriegen, wie der Titel überfrachtet ist, und noch dazu nicht billig. Wir leihen es aber gerne aus, wenn man uns lieb fragt.

Nostalghia die Hauptdarstellerin sinngemäß sagen, mit manchen Männern gehe man nur deshalb ins Bett, damit sie endlich zu reden aufhörten. So war es bei Heinz Oberhummer sicherlich nicht, aber man könnte schon mutmaßen, dass er überall so lange lästig war, bis er irgendwo Professor geworden ist. Emeritiert worden ist er schließlich als Professor für Theoretische Physik, möglicherweise, weil dort der Andrang am geringsten war. Jedenfalls kann der Tag der Pensionierung als offizieller Startschuss gelten, nach dem sich ein paar Tausend Billiarden menschliche Zellen auf den Weg gemacht haben, das zu werden, was in den letzten 15 Jahren als Science Busters von sich reden gemacht hat. Wenn man so möchte, ist also das österreichische Beamtendienstrecht mitschuldig daran, dass die schärfste Science Boygroup der Milchstraße das Licht der Welt erblickt hat.

Denn während seiner Laufbahn als Universitätsprofessor hatte sich Heinz Oberhummer gehütet, populärwissenschaftlich auffällig zu werden. Forschen, ja bitte, Lehren, wenn es sein muss, aber populärwissenschaftliche Vorträge halten, das sieht der Gesetzgeber nicht vor. Wer für so was Zeit hat, der kann nicht genug forschen und folglich auch nicht publizieren und Karriere machen.

Den Menschen, mit deren Geld ein Großteil der Forschung finanziert wird und die letztlich von den Ergebnissen auch profitieren sollen, zu erklären, was genau man herausgefunden hat und wie toll das sei, galt an den Universitäten viele Jahrhunderte lang als reine Zeitverschwendung. Noch Florian Freistetter, der 2014 zu den Science Busters gestoßen ist, hat erlebt, dass ihn ein Vorgesetzter an einer deutschen Universitäts-Sternwarte gerügt hat, weil er in seiner Freizeit zu viele Blogartikel verfasst hatte. Dadurch könnte in der Öffentlichkeit der Eindruck entstehen, an der Uni würde nicht ordentlich gearbeitet, sondern er, Freistetter, würde mit Steuergeldern dafür bezahlt, schlichte Aufsätze zu tippen, die alle verstehen können. Anstatt zu forschen. Was solle denn die Öffentlichkeit glauben, was auf einer Uni passiere!

Die Situation hat sich nicht nur in Österreich, sondern weltweit in den vergangenen 15 Jahren deutlich verbessert. Dass es da einen Zusammenhang mit der Gründung der Science Busters gibt, haben Sie gesagt.

Aber wie bitter sich diese Arroganz und Ignoranz rächen würden, haben wir während der laufenden Pandemie erleben müssen. Heerscharen von

Nichtswisser:innen haben sich plötzlich als Fachkräfte für Virologie, Impfstoffherstellung und Epidemiologie aufgespielt. Als Experten für »Normale Grippewellen«, an denen das einzig Normale ist, dass jedes Jahr Tausende Menschen nur deshalb daran sterben, weil so viele andere so rücksichtslos und selbstsüchtig und faul sind, sich nicht impfen zu lassen. Und dafür auch noch als »Impfskeptiker:innen« geadelt werden wollen. Als ob es so was gäbe. Was für ein Unsinn. Impfungen gehören zu den größten Errungenschaften der Zivilisation, und es gibt schon seit, äh, Moment, da muss ich im Kalender schauen *(Papierrascheln)* – ah ja, genau. Es gibt schon seit rund 150 Jahren kein vernünftiges Argument mehr, eine Schutzimpfung nicht in Anspruch zu nehmen, wenn gesundheitlich nichts dagegen spricht. »Impfskepsis« ist ein Nullwort wie Schulmedizin oder Elektrosmog. So was gibt es einfach nicht. Auch wenn es das Wort bis in seriöse Medien geschafft hat, wo man vor lauter Furcht, Blödmänner und -frauen auch als genau das zu bezeichnen, was sie sind, nämlich Blödmänner und -frauen, auf diesen Quatschausdruck zurückgegriffen hat. Skeptizismus ist etwas komplett anderes. Und bedeutet nicht, einfach etwas in Zweifel zu ziehen und sich schon dadurch im Recht zu fühlen, egal ob man vernünftige Einwände hat oder nicht. Skeptizismus hat mit Nachdenken und dem Abwägen rationaler Argumente zu tun. Und davon kann bei »Impfskeptiker:innen« keine Rede sein. Der Wissensstand, was Impfungen betrifft, ist grundsätzlich ein anderer, als von solchen behauptet wird. Je mehr Menschen geimpft sind, etwa gegen Masern, Mumps, Röteln oder Corona, desto weniger Chancen bestehen für Krankheiten. Und desto mehr Sicherheit für alle, vor allem auch für die, die zu jung sind, um geimpft zu werden, oder zu schwach.

Dazu gibt es zwar viele Meinungen, aber keine 2 verschiedenen Fakten. Wer etwas anderes behauptet, hat entweder keine Ahnung, wovon er spricht, oder unlautere Motive. In Österreich hat sich im Laufe der Pandemie etwa eine »Partei« gegründet, deren Hauptgeschäftsgegenstand im Wesentlichen zu sein scheint, Impfungen blöd zu finden, die bekanntlich, Moment, das hab ich gerade erst wo gelesen, Augenblick ... *(Papierrascheln)* – da hab ich es, »zu den größten Errungenschaften der Menschheit« gehören. Und warum gibt es die »Partei« trotzdem? Vermutlich nicht zuletzt deshalb, weil man sich mit ihrer Hilfe wichtig machen, seine Ignoranz ausstellen und dafür auch noch Millionen Parteienförderung kassieren kann. Das kann auch passieren, wenn man zu wenig Bedacht darauf legt, dass wissenschaftliches Denken in einer Gesellschaft der Stand der Dinge ist. Dass man den Menschen jedoch nur erklären müsse, was richtig und falsch sei, dann würden sie schon das Richtige glauben, nachdem ihnen bislang das aktuelle Wissen gefehlt habe, ist aber leider auch nicht richtig. Das wurde in der Wissenschaftskommunikation lange fast als Goldstandard gehandelt und ist als Defizitmodell bekannt. Einer weiß was, sagt es, die anderen hören zu, und danach sind alle schlauer und richten sich nach der neuen Erkenntnis. Wer schon ein bisschen Leben hinter sich gebracht hat, weiß, dass das nur für eine Schnittmenge gilt und keinesfalls für eine Deckmenge. Viele Menschen glauben ja nicht deshalb an Astrologie oder Homöopathie oder die besondere Kraft des Vollmondes, weil ihnen noch nie wer mitgeteilt hat, dass das Unsinn ist. Und gerade sehr gut und für viel Steuergeld ausgebildete Menschen glauben mitunter besonders gern an Homöopathie und geben viel Geld dafür aus. Fehlende Information ist also nicht zwangsläufig ausschlaggebend dafür, dass Menschen Blödsinn glauben oder sich nicht für Wissenschaft interessieren. Zumindest nicht allein. Weshalb neuere Konzepte in der Wissenschaftskommunikation auch immer schauen, dass es sogenannte Feedback-Kanäle gibt, man also prüfen oder zumindest fragen kann, was denn von dem ganzen Wissen wie bei den Adressat:innen angekommen ist.

Und die Science Busters? Stehen die nicht auch auf einer Bühne und machen Frontalunterricht? Ja, aber währenddessen bereiten wir oft auch Geschenke fürs Publikum vor. Kosmische Cocktails, Schweinsbraten, Glühhendl, Laugengebäck, Eisbockbier, was das Herz begehrt. Und locken die Menschen so nach den Shows zur Ausspeisung und zum Ausschank, wo sie währenddessen ganz einfach Fragen an die Wissenschaftler:innen stellen können, Beschwerden vortragen oder Anregungen und auch Lob platzieren. Wissenschaftlich zubereiteten Schweinsbraten auf den Weg in die Mägen der interessierten Zuschauerschaft zu bringen war aber noch nicht die logische Folge der Pensionierung von Heinz Oberhummer. Denn nur mit Emeritiertwerden war noch nicht viel erreicht.

Deutlich mehr Schuld am Entstehen der Science Busters als das österreichische Beamtendienstrecht trifft nämlich die Haare. Genauer gesagt das Haupthaar von Heinz Oberhummer. Und seine Friseurin.

Hätte er sich mehr mit Alopezie als mit Glaziologie beschäftigen müssen, wer weiß, ob es die Science Busters überhaupt gäbe. Ohne Haupthaar wäre er für die Friseurin keine Kundschaft gewesen. Nach seiner Emeritierung hat Heinz versucht, dem Publikum in populärwissenschaftlichen Vorträgen von seiner Faszination für Naturwissenschaften zu erzählen. Menschen davon zu begeistern, wie cool das Universum sei und wie uninteressant der Glaube im Vergleich zu dem, was die Realität der Wissenschaft zu bieten habe. Das Erzählen hat wohl funktioniert, allein der Massenandrang ist ausgeblieben. Eine Erklärung dafür hat ihm seine Friseurin geliefert.

Hat sie gesagt:

a) Sie sind zu schiach, das will niemand sehen.
b) Die Menschen würden gerne kommen, haben aber leider immer schon was anderes vor.

oder

c) Wissenschaft sei kompliziert, nichts für sie, sie schneide ihm weiterhin gern die Haare und genieße seine Gesellschaft, aber seine Vorträge würde sie lieber auslassen, zumal sie auf einer Universität nichts zu suchen habe. Davor habe sie zu viel Respekt. Da komme sie sich dumm vor. Und jetzt bitte den Kopf still halten und nicht so herumwetzen am Stuhl, sonst schauen die Ohren aus wie ein Scherenschnitt.

Potztausend! Hat er sich bestimmt nicht gedacht. *Malefiz* schon eher, jedenfalls aber eher etwas Sinnverwandtes. Was für ein Irrtum! Was für ein Versäumnis der Unis! Wissenschaft ist für alle und nicht nur für Gelehrte und Gebildete. Dafür ist sie viel zu interessant und zu wichtig. Die Menschen sollen die Universitäten als ihre Horte des Wissens begreifen, gerne hingehen und gefälligst fragen, wenn sie was nicht verstehen. Und wenn sie sich nicht trauen oder zu bequem sind, dann müssen eben die Wissenschaftler:innen zu ihnen kommen und es ihnen leichter machen. Denn nur wer nichts weiß, muss alles glauben.

Bis es so weit war, dass der Aphorismus von Marie Ebner-Eschenbach als Claim der Science Busters Karriere machen konnte, sollte es allerdings noch ein bisschen dauern.

Heinz Oberhummer hat erst einmal überlegt, wie er mehr Leute erreichen könnte. Und holte sich Verstärkung. Im wahrsten Sinn des Wortes. Erste gemeinsame Vorträge mit dem Physiker Werner Gruber haben allerdings selten weniger als vier Stunden gedauert. Bestenfalls. Auch dem Umstand geschuldet, dass als Erster zu reden aufzuhören nicht zu den Tugenden der beiden gehörte. Das Konzept lautete: Erst eine Einleitung, und wer unter einer halben Stunde bleibt, gilt als feig. Dann dem Publikum einen vollständigen Spielfilm vorspielen und währenddessen selber essen gehen. Danach, während des Verdauens, wissenschaftliche Aufarbeitung des Gesehenen vor Publikum mit anschließender Beantwortung allfälliger Fragen aus dem Auditorium. Die Zuhörerschaft war angeblich zwar angetan, aber auch wie gerädert und bekannte, man würde wohl höchstens ab und zu auf ein paar Stunden zur Wissenschaft vorbeikommen. Das war auch ohne aufwendige akademische Evaluierung klar.

Nun gut, blieb der schlaue Alpakaliebhaber Oberhummer unverzagt: In Österreich ist Wissenschaft sagenhaft unbeliebt. Das bestätigen die Euro-Barometer-Umfragen der letzten Jahrzehnte eindrucksvoll. Eine ausgesprochene Schande für ein zivilisiertes Land, das sich auf seine kulturelle Feinspitzigkeit mordstrumm was einbildet. Aber ins Kabarett gehen der Österreicher und seine bessere Hälfte gern und ohne Vorbedingungen. Oft muss das Dargebotene nicht einmal Witz und Originalität bieten, trotzdem haben sie einen schönen Abend und kommen wieder. Diese Zuneigung zum Genre sollte man nutzen! Warum einen akademischen Vortrag also nicht als Kabarett tarnen, die Leute so ins Theater locken und ihnen dann mit Wissenschaft aufwarten? Nur, wo bekommt man in einem derart wissenschaftsfeindlichen Land einen Kabarettisten her, der sich ausgerechnet entgegen der Vorliebe vieler seiner Landsleute für Wissenschaft interessiert? Groß war die Auswahl nicht, es gab 2 bis 3. Gunkl alias Günther Paal, der viele Jahre später dann auch zu den Science Busters stoßen sollte. Und Martin Puntigam. Der hatte eben ein Soloprogramm auf der Pfanne, in dem er einen Hochenergiephysiker spielte, der gern im modernsten Teilchenbeschleuniger der Welt forschen würde, aber noch nicht darf, sondern stattdessen im Elementarteilchenballett des angeschlossenen Vergnügungsparks »Teilchenbeschleunigerland« als Up-Quark tanzen muss, um Drittmittel einzuwerben. Klang so, als wäre das die ideale Ergänzung, und so kam es auch.

Damit war das Ensemble fürs Erste komplett, aus dem Vortrag wurde eine Show, und die schärfste Science Boygroup der Milchstraße war geboren. Bandname: Science Busters. Eigentlich eine Notlösung. Denn der Premierentermin stand vor der Tür, und das Kind sollte einen Namen haben. »Science in Film« war der Name der Beta-Version, aber der neue sollte ein wenig folkloristischer sein. Was für Starschnittposter auf Jugendzimmertüren. Und weil alle drei Fans der MythBusters waren, wurde der Name belehnt und Myth durch Science ersetzt. Dass Busting eigentlich das Gegenteil dessen ist, was die drei vorhatten, haben sie sich geflissentlich damit schöngeredet, dass Buster im Ausnahmefall auch Kumpel bedeuten könne und man in Österreich damit schon durchkommen werde. Was ja auch stimmte. Nach ein paar Anläufen, die man auch Vor-Premieren oder Ausprobieren vor Publikum nennen könnte, war das Showkonzept, wie es im Grunde noch heute gilt, geboren.

Fehlte noch das Outfit, allen voran das Kostüm des MC, des Masters of Ceremony. Und eigentlich auch der MC selber. Die allererste Aufführung unter dem Namen »Science in Film« an der TU Wien haben Martin Puntigam, Werner Gruber und Heinz Oberhummer in Anzügen bestritten, in denen sie so ausgesehen haben, als hätten sie es gerade bei der Caritas-Kleidersammlung krachen lassen. Werner Gruber hatte volumebedingt damals nicht sehr viele Wahlmöglichkeiten, er musste anziehen, was einigermaßen um ihn herumpasste. Heinz Oberhummer ist immer wieder in elegantere Anzüge geschlüpft. Aber Martin Puntigam als Nichtwissenschaftler und Buddy des Publikums, der stellvertretend für alle und auch die blödesten Fragen stellt, bedurfte dringend eines Re-Designs. Gerne erzählt der MC die Schnurre vom Entstehen des Kostüms. Für die 2. oder 3. Show an der TU Wien, da gehen die Quellen auseinander, waren schon alle drei wieder in der üblichen Panier in der Garderobe versammelt, denn der Auftritt stand bald bevor. Martin Puntigam war mit seiner Erscheinung unzufrieden, aber noch unentschlossen, die Garderobe radikal zu verändern. Erst wenige Minuten vor Showbeginn hat er sich in aller Eile ins Bad zurückgezogen und sich so verkleidet, wie man das seither von ihm bei den Science-Busters-Shows kennt: nach hinten gegelte Haare, dunkle Trainingshose, Sportschuhe, hautenges rosa Fahrradtrikot und natürlich applizierte Kunststoffnippel. Das rosa Trikot besaß er schon von einer anderen Kabarettproduktion, die Kunststoffnippel waren ein Geschenk seiner Frau, die sie in der Wühlbox eines Drogeriemarktes entdeckt und wohlfeil erschwungen hatte, Gel und Kamm gehören eigentlich zur Grundausstattung eines gediegenen Humoristen. Bis zu dem Zeitpunkt war er sich nicht ganz sicher, ob er sich nicht im Kostüm vergriffen und zu dick aufgetragen hatte. Als er allerdings neu gewandet in die Garderobe zurückkehrte und in die schreckensgeweiteten Augen der beiden Physiker blickte, wusste er, er war auf dem richtigen Weg.

Jahre später hat Heinz Oberhummer gestanden, schon beim Besuch von Puntigams Solo »Die Einbrenn des Lebens«, ein paar Wochen vor der ersten gemeinsamen Show, seien sich die beiden nicht mehr ganz sicher gewesen, ob sie die richtige Wahl getroffen hätten. Die Drastik, mit der manche Schaustücke dargeboten wurden, war nicht das, was sie sich für ihre Mission als Wissenschaftsvermittler an den Theatern vorgestellt hatten. Und beim Anblick des Kostüms und der Nippel hätten sie gern auf dem Absatz kehrtgemacht. Aber, und das war aus heutiger Sicht ein Glück, als Akademiker lernt man im universitären Alltag auch zu folgen und nicht gleich zu schimpfen, wenn einem was nicht passt. Weil man ja nicht weiß, von wem ein Vorschlag stammt, den man vielleicht blöd findet. Und wenn man dann gleich mault: »So ein Schas!«, und es war aber eine Idee eines Vorgesetzten, möglicherweise eine, auf die er sich was einbildet, dann kann sich das ungünstig auf den Karriereverlauf auswirken. So haben die beiden gute Miene zum rosa Nippelspiel gemacht, die Knackwurst, die gern Automatenkönig werden möchte, war geboren, und dass man Populärwissenschaft jahrhundertelang anders hat darbieten können, ist aus heutiger Sicht nahezu unvorstellbar.

In kürzester Zeit wurden 2 Dutzend Live-Shows aus der Taufe gehoben, feuerbrünstige Experimente entwickelt, zahllose Witze ausgedacht, und Heinz Oberhummer griff zum Zupfinstrument und musizierte gnadenlos. Ein Henker an der Kaplangitarre, wer ihn einmal erlebt hat, vergisst es nie wieder. Nur selten sieht man Menschen mit derart großer Inbrunst so musizieren, dass man vor Begeisterung kaum an sich halten kann, während es einem eigentlich die Zehennägel aufrollt vor Freude. Aber für die Wissenschaft hat Heinz Oberhummer keine Gefangenen gemacht. Ausbleibender Alopezie sei Dank. Dabei handelt es sich übrigens um Haarlosigkeit, vor allem am Haupt. Der vorangehende Haarausfall heißt Effluvium, was mit 2-mal »ff« geschrieben fast schon wieder süß wäre. Die Glaziologie hingegen, die nach Haarlosigkeit klingt, kümmert sich um Schnee und Eis und Gletscher. Damit haben sich die Science Busters dann erst viele Jahre später ernsthaft beschäftigt. In ihrer Klimawandelshow »Global Warming Party«. Die wurde übrigens im Abstand mehrerer Jahre 2-mal mit demselben Titel als Premiere auf den Spielplan gesetzt. In der ersten Ausgabe haben die Science Busters leider ein bisschen bewiesen, dass auch Wissenschaftler, wenn sie nicht aufpassen und sich nicht an ihre eigenen Konzepte halten, gern dem auf den Leim gehen, was man in den Sozialwissenschaften Framing nennt. Also dass komplexe Themen so aufbereitet und erzählt werden, dass sie zwar leichter fasslich werden, aber manchmal auch ein bisschen irreführend sind. Oder sogar falsch. Ob mit oder ohne Absicht. So haben wir damals, und das war immerhin schon 2009, erzählt, das mit dem Klimawandel sei ein wenig übertrieben, momentan würde es gar nicht mehr wärmer, niemand wisse warum, Pasterze bedeute immerhin »zur Viehweide geeignet«, weil es dort einmal viel wärmer war; der Mensch trage nur rund 5 % zum CO_2-Ausstoß bei und das sei nicht sehr viel; in Grönland – Grünland! – habe es einmal Weinanbau gegeben; das Abschmelzen der Gletscher sei nicht so dramatisch, radioaktiven Abfall könne man mittels Spallation relativ einfach deutlich ungefährlicher machen und die Kernfusion stehe praktisch schlüsselfertig vor der Türe, ein paar Jahre noch, schuld an den Verzögerungen seien auch verwaltungstechnische Streitereien.

Wenn Sie das längste Kapitel in unserem Buch *Warum landen Asteroiden immer in Kratern* gelesen haben oder gleich das ganze 2020 erschienene Buch *Global Warming Party*, so wissen Sie: Kaum was davon ist so richtig, wie wir es damals referiert haben. Weshalb wir es im Laufe der Jahre richtiggestellt haben. Immerhin. Und auch das ist Wissenschaft, dass man Irrtümer nicht nur erkennt, sondern auch eingesteht und Korrekturen publiziert. Und nicht PR-Agenturen und Spin-Doktoren beauftragt, sich was auszudenken, warum man damals gar nicht anders hat können. Die Richtigstellung auch im Rahmen der letzten Bühnenshow der Science Busters erfolgte dann, als die Science Busters längst nicht mehr zu dritt waren, sondern längst als neues Ensemble auf der Bühne standen. Wie es dazu kam, lesen

Sie in Kapitel 9. Wie aus der schärfsten Science Boygroup die Kelly Family der Naturwissenschaften geworden ist. Aus anfangs 3 Frontmen sind inzwischen 9 Frontmen and Frontwomen geworden. Und wenn das so weitergeht, wer weiß, begrüßen wir Sie in 15 Jahren an selbiger Stelle im Jubiläumsbuch anlässlich 30 Jahre Science Busters als die Fischerchöre der Naturwissenschaft.

PS: Und so ist das Buch aufgebaut: Zu Beginn bekommen Sie die jeweils aktuellen CO_2-Werte in der Atmosphäre. Und dann folgt erst das, was in der Wissenschaft geschah – dann das, was zeitgleich bei den Science Busters vor sich ging. Und am Ende finden Sie noch die Rubrik Small-Talk-Hilfe. Wissenschaftliches Fingerfood, falls Sie sich nicht alles aus dem Kapitel gemerkt haben, aber abends auf der Cocktailparty oder dem Empfang ein bisschen schlau und originell wirken wollen. Könnten wir Ihnen nicht verdenken, wollen wir ja auch immer gerne.

PPS: Erste Ankündigung für »Science in Film« an der TU Wien:

Dienstag, 13. Juni 2006 22:03
Betreff: »Science in Film« – Topwissenschaft meets Spitzenhumor

Sehr geehrte Damen und Herren!
Nachdem ich Teil einer extremen Superveranstaltung bin, ist es mir eine liebe Pflicht, Sie über dieselbe in Kenntnis zu setzen.
Ihre Tränen der Dankbarkeit weiß ich zu schätzen, aber üppige Berichterstattung – Sonderbeilagen, Titelseiten et al. – ist mir lieber.
Um dergleichen vorzubereiten, wenden Sie sich bitte an
Stefan Faltermann, der Sie so herzlich empfangen wird wie Richard Nixon die Nachricht von der erfolgreichen Mondlandung.

Viel Vergnügen mit der Presseaussendung wünscht Ihr
Erich Grienke

PS: Wer in den Genuss dieser Post gelangt ist, ohne sich jemals danach gesehnt zu haben resp. seinem Sehnen zukünftig entsprochen haben möchte, möge bitte Bescheid geben.

DIE FORSCHUNG
MIT DER MAUS

2007 war das 14. wärmste Jahr seit es Aufzeichnungen gibt. Es befinden sich 384 ppm CO_2 in der Atmosphäre.

#2007 #Sciencebusters #JetztGehtsLos. Seit 2007 sind die Texte, die wir ins Netz stellen, immer öfter von der Raute, dem Doppelkreuz, dem Gartenhag (Grüße in die Schweiz) oder dem Hashtag durchsetzt. Die Namen sind unterschiedlich, aussehen tut das Ding immer gleich, nämlich so: #. Dass wir dieses Symbol heute verwenden, liegt an Chris Messina, der am 23. August 2007 auf Twitter vorschlug, dieses Zeichen zu benutzen, um Schlagworte zu markieren. Messina war übrigens ein US-amerikanischer Blogger, Mensch und keine Maus.

Der Raumsonde New Horizon war das vermutlich wurscht; als sie im Januar 2006 ins Weltall flog, gab es Twitter noch gar nicht. Und 2007 war sie schon fern der Erde und kurvte um Jupiter herum, um Schwung für die Reise zum Pluto zu nehmen. An der Entwicklung der Raumsonde waren keine Mäuse beteiligt; auch an Bord war kein einziges Nagetier zu finden.

Im Herbst 2007 mussten sich die Medien mit dem schönen Wort »Riesenmagnetowiderstand« herumschlagen, denn für die Entdeckung desselben wurden Albert Fert und Peter Grünberg mit dem Physik-Nobelpreis ausgezeichnet. Auch diese beiden waren keine Mäuse, sondern Franzose, respektive Deutscher. Und falls sich jemand wundert, warum wir so hartnäckig auf den nicht vorhandenen Beitrag von Mäusen zu diesen Forschungsthemen hinweisen: Das liegt einerseits daran, dass Mäuse sehr viel häufiger an der Produktion wissenschaftlicher Ergebnisse beteiligt sind, als man denken möchte. Und andererseits daran, dass sehr oft vergessen wird, auf ebenjene Mäuse hinzuweisen.

Der Schlagzeile »Mouse brain simulated on computer«, die im April 2007 von der BBC vermeldet wurde, kann man das nicht vorwerfen. Sie ist allerdings ein klein wenig irreführend. Das simulierte Hirn war genau genommen kein Gehirn, auch kein Mäusehirn, und wenn überhaupt, dann nur ein halbes. Aber wer will schon einen Artikel mit der Überschrift »Halbes Nicht-Hirn eines Nicht-Nagetiers am Computer simuliert« lesen? Eben! Da hilft auch kein Hashtag.

In Wahrheit hat man damals ein »künstliches neuronales Netz« programmiert, das ungefähr halb so groß und komplex wie das Gehirn einer

Maus gewesen sein soll. Ein künstliches neuronales Netz ist übrigens wie ein natürliches neuronales Netz, nur eben künstlich. Und ein neuronales Netz besteht aus vernetzten Neuronen. Das sind Nervenzellen, also das, was Lebewesen wie Menschen oder Mäuse in ihrem Gehirn haben. Bei uns Menschen sind im Hirn ungefähr 90 Milliarden Nervenzellen miteinander verbunden; bei einem Mäusehirn sind es nur circa 16 Millionen (darum können wir die Mäuse auch in Mausefallen fangen und nicht umgekehrt). Ein halbes Mäusehirn hat demnach acht Millionen Neuronen, und ein künstliches Netzwerk dieser Größe wurde von amerikanischen Forscher:-innen im Jahr 2007 auf dem BlueGene L Supercomputer simuliert. Es ist eher auszuschließen, dass sich diese virtuelle Maus gedacht hat: »Verdammt, wo ist die andere Hälfte meines Hirns abgeblieben!« Die Simulation dauerte auch nur eine knappe Sekunde; da kann man sich kaum was denken. Aber was auch immer in diesem Computer passiert ist: Gedacht hat da mit Sicherheit nichts. Aber, so zumindest die Behauptung der Forscher:innen, man habe Vernetzungsmuster beobachtet, die so ähnlich aussehen wie das, was in biologischen Hirnen vorkommen kann. Aber nicht so wie das, was man in echten Mäusehirnen sieht.

Der Versuch, ein Hirn – egal ob von Maus, Mensch oder einem anderen Tier – am Computer nachzubauen, ist bis jetzt erfolglos geblieben. Und wird von der wissenschaftlichen Gemeinschaft durchaus kritisiert: Die Erfolgsaussichten sind gering und das Geld dafür verschwendet. Würde man die Mäuse fragen, würden sie aber vermutlich sehr darauf drängen, mehr Fördergeld bereitzustellen. Denn wenn wir eine virtuelle Maus im Computer hätten, würden wir vielleicht die echten Nager in Ruhe lassen.

Seit es moderne Wissenschaft gibt, wird an Mäusen geforscht. Robert Boyle, ein Zeitgenosse (und Feind) von Isaac Newton, wollte im 17. Jahrhundert wissen, wie das mit der Atmung funktioniert. Er wollte noch viel mehr wissen; damals wusste man ja noch kaum etwas über irgendwas, zumindest nicht auf eine Art, die wir heute als wissenschaftlich durchgehen lassen würden. Aber eben auch nichts über die Atmung, über Luftdruck und so weiter. Also steckte Boyle alles Mögliche in eine von ihm entwickelte Gerätschaft, mit der man Luft aus einem abgeschlossenen Behältnis pumpen konnte. Unter anderem auch eine Maus, die dann auch prompt bewusstlos wurde, nachdem Boyle die Luft abgesaugt hatte. Aber keine Sorge: Als Boyle die Luft wieder einströmen ließ, hat sich die Maus wieder erholt. Zumindest diese eine Maus und zumindest einmal. Tierschützer:innen sei an dieser Stelle explizit von der Lektüre der boylschen Experimentbeschreibungen abgeraten. Heute würde man so was durch keine Ethikkommission mehr kriegen …

Den Pionier der Genetik, den Österreicher Gregor Mendel*, kennen wir heute vor allem für seine Kreuzungsexperimente an Erbsen. Seine Vererbungsgesetze, die mendelschen Regeln, lernen wir in der Schule – aber nicht, dass er es zuerst mit Mäusen statt Erbsen probiert hat. Mendel versuchte normale Mäuse mit Albinomäusen zu kreuzen, um herauszufinden, welche Farbe das Fell der Nachkommen haben würde. Das passte dem zuständigen Bischof, Anton Ernst Schaffgotsch, aber nicht. Heute kann es der Wissenschaft zum Glück relativ egal sein, was irgendein Bischof über das Forschungsdesign denkt. Aber Mendel war nicht nur an Mäusesex interessiert, sondern auch Mönch und führte seine Experimente in der Abtei St. Thomas bei Brünn durch. Auch der Rest der Mönche dort war an Naturwissenschaft interessiert und das gefiel dem Bischof nicht. Zu viel unabhängiger Wissensdurst, zu wenig echter Glaube: Die Abtei lief Gefahr, geschlossen zu werden. Am Ende konnte man sich auf einen Kompromiss einigen. Die Abtei blieb offen, aber zumindest die anstößigsten Experimente mussten beendet werden. Wozu auch die Mäusezucht von Mendel gehörte. Stinkende Nagetiere, die nicht nur Sex haben, sondern dazu auch noch ermuntert und von einem Mönch beobachtet werden! Piepshow. Das musste aufhören, und Mendel verlegte sich auf die Erbsenzucht (zum Glück wusste der Bischof nicht, dass auch Pflanzen Sex haben).

Zum sprichwörtlichen Standardtier der Forschung wurde die »Labormaus« aber erst im frühen 20. Jahrhundert. Und zwar durch Abbie Lathrop aus Illinois. Sie war Lehrerin, aber nur 2 Jahre lang, dann ging ihr die Schule offensichtlich auf die Nerven, und sie zog in das winzige Nest Granby in Massachusetts, um dort Geflügel zu züchten. Was sich als nicht erfolgreich herausstellte, weswegen sie es mit Ratten und Mäusen versuchte. Für die

---

* Gut, er wurde in Schlesien geboren und starb in Mähren, aber im 19. Jahrhundert, und damals war noch Kaiserreich – und die Wissenschaftspromis sind dünn gesät in Österreich, da müssen wir nehmen, was wir kriegen können.

gab es damals erstaunlich viel Bedarf – als Haustiere und für andere begeisterte Fans der Nagetierzucht, die auf der Suche nach speziellen Exemplaren waren. Sie begann mit ein paar Hausmäusen einer Unterart, die auf Englisch den schönen Namen »Waltzing Mouse« trägt, und zwar wegen ihrer Angewohnheit, in Käfigen herumzulaufen, als würden sie Walzer tanzen. Nach kurzer Zeit hatte sie schon mehr als 10 000 Mäuse auf ihrer Farm, und sie konnte ihrer Kundschaft Tiere mit allen möglichen Fellvariationen liefern.

Im Jahr 1902 bekam sie eine Bestellung von William Ernest Castle von der Universität Harvard. Der Genetiker erforschte dort die Vererbung bei Säugetieren und wollte seine Theorien mithilfe von Mäusen testen. Deren Lebensspanne ist kurz, sie pflanzen sich schnell fort, und man kann in kurzer Zeit viele Generationen untersuchen. Bei Lathrop fand er eine ideale Quelle für seine Versuchstiere. Die Mäusezüchterin ließ die Tiere sich nicht nach Lust und Laune fortpflanzen, sondern sorgte für gezielte Nachkommen und führte akribisch Buch über die diversen Mäusepopulationen. Das Mäusebusiness boomte, und immer mehr wissenschaftliche Einrichtungen besorgten sich ihre Nager bei Lathrop.

Im Labor von Professor Castle an der Uni Harvard arbeitete zu dieser Zeit auch C. C. Little (der trotz seines Namens ein Mensch und keine Maus war). Damals noch ein junger Student, begann er seine eigenen Mäusezuchtexperimente und schuf 1909 die erste Inzuchtlinie. Das klingt ein wenig anrüchig, ist aber bei Mäusen völlig o.k. Wenn man genetische Experimente anstellen möchte, und zwar auf wissenschaftlich seriöse Art und Weise, dann ist es praktisch, wenn sich die Versuchstiere genetisch nicht zu stark voneinander unterscheiden. Idealerweise sind Eltern und Nachkommen nahezu identisch, und das geht am besten, wenn man möglichst nahe Verwandte miteinander kreuzt. Mäuse haben auch wenig Hemmungen, was Sex mit Geschwistern angeht; man muss dann nur noch dafür sorgen, dass sich aus jeder Generation nur die vitalsten Tiere fortpflanzen (so vermeidet man die Probleme, die Inzucht ansonsten mit sich bringen kann – wer will schon Mäuse mit Habsburger Lippe).

Die erste Maus-Inzuchtlinie bekam die Bezeichnung »DBA«, was für »Dilute, Brown and non-Agouti« steht und die Fellfarbe der Tiere beschreibt. Braun, aber hell (dilute) und nicht meliert (agouti). Später folgte die Inzuchtlinie »C57BL/6«, die bis heute Ausgangspunkt für die meisten in der Forschung verwendeten Mäuse ist. Ursprung dieser Linie ist Maus Nummer 57 von Abbie Lathrop, und zwar Unterstamm Nr. 6 in Schwarz (»BL« steht für »black«). Während Little in seinem Labor nahe Mausverwandte zur Fortpflanzung anregte, war Abbie Lathrop auf ihrer Mausfarm weiter gut beschäftigt. Sie begann dort sogar mit ihren eigenen Experimenten. Einige ihrer Tiere entwickelten seltsame Hautschäden, ebenso die Mäuse, die sie an Labors verkauft hatte. Der Pathologe Leo Loeb von der Universität Pennsylvania erkannte an den Tieren die Anzeichen von Krebs, und gemeinsam mit Lathrop machte er sich daran, die Sache genauer zu untersuchen. Loeb und Lathrop führten einige der ersten Experimente zur Vererbung von Krebs durch. Wenn Annie Lathrop etwa Mäuse einer Linie mit hoher Krebsneigung mit denen kreuzte, die eher selten an Krebs erkrankten, bekamen deren Nachfahren dennoch genauso oft Krebs wie die gefährdeten Eltern. Sie fanden außerdem einen Zusammenhang zwischen Krebs und Hormonen und veröffentlichten insgesamt zehn wissenschaftliche Aufsätze.

Trotz ihrer Forschungsarbeit und ihrer wissenschaftlichen Entdeckungen wurde Lathrops Beitrag aber eher wenig gewürdigt. C.C. Little, der parallel zu Loeb und Lathrop an der Genetik des Krebs arbeitete, behauptete, er sei unabhängig zu den gleichen Ergebnissen gelangt, und gab sich keine große Mühe, die Arbeit von Lathrop gebührend zu erwähnen, von der er mit Sicherheit wusste. Sein Beitrag zur Genetik ist unbestritten, und die von ihm geschaffenen Maus-Inzuchtlinien haben unbenommen großen Einfluss auf die weitere Forschung gehabt. Sein Ruf als Krebsforscher hat allerdings ein wenig gelitten, als er in den 1960er-Jahren als wissenschaftlicher Sprecher bei der Tabakindustrie anheuerte und unter anderem behauptete, dass Rauchen keinen Lungenkrebs verursache, gar keine Krankheiten eigentlich ...

Das wissen wir heute besser – und damals auch schon. Unter anderem dank der Forschung an Mäusen. Mittlerweile gibt es jede Menge verschiedene Inzuchtstämme, die für die unterschiedlichsten Zwecke eingesetzt werden können. Zum Beispiel die »NOD-Mäuse«: Das steht für »Non-Obese Diabetic«- Maus. Dabei handelt es sich um Tiere, die sehr oft spontan an Diabetes erkranken. An ihnen lassen sich diese Krankheit erforschen und Therapien ausprobieren. Mit dieser Art von Tierversuchen haben allerdings viele Menschen Schwierigkeiten, inklusive der Forscher:-innen selbst. Das Problem an der Sache: An einer genetisch veränderten, zu Diabetes neigenden Maus kann man eben vor allem künstlich hervorgerufene Mäusediabetes untersuchen. Was natürlich eine gute Nachricht für zuckerkranke Nagetiere ist – aber uns Menschen nicht immer so sehr weiterhilft, wie wir denken. Maus und Mensch sind sich in vielen Dingen sehr ähnlich, in vielen anderen aber auch nicht. Sehr viele Ergebnisse, die am »Mausmodell« – so nennt man die Forschung an Mäusen in der Wissenschaft tatsächlich – gewonnen werden, lassen sich nicht auf Menschen übertragen. Zum Beispiel, wenn es um das Immunsystem geht. Das funktioniert bei Mäusen ganz anders, was blöd ist, wenn man an ihnen neue Medikamente und Therapien für Menschen entwickeln will. Also hat man »humanisierte Mäuse« entwickelt: Tiere, die überhaupt kein eigenes Immunsystem besitzen, denen dafür aber Komponenten der menschlichen Körperabwehr implantiert wurden. Das ist ein großer Aufwand, und es ist längst noch nicht sicher, ob man damit wirklich bessere Ergebnisse erzielen kann.

Wissenschaftler:innen machen genauso ungern Tierversuche wie alle anderen Menschen. Und auch wenn sie nicht immer so aussagekräftig sind, wie man es gerne hätte, kann man aus ihnen doch zumindest ein bisschen was lernen, was besser ist als gar nichts.[*] Wenn man aber mit Mäusen arbeitet, sollte man auch offenlegen, dass man das getan hat. Was die Wissenschaft in ihren Fachartikeln natürlich immer macht, die Medien in ihrer Berichterstattung aber oft etwas lockerer sehen. »Ursache von Autismus könnte entdeckt worden sein«, lautet zum Beispiel eine Schlagzeile aus dem Jahr 2019. Oder »Magic Mushrooms regen das Nachwachsen von neuronalen Verbindungen an, die durch Depressionen verloren gingen«. Oder »Neue Therapie heilt Krebs durch eine einzige Injektion«. Oder »Wissenschaftler haben ein Heilmittel für Diabetes gefunden«. Was ja alles sehr gute Nachrichten sind – nur eben vor allem für Nagetiere. Denn all

---

[*] Warum die Wissenschaft heute immer noch Tierversuche macht, wo sie damit aufhören könnte, und welche Alternativen es gibt (oder auch nicht), haben wir in einem Kapitel unseres Buchs *Warum landen Asteroiden immer in Kratern?* ausführlich behandelt.

diese Schlagzeilen beziehen sich auf Forschungsarbeiten, die an Mäusen durchgeführt worden sind.

Das gilt leider (oder zum Glück, je nach Sichtweise) auch für Meldungen wie »*Great balls of fire*: Wie das Erhitzen der Hoden mithilfe von Nanopartikeln eines Tages zur Verhütung genutzt werden könnte«. Dass es Hoden gerne kühl haben, ist bekannt. Deswegen hängen sie ja auch außen am Körper herab und befinden sich nicht im dauerhaft auf 37 °C temperierten Inneren. Wird es ihnen zu heiß, stellen sie die Produktion von Spermien ein – was dann wünschenswert ist, wenn man gerne Sex haben, dabei aber keine Nachkommen produzieren möchte. Heute wird die Verantwortung für die Verhütung entweder den Frauen überlassen. Oder man nimmt Kondome, die aber reißen können oder gerade nicht bei der Hand sind, wenn es spontan zur Sache geht. Mit der Studie zu den »Great balls of fire« könnte sich das eventuell ändern. Hoden erwärmen ist an sich recht einfach. Aber sich vor dem Geschlechtsverkehr kurz auf die Heizung setzen ist wenig zielführend, da kann man das mit der Verhütung auch gleich bleiben lassen. Die Idee, die chinesische Forscher:innen im Juli 2021 beschrieben haben, geht so: Man bastelt Stäbchen aus Eisenoxid (aka Rost), die mit einer Schicht aus Zitronensäure und Glycol überzogen sind. Die werden in die Vene gespritzt, was relativ problemlos funktioniert, weil die Stäbchen nur knapp 120 Atome lang und 30 Atome breit sind. Dann platziert man einen starken Magneten 4 Stunden lang direkt an den Hoden. Die magnetischen Nanostäbchen werden davon angezogen und sammeln sich dort. Das wiederholt man je nach Bedarf bis zu 4 Tage lang. Dann wird eine elektrische Spule um die Hoden gewickelt und Strom angelegt. Das dabei entstehende Magnetfeld heizt die Nanopartikel auf, und die erwärmen die Hoden von innen und sehr zielgerichtet. Je heißer die Hoden, desto mehr schrumpfen sie, aber sie erholen sich wieder, wenn man es nicht übertreibt und die Temperatur unter 45 °C hält. Die Fruchtbarkeit wird nach dieser Behandlung 7 Tage lang reduziert, normalisiert sich aber ebenfalls wieder (zumindest in den meisten Fällen).

Bei Mäusen funktioniert diese Verhütungsmethode wunderbar, wie es bei Männern aussieht, ist unklar. Die Zahl der Versuchspersonen, die sich bereitwillig elektrische Spulen um ihre Hoden wickeln lassen würden, ist vermutlich eher gering. Aber die Forschung geht weiter, und vielleicht reicht in Zukunft ein kurzer Druck auf einen Knopf, und der Satz »Schatz, ich muss nur noch schnell die Hoden wärmen und dann geht's los« ist uns ebenso vertraut wie die Suche nach den Kondomen.

Dann werden wir uns dafür bei den Mäusen bedanken können. Und damit ihre Rolle in der Forschung auch heute schon gewürdigt wird, gibt es seit 2019 den wunderbaren Twitter-Account @justsaysinmice. Der korrigiert im Netz alle relevanten Nachrichten aus der Wissenschaft, indem er sie mit dem Zusatz »In mice« versieht.

Trotz ihrer seit Jahrhunderten unermüdlichen Arbeit für die Wissenschaft hat bis jetzt noch keine einzige Maus einen Nobelpreis bekommen. Auch nicht im Jahr 2007, da wurden Mario Capecchi, Martin Evans und Oliver Smithies ausgezeichnet, und zwar für ihre Arbeit an Knockout-Mäusen – die keine gentechnisch veränderten Riesennager sind, die ihre Gegner in Boxkämpfen mit einem Schlag k. o. schlagen können. Es geht hier um Mäuse, bei denen man ganz gezielt ein Gen deaktiviert oder durch ein anderes ersetzt hat. Das ist dann praktisch, wenn man ganz genau wissen möchte, welche Auswirkungen ein bestimmtes Gen auf den Organismus hat. Seit die 3 Forscher in den 1980er-Jahren entdeckt haben, wie man das anstellt, sind Tausende unterschiedliche Knockout-Mäuselinien entwickelt worden.

Man muss den Mäusen ja nicht unbedingt ein Denkmal bauen (obwohl man genau so ein Denkmal in der russischen Stadt Nowosibirsk sehen kann, gleich beim Institut für Zytologie und Genetik der Russischen Akademie der Wissenschaften). Aber ein bisschen mehr wertschätzen könnte man ihre Arbeit schon. Denn wer weiß: Sollte Douglas Adams recht gehabt haben mit dem, was er in *Per Anhalter durch die Galaxis* geschrieben hat, dann sind die Mäuse vielleicht sowieso in Wahrheit die, die bestimmen, was hier auf der Erde passiert.

Small-Talk-Hilfe: Sieger beim Aussterben

Haben Sie schon mal von der Bramble-Cay-Mosaikschwanzratte gehört? Sie ist nach der Insel Bramble Cay benannt. Die ist 425 Meter lang, 240 Meter breit und liegt am nordwestlichen Ende des Great Barrier Reefs. Viel Platz ist dort nicht, deswegen leben dort auch keine Menschen. Dafür aber die Bramble-Cay-Mosaikschwanzratte. Zumindest hat sie das bis 2016 getan. Seitdem hat sie niemand mehr gesehen, und das nicht, weil sie sich so gut verstecken kann. Sondern weil die Klimakrise auf der nur maximal 3 Meter über dem Meeresspiegel liegenden Insel immer wieder Überschwemmungen verursacht hat. Das hat einen großen Teil der dortigen Pflanzenwelt dauerhaft zerstört und damit auch das Habitat der Bramble-Cay-Mosaikschwanzratte, die sich seitdem als das erste durch die Klimakrise ausgestorbene Säugetier bezeichnen darf. Was sie aber nicht tun kann, weil sie ja nicht mehr da ist.

Die Science Busters 2007

Unsere Themen

So sah der Fahrplan für die ersten fünf Live-Shows der Science Busters aus. Jeden Abend eine neue Show, keine Wiederholungen. 2-mal dasselbe zu machen, würde sie langweilen, haben die beiden Physiker anfangs behauptet. Wer jemals auch nur einen kurzen Blick darauf geworfen hat, wie Forschung und akademischer Alltag tatsächlich ablaufen, weiß, dreister die Wahrheit zu meiden geht kaum. Aber es war eine gute Marketingidee. Jeder Abend eine Premiere. Das macht sonst niemand.

Das hat sich rasch herumgesprochen. Dass sich in der kurzen Zeit kaum fünf ausgefeilte Shows proben und herstellen lassen, scheint zwar klar, aber die Abende haben weitgehend trotzdem gut funktioniert, denn es gab ja in Wirklichkeit jede Menge Probezeit davor. Auf den Universitäten, an denen etwa Heinz Oberhummer jahrzehntelang Vorlesungen gehalten hatte. Und Vorträge auf Konferenzen. Und den Volkshochschulen, an denen Werner Gruber schon jahrelang Kurse unterrichtet hatte. Ein Vortrag ist natürlich keine Theatershow, und in eine Vorlesung kommen die Studierenden, weil sie ein Zeugnis brauchen. Das ist im Theater anders. Da zahlen die Menschen Eintritt und wollen möglichst gute Unterhaltung. Deshalb bestand eine der Hauptaufgaben darin, den beiden Wissenschaftlern beizubringen, dass es nicht egal ist, was man wann sagt und wie, und dass es eine gute

Idee ist, auf einer Bühne im Licht zu stehen und nicht irgendwo. Mit dem Gesicht zum Publikum. Und vor allem, dass anders als bei wissenschaftlichen Publikationen, bei denen man zu Beginn alles ins Abstract stopfen muss, in der Hoffnung, dass jemand auch den Rest noch liest, bei einer Bühnennummer die Pointe am Ende kommt. Dass anfängliche Fragen oft nur dazu dienen, das Thema anzukicken, aber nicht gleich beantwortet werden müssen, was die darauffolgende Nummer ja auch einigermaßen überflüssig machen würde. Dass man, im Gegenteil, das Publikum oft auf eine falsche Spur führen sollte, damit die Pointe als die Überraschung funktioniert, als die sie gedacht ist. Und der eingefleischte Solokabarettist musste lernen, mit 2 akademischen Profis als Bühnenlaien eine Show zu spielen, in der die Wissenschaft der eigentliche Star des Abends ist. Und nicht er selber. Dazu musste er quasi Physikerflüsterer werden.

Am 7.11. 2007 war in Wien die Uraufführung der Science Busters

»Im Weltall gibt es keine Bohnen: *Warum der Mensch zum Mond will und wie.*« Bubenhumor spielte und spielt bei den Science Busters eine beachtliche Rolle, weil man sich damit gut gelaunt dumm stellen kann, um dann was Schlaues zu erzählen. So wurde während der gesamten Show Bohnengulasch zubereitet – mit Zwiebeln-Anschwitzen, -Ablöschen, -Dünsten und was noch so alles notwendig ist –, um am Ende dem Publikum einen Gruß aus der wissenschaftlichen Küche anbieten zu können. Die Premiere (im Rabenhoftheater in Wien) war ausverkauft, das Interesse groß, aber dass es im Weltall deshalb keine Bohnen gibt, weil sich in der Schwerelosigkeit einer Raumstation die Peristaltik derart verhält, dass massive Blähungen die Raumfahrer:innen nicht einfach, wie auf der Erde, mit Schwung und teilweise gut hörbaren Geräuschen verlassen und deshalb von der Crew mit vereinten Kräften aus dem aufgeblähten Astronauten rausmassiert werden müssten, war ein lustiges Bild für alle im Theater. Allerdings war es nicht ganz richtig. Jahre später, als die Science Busters zu ihrem zehnten Jubiläum eine Show mit Österreichs bislang einzigem Astronauten Franz Viehböck spielten, hat der das nicht bestätigen können. Furzen auf einer Raumstation sei wie Furzen im Flugzeug, genauso einfach und oft auch genauso unerwünscht bei den Mitmenschen. Und nur deshalb extra ins Weltall zu fliegen wäre schon ein besonderer Special Interest.

Einen Monat vor der ersten Bühnenshow ging die erste Radiokolumne der Science Busters am österreichischen Sender FM4 on air. Jede Woche eine, bis zum heutigen Tag. 15 Jahre mal 52 Wochen, ergibt? Das können Sie leicht ausrechnen, plus ein paar Zerquetschte, falls Sie das Buch oder Hörbuch ein wenig später konsumieren. Außerdem haben wir in der Frühphase der Corona-Pandemie 2 Monate lang 5 Kolumnen pro Woche veröffentlicht. Weil es so viel Neues zu erklären gab und die Menschen während der Ausgangsbeschränkungen viele Fragen hatten und teilweise auch viel Zeit, um die Antworten zu hören. Und wir hatten auch mehr Zeit, weil nicht getourt werden konnte.

Da FM4 einen Teil seines Programms in englischer Sprache sendet, sollte die Science-Busters-Kolumne auf Englisch verfasst werden. Immerhin sei Englisch ja Wissenschaftssprache, also kein Problem. Dachten erst alle Beteiligten. Wissenschaft für alle war allerdings das Ziel der Science Busters, nicht nur für diejenigen, die Englisch gut genug verstehen, und so hat Martin Puntigam zwischendurch immer wieder alles Gesagte auf Deutsch zusammengefasst. Wie das geklungen hat, wollen Sie nicht wissen, glauben Sie uns.

Die ersten beiden Pilotfolgen existieren tatsächlich noch, werden aber aus sehr guten Gründen unter Verschluss gehalten wie sonst eigentlich ausgestorbene, sehr ansteckende Krankheitserreger im Hochsicherheitslabor.

Relativ schnell konnten sich daher die Sendeleitung und die Wissenschaftswuchtbrummen darauf einigen, die Fachkenntnisse doch besser in der ersten Amtssprache des Landes zu präsentieren.

In Folge 1 wurden die atemberaubenden Kräfte von Bruce Willis verhandelt, der in *Die Hard* (auf Deutsch: *Stirb langsam*) durch einen Aufzugsschacht zu fliehen versucht. Im Film ist das außerordentlich beeindruckend, denn er kann mehrere Abstürze in Beinahe-Abstürze verwandeln, durch Geschicklichkeit und schiere Muskelkraft. Wir wollten auch keineswegs das cineastische Vergnügen dieses sehr unterhaltsamen Action-Reißers trüben, sondern ihn nur zum Anlass nehmen, um über Kräfte und Geschwindigkeiten im freien Fall zu referieren. Denn wissenschaftlich stellt sich die Sache grundlegend anders dar. Da hätte Herr Willis deutlich schlechtere Karten als ohnedies schon am Heiligen Abend im Nakatomi Tower von Los Angeles.

Die erste Folge lief Sonntag, den 7. Oktober 2007 irgendwann zwischen 13 und 17 Uhr. (ScienceBusters damals übrigens noch ohne Zwischenraum, weil wir das, grafisch unbedarft, wie wir waren, für zeitgenössisch hielten. Auch auf dem Gebiet sollte sich glücklicherweise eine rasante Verbesserung ergeben, wie in Kapitel 5 ausgeführt wird.) Und so wurde sie auf der Website des Senders angepriesen:

Eine Website als Faksimile – wir sind ja nicht bei den Wilden! Kleiner 20.-Jahrhundert-Scherz. Aber elegant wäre es nicht. Weshalb wir, wie schon in unseren früheren Büchern, einen QR-Code

anbieten. Wenn Sie dem folgen, kommen Sie auf unsere Website sciencebusters.at, und dort versammeln wir alle Videos, Hörbeispiele, Fußnoten, Textsorten und Fotos.

Wenn Sie denen nicht folgen wollen, dann natürlich nicht. So geht direkte Demokratie, wie sie alle lieben.

Und ehrlich gesagt hätten auch wir vor der Pandemie nicht gedacht, dass diese komischen Würfel noch einmal ihren Durchbruch schaffen und eine sinnvolle Verwendung finden würden. QR steht übrigens für Quick Response. Mini-Small-Talk-Hilfe zwischendurch.

FM4 Science Busters

Und hier das Originalskript von Folge 1, das wir der Nachwelt sehr gerne zur Verfügung stellen. Das dazugehörige Audiofile finden Sie, wenn sie dem QR-Code folgen. Als »Stinger« bezeichnet man übrigens eine kurze, oft musikalische Abschlusssequenz, die einen Beitrag am Ende kurz und bündig quasi »absticht«. Und die Initialen im Manuskript sind selbsterklärend, nehmen wir an. Ein bisschen was dürfen wir ja auch voraussetzen.

P: Hallo und herzlich willkommen bei unserer neuen Show ScienceBusters.
   (fx/Soundeffekt)
   Ich bin aber nicht allein, sondern neben mir sitzt, frisch gewaschen und rasiert,
   Prof. Heinz Oberhummer, Professor für Theoretische Physik an der TU Wien. Hallo. Danke fürs Kommen.
O: Hallo, und danke für die Einladung.
P: Bitte, bitte. Herr Professor, Sie sind ja wirklich ein echter Universitätsprofessor.
O: Jaja.
P: Darf ich Sie einmal angreifen?
O: Gern.

(fx/Soundeffekt)
P: Mhm. Toll. Ein echter Professor, ganz weich. Aber jetzt zur Physik.
O: Und zu Hollywood.
P: Genau. Wir sprechen heute über Bruce Willis im Actionklassiker *Die Hard*.
O: Jawohl. Und zwar über folgende Szene: Bruce Willis ist auf der Flucht und rettet sich durch einen Sprung in einen Aufzugsschacht.
P: Er fällt über zehn Meter in die Tiefe, alle glauben, adieu, Bruce Willis, was bleibt, ist Faschiertes, bis er sich im letzten Moment noch mit den Fingerspitzen an einem Mauervorsprung festhalten kann. Superspannend.
O: Stimmt, allerdings auch superunrealistisch.
P: Aha?
O: Die Kräfte, die nach so einem Fall auf die Finger wirken, sind so enorm, dass ein Mensch das unmöglich aushalten kann.
P: Vielleicht Sie nicht, weil Sie schon alt sind, aber der junge Bruce Willis?
O: Auch nicht.
P: Kennen Sie ihn persönlich?
O: Nein.
P: Eben.

O: Nach gut zehn Meter freiem Fall erreicht er eine Geschwindigkeit von circa 60 km/h.

P: Aha?

O: Das heißt, auf seine Finger würde eine Kraft von etwa einer Million Newton wirken.

P: Spitze, aber kann sich niemand was drunter vorstellen.

O: Das entspricht fast 100 Tonnen. Er müßte also extrem stark sein.

P: Ist er ja auch, der hat so einen Ärmel …

O: Schon, schon …

P: Wenn er sich gut aufwärmt …

O: Nein, eine Million Newton, 100 Tonnen, das heißt, mit der Kraft könnte er auch einen Jumbo Jet aufheben.

P: Na, na, na, ein Jumbojet hat 400 Tonnen. Mit 100 Tonnen geht sich höchstens eine DC9 aus.

O: Aso, ja, da wissen dann Sie mehr als ich.

P: Herr Professor, ich glaube, Sie kennen den Film gar nicht und reden nur groß.

O: Rechnen Sie doch selber nach.

P: Sicher nicht. Das war's, schalten Sie nächste Woche wieder ein, wenn es heißt

Stinger

DIE GROSSE
HADRONENSCHLACHT

*2008 war das 22. wärmste Jahr
seit es Aufzeichnungen gibt.
Es befinden sich 386 ppm CO_2
in der Atmosphäre.*

Am 9. März 2008 starb Arthur C. Clarke, der zwar Mathematik und Physik studiert hatte, dann aber doch eher als Science-Fiction-Autor berühmt geworden ist. Obwohl er durchaus auch gute wissenschaftliche Ideen hatte, zum Beispiel die der geostationären Satelliten, die er 1945 zum ersten Mal beschrieben hat. Die Verfilmung seines Romans *2001 – Odyssee im Weltall* hat den Wiener Donauwalzer vermutlich populärer gemacht, als es Herr Strauss sich je zu träumen gewagt hätte.

Am 13. April 2008 starb der amerikanische Physiker John Archibald Wheeler. Er ist in seinem ganzen Leben nicht als Science-Fiction-Autor aufgefallen, sondern vor allem durch das 1973 erschienene Lehrbuch *Gravitation*, das allein schon durch seine Größe und sein Gewicht eindrucksvoll demonstriert, wie grundlegend das Thema ist. Wheeler war derjenige, der dem Ausdruck »Schwarzes Loch« die Bekanntheit verschaffte, die er heute hat. Und auch Wörter wie das »Wurmloch« gehen auf ihn zurück.

Am 16. April 2008 starb der Meteorologe Edward Lorenz, der in einer der ersten Computersimulationen zum Wetter feststellte, dass die ganze Angelegenheit ziemlich chaotisch ist, und den Begriff »Schmetterlingseffekt« verwendete, um die Sache zu veranschaulichen.

Science-Fiction, Chaos, Schwarze Löcher: Was die 3 Verblichenen des Jahres 2008 nicht mehr fortführen konnten, übernahm quasi nahtlos der »Large Hadron Collider« (LHC) des Europäischen Kernforschungszentrums CERN. Er nahm am 10. September 2008 den Betrieb auf, musste neun Tage später wegen eines Defekts wieder abgeschaltet werden und konnte erst Ende 2009 wieder das machen, wozu er vorgesehen war: nämlich Protonen aufeinanderprallen lassen. Ein Jahr Verzögerung war aber eh vernachlässigbar; immerhin lagen da schon Jahrzehnte der Planung und des Baus hinter dem LHC, und das, was man damit unbedingt entdecken wollte, wartete schon seit Oktober 1964 auf seinen Nachweis.

Damals veröffentlichte der schottische Physiker Peter Higgs seine Arbeit mit dem Titel »Broken symmetries and the masses of gauge bosons«, was auf Deutsch so viel heißt wie »Gebrochene Symmetrien und die Masse von Eichbosonen« – und auch nicht erhellender ist, wenn man keine

Ahnung von theoretischer Physik hat. Sehr oft musste Higgs für seine Arbeit nicht in die Tasten hauen, sein Text umfasst nur 5862 Zeichen, inklusive Formeln und Fußnoten. Was wahrscheinlich auch daran liegt, dass er auf jegliche allgemeinverständliche Erläuterung verzichtet hat. Eine Kostprobe? Der erste Satz lautet: »In a recent note it was shown that the Goldstone theorem, that Lorentz-covariant field theories in which spontaneous breakdown of symmetry under an internal Lie group occurs contain zero-mass particles, fails if and only if the conserved currents associated with the internal group are coupled to gauge fields.« Da kaut man doch schon auf den Nägeln und will unbedingt wissen, wie es weitergeht ...

Was Peter Higgs (und fast zeitgleich und unabhängig von ihm auch Francois Englert, Robert Brout, Tom Kibble, Carl Hagen und Gerald Guralnik) in seiner Arbeit vorhergesagt hat, war die Existenz eines noch unbekannten Elementarteilchens, das seitdem seinen Namen trägt: Higgs-Boson. (Obwohl Higgs-Englert-Brout-Kibble-Hagen-Guralnik-Boson eigentlich gerechter wäre. Aber wer will das schon ständig sagen oder tippen? Und ein Akronym kann man daraus auch nicht basteln, nicht mal ein schlechtes; es waren einfach zu wenig Leute mit Vokalen am Namensanfang an der Forschung beteiligt. KHEBGH? BEGHKH? Geht nicht ...)

Was ist ein Higgs-Boson, und wozu braucht man das? Ein Boson ist ein Teilchen, das sich nach der Bose-Einstein-Statistik verhält. Und dass man sie nicht »Einsteinonen« genannt hat, lag vermutlich daran, dass der indische Physiker Satyendranath Bose zwar nicht ganz so berühmt wie sein Kollege mit der wirren Frisur ist, aber den handlicheren Nachnamen hat. Und falls jemand die Details der Bose-Einstein-Statistik nicht sofort parat hat: Da geht es um Teilchen, die einen ganzzahligen Spin haben. Bevor Sie anfangen, sich den Spin vorzustellen – hören Sie ganz schnell wieder auf, das bringt nichts. Aber dazu kommen wir später noch. Am besten kann man sich die ganze Teilchensache so imaginieren: Es gibt Teilchen, aus denen Materie besteht. Quarks zum Beispiel oder Elektronen (die werden übrigens mit der Fermi-Dirac-Statistik beschrieben und heißen »Fermionen«, obwohl »Diracionen« auch nicht viel schlechter gewesen wäre). Und zwischen den Teilchen wirken Kräfte, zum Beispiel der Elektromagnetismus. Diese Kräfte kann man sich auch als durch Teilchen übertragen vorstellen. Beim Elektromagnetismus wäre so ein Austauschteilchen das

Photon. Ein Teilchen schickt ein Photon los, ein anderes Teilchen fängt es ein und weiß dann: Aha, jetzt wirkt also der Elektromagnetismus auf mich!

So oder so: Jede Kraft wird im Rahmen des »Standardmodells der Teilchenphysik« von Teilchen vermittelt, und das sind die eben gerade genannten Bosonen. Und laut diesem Modell sind diese Austauschteilchen masselos. Laut Realität aber nicht: Die Messungen zeigen, dass manche Bosonen durchaus eine große Masse haben. Wo kriegen sie die her? Durch das Higgs-Boson! Das ist in der Angelegenheit eigentlich nur ein Nebendarsteller, es geht um das Higgs-Feld. Das ist überall im Universum zu finden, und jedes Teilchen hängt sich mehr oder weniger stark an dieses Feld dran. Manche Teilchen spüren das Higgs-Feld gar nicht und rauschen einfach durch es hindurch – sie scheinen für uns also keine Masse zu haben. Andere Teilchen wechselwirken intensiver mit dem Higgs-Feld, was dann für uns so aussieht, als seien sie »schwerer« und hätten eine Masse. Das Higgs-Boson selbst hat auch eine Masse, weil es mit seinem eigenen Feld wechselwirkt. Es ist eine »Anregung« des Higgs-Felds, also vereinfacht gesagt das, was rauskommt, wenn man die richtige Menge an Energie ins Feld hineinsteckt.

Nachdem Higgs (Peter, nicht das Boson) diese Idee im Jahr 1964 formuliert hat, wäre es natürlich schön zu wissen, ob sie auch richtig ist. Die Existenz von Teilchen vorherzusagen ist simpel; das kann man schnell tun. Aber wie findet man heraus, ob das Teilchen auch wirklich existiert?

Früher war das Entdecken noch einfach: Da musste man nur in die frisch kolonialisierten Weltgegenden außerhalb von Europa fahren und sich ein wenig umsehen. Man konnte einfach durch den Dschungel hirschen und links und rechts neue Pflanzen und Tiere entdecken. Ein Fluss? Wird sofort entdeckt; und wenn die ungebildeten Eingeboren behaupten, dass der eh auch vorher schon da war und sogar schon einen Namen hat, dann wird das einfach ignoriert. Wenn man sich ein bisschen beeilte, konnte man sogar ganze Kontinente entdecken. Ein Higgs-Boson liegt aber nicht einfach so in der Gegend rum. Und selbst wenn, dann wäre es viel zu klein, um mit dem Finger drauf zeigen und »Ha! Da ist es!« rufen zu können.

Und dann sind die meisten der Elementarteilchen nicht einmal stabil. Zum Beispiel das Top-Quark, das man erst 1995 entdeckt hat. Wenn eins davon irgendwo existiert, dann ist es 50 Quadrillionstel Sekunden später schon wieder weg. Aus der Energie, die im Top-Quark steckte, haben sich dann ein Bottom-Quark und ein W-Boson gebildet, deren Namen man sich aber gar nicht erst merken muss. Nach weiteren 30 Quadrillionstel Sekunden ist das W-Boson zerfallen, und das Bottom-Quark ist nach einer Billionstelsekunde wieder weg. Am Ende bleiben Energie und ein paar stabile Elementarteilchen übrig (Neutrinos zum Beispiel). Aber die kennen wir schon, die brauchen wir nicht entdecken. Wie macht man das jetzt also? Schnell schauen hilft offenbar nicht. Sondern nur Statistik und ein ausreichend großer Teilchenbeschleuniger, so wie der LHC.

Der besteht aus einem unterirdischen Ring mit einer Länge von 26,7 Kilometern. Innen drin herrscht ein Vakuum, außen herum extrem starke Magnetfelder, und beides braucht man, wenn man Protonen möglichst schnell aufeinanderprallen lassen möchte. Durch das Magnetfeld werden sie beschleunigt, und zwar immer ein ganzer Haufen einmal. Eine Gruppe in die eine Richtung, die andere in die andere Richtung. Das Magnetfeld sorgt dafür, dass sie sich nicht gegenseitig in die Quere kommen. Das passiert erst dann, wenn sie schnell genug geworden sind, denn je schneller sie sind, desto mehr Energie steckt in ihnen. Wenn man sie dann aufeinanderprallen lässt, wird die ganze in ihnen steckende Energie frei. Das Ziel des LHC war es, Kollisionsenergien von 7 Tera-Elektronenvolt zu erreichen. Also 7 Billionen Elektronenvolt – was nach sehr viel klingt, in Wahrheit aber nicht viel ist. 7 TeV entspricht einer Energie von 0,0000000003 Kilokalorien. Davon wird man nicht dick; das ist ungefähr die Energie, die man spürt, wenn einem eine Mücke gegen die Nase fliegt. Eine Mücke ist aber auch sehr, sehr viel größer als ein Proton, und darauf kommt es an. Die Energie von 7 TeV wird auf einem sehr kleinen Raum frei.

Und aus dieser Energie entstehen neue Teilchen. Wissen wir ja seit Albert Einstein: $E=mc^2$ – Energie und Materie sind eins wie das andere, und aus dem einen kann das andere werden (und umgekehrt geht's auch). Bei der Kollision wird aus den Protonen Energie, umso mehr, je mehr Wumms sie haben, wenn sie aufeinanderkrachen. Und die Energie erzeugt Teilchen. Und zwar im Prinzip alle, die gehen. Jedes Teilchen hat eine bestimmte Masse, die einer bestimmten Menge an Energie entspricht, und alles, was sich ausgeht, kann bei der Kollision entstehen. Hauptsache, es geht keine

Energie verloren, das findet das Universum nicht gut. Also: Wenn bei der Kollision 7 TeV frei werden, können dabei alle Teilchen entstehen, deren Masse zusammen nicht größer als 7 TeV ist. Und genau das ist auch der Grund, warum man die Teilchenbeschleuniger immer größer baut. Nicht, damit die Protonen unterwegs mal was anderes sehen und von der Schweiz nach Frankreich und zurück kreisen können. Sondern, weil man immer größere Energien braucht, wenn man neue Teilchen entdecken will.

Der Vorgänger des LHC war der LEP – der »Large Electron-Positron-Collider« – und damit hat man am Ende Kollisionsenergien von knapp 105 Giga-Elektronenvolt zusammengebracht. Was gut ist – aber man konnte damit halt keine Teilchen erzeugen (und entdecken), deren Masse größer ist als das. Und beim Higgs-Teilchen war man sich ziemlich sicher, dass seine Masse größer sein muss. Warum? Weil man trotz aller Mühe kein einziges davon bei den Experimenten am LEP entdecken konnte. Aber, und da war man sich sicher, mit dem LHC muss man es finden können. Die Masse des Higgs-Teilchens kann nicht beliebig groß sein; aus den theoretischen Überlegen zum Higgs-Feld kann man zwar nicht exakt ausrechnen, wie groß sie wirklich ist, aber man kann die Größenordnung bestimmen. Ab einer bestimmten Größe funktioniert die Theorie nicht mehr. Und der LHC hatte auf jeden Fall genug Wumms, um das Higgs zu finden – wenn es denn wirklich da ist.

Und wie bekommt man das Ding jetzt in die Finger? Die Quantenmechanik ist ja von Natur aus unbestimmt. Soll heißen, dass die Dinge zwar nicht völlig beliebig passieren; auch da gelten Naturgesetze. Aber Dinge passieren mit gewissen Wahrscheinlichkeiten, und man weiß vorher nicht genau, was am Ende rauskommt. Oder anders gesagt: Man weiß, welche Teilchen mit welcher Wahrscheinlichkeit bei einer bestimmten Kollision entstehen können. Aber nicht, was aus einer bestimmten Kollision tatsächlich resultiert. Es ist wie beim Würfeln: Ich weiß, dass ein Würfel mit einer Wahrscheinlichkeit von einem Sechstel nach dem Wurf auf der »1« liegen bleibt. Und mit der Wahrscheinlichkeit von einem Sechstel auf der »2«. Und so weiter. Aber ich kann nicht wissen, welche Augenzahl dann nach einem konkreten Wurf tatsächlich zu sehen sein wird.

Konkret läuft die Entdeckung eines Teilchens so ab: Man weiß vorher, mit welcher Energie die Protonen im LHC aufeinanderprallen (das hat man am Beschleuniger ja genau so eingestellt). Man weiß aus dem Standardmodell der Teilchenphysik, welche Arten von Teilchen dabei entstehen können und mit welcher Wahrscheinlichkeit sie das tun. Das rechnet man alles zusammen und formuliert daraus eine Vorhersage über das, was man messen kann. Man misst bei einer Kollision ja immer die Energie der Teilchen, die am Ende übrig bleiben. Das sind mal die einen, mal die anderen, je nach den Wahrscheinlichkeiten, mit denen sie entstehen. Aber wenn man die Protonen nur oft genug kollidieren lässt, dann sollte man am Ende alles gesehen haben, was theoretisch möglich ist. Und wenn das, was man dann misst, exakt mit dem übereinstimmt, was vorhergesagt wurde, dann kann man sich zwar darüber freuen, dass das Standardmodell funktioniert – man hat aber nichts Neues entdeckt.

Dazu kommt es erst dann, wenn man eine Abweichung von der Vorhersage misst. Das bedeutet, dass bei den Kollisionen auch Teilchen entstehen, die man *nicht* in die Vorhersage inkludiert hat, weil sie nämlich noch unbekannt sind. Und die man somit entdeckt hat.

Ein bisschen aufpassen muss man aber schon; man kann nicht einfach bei irgendeiner Abweichung von der Vorhersage aufspringen und »Heureka!« rufen (was Wissenschaftler:innen heutzutage sowieso kaum noch tun). Die Abweichung kann ja auch Zufall sein. Wenn ich 6-mal mit dem Würfel würfle, kann es ja auch durch reinen Zufall passieren, dass ich 6-mal eine »6« kriege. Genauso kann es durch reinen Zufall passieren, dass bestimmte Teilchen halt ein wenig öfter erzeugt werden als erwartet. Und wenn man dann noch ein paar Kollisionen mehr beobachtet, normalisiert sich alles wieder. In der Teilchenphysik kann man aber zumindest berechnen, wie wahrscheinlich es ist, dass eine Abweichung rein durch Zufall zustande kommt und nicht durch die Anwesenheit eines noch unbekannten Teilchens. Und erst wenn diese Wahrscheinlichkeit kleiner als 0,00006 % ist (so lautet die Konvention), dann macht man die Sektflaschen auf und setzt eine Pressekonferenz an.

Genau das fand am 4. Juli 2012 statt (die Pressekonferenz, der Sekt wurde vermutlich schon früher getrunken. Möglicherweise auch Champagner, immerhin liegt das CERN in Genf, das nicht wegen seiner berühmten Armenküche und der kategorischen Ablehnung von Luxusgütern einer der beliebtesten Tagungsorte der Welt ist). Die Kollisionen am LHC zeigten mit der nötigen Wahrscheinlichkeit die Anwesenheit eines neuen Teilchens, das genau die Eigenschaften hatte, die das Higgs-Teilchen laut Vorhersage haben sollte.

Die Entdeckung des Higgs-Teilchens war das Pflichtprogramm des LHC. Und eine – zu Recht mit dem Nobelpreis ausgezeichnete – großartige wissenschaftliche und technische Leistung. Aber eigentlich wollte man nicht nur endlich das Higgs-Teilchen nachweisen, sondern vor allem etwas *ganz* Neues entdecken. Irgendetwas, was über das Standardmodell der Teilchenphysik hinausgeht, irgendetwas, das der Wissenschaft eine ganz neue Richtung für die Zukunft aufzeigen kann.

Wäre es nur um den Nachweis des Higgs-Teilchens gegangen, dann wäre der Aufwand ein wenig groß gewesen. Es bestand zwar nie die Gefahr, dass am LHC ein Schwarzes Loch erzeugt wird, das die Welt zerstört, wie vor der Inbetriebnahme jede Menge Spinner behauptet haben. Aber wenn man dort ein Schwarzes Loch produziert hätte, wäre das höchst spektakulär gewesen. Man kann nämlich durchaus ein Schwarzes Loch durch eine Kollision von Teilchen entstehen lassen, zumindest theoretisch. Man muss nur ausreichend viel Energie auf ausreichend kleinem Raum konzentrieren, und genau das macht man am LHC ja. Aber die Energie dort würde nur dann dafür reichen, ein Schwarzes Loch zu kreieren, wenn das Universum Eigenschaften hätte, von denen wir bis jetzt noch nichts wissen. Mehr als 3 Raumdimensionen zum Beispiel. Das wäre theoretisch möglich und eine höchst beeindruckende Entdeckung. Aber leider sind am LHC keine Schwarzen Löcher entstanden. Die hätten uns auch im Übrigen nichts getan, denn Schwarze Löcher lösen sich durch die Hawking-Strahlung auf, und zwar umso schneller, je kleiner sie sind. Und mit dem bisschen Energie am LHC könnte man nur sehr winzige Exemplare erzeugen, die quasi schon wieder weg sind, bevor sie entstehen. (Und wer wissen will, wie das mit der Hawking-Strahlung funktioniert, kann das entsprechende Kapitel in *Warum landen Asteroiden immer in Kratern?* lesen; das zu schreiben war damals schon anstrengend genug, das machen wir jetzt sicher nicht noch einmal ...)

Aber wirklich ernsthaft hat niemand mit Schwarzen Löchern am LHC gerechnet. Sehr viel ernsthafter dafür allerdings mit dem Nachweis der Supersymmetrie. Viele Forscher:innen waren sogar überzeugt, dass man die

Supersymmetrie finden würde, noch bevor das Higgs-Teilchen aufgestöbert wäre, quasi direkt nachdem man am LHC auf »On« gedrückt hätte. Die Supersymmetrie ist symmetrisch und super, so viel kann man sich denken. Aber wenn in der Teilchenphysik von »Symmetrie« gesprochen wird, meint man etwas ganz anderes als im Alltag, und auch das Wörtchen »super« bezieht sich auf teilchenphysikalische Details, kann in dem Zusammenhang aber durchaus auch so verstanden werden, wie man sich das denkt. Die Entdeckung dieser Symmetrie wäre nämlich wirklich sehr super für die Wissenschaft gewesen, weil sich damit jede Menge Probleme lösen lassen würden.

Zum Beispiel das Hierarchieproblem. Das lässt sich mit einer simplen Frage zusammenfassen: Warum ist die Gravitationskraft so enorm schwach? Und falls Sie nicht glauben, dass die Gravitationskraft schwach ist, können Sie das gerne selbst ausprobieren. Hüpfen Sie einfach mal. Und? Ja, Sie sind nicht ins Weltall geflogen, am Ende hat Sie die Gravitationskraft der Erde wieder eingefangen und zurückgeholt. Aber Sie sind ein Stückchen nach oben gehüpft und das ist durchaus erstaunlich. Ihr schwacher Körper war in der Lage, sich zumindest kurzfristig gegen die Gravitationskraft der gesamten Erde zu widersetzen. Und die hat immerhin eine Masse von 6 Quadrillionen Kilogramm. Noch deutlicher wird das Problem, wenn man einen Blick auf einen Magneten wirft. Ein simpler, winziger Kühlschrankmagnet ist in der Lage, ein Stück Papier dauerhaft dem Griff der irdischen Schwerkraft zu entziehen und am Herunterfallen zu hindern. Die elektromagnetische Kraft ist dramatisch viel stärker als die Gravitationskraft, und dass es für uns im Alltag anders aussieht, liegt nur daran, dass wir in ständiger Präsenz der enormen Masse der Erde leben. Es braucht sehr massereiche Objekte – Planeten, Sterne, Galaxien –, damit die Gravitationskraft wirklich spürbar wird.

Neben Gravitationskraft und elektromagnetischer Kraft gibt es auch noch 2 weitere fundamentale Kräfte – die starke und die schwache Wechselwirkung –, die zwischen den Bestandteilen von Atomkernen wirken. Starke, schwache und elektromagnetische Kraft sind unterschiedlich stark, aber im Vergleich zur Gravitation fällt dieser Unterschied nicht ins Gewicht. Alle sind dramatisch viel stärker als die Gravitationskraft. Und »dramatisch« ist noch untertrieben, die Gravitationskraft ist mehr als 100 Milliarden Milliarden Milliarden Mal schwächer als etwa die schwache Kernkraft. Das ist das Hierarchieproblem: Warum sind 3 der fundamentalen Kräfte im Universum näherungsweise gleich stark – und die 4., die Gravitation, so enorm viel schwächer?

Eine Antwort darauf könnte die Supersymmetrie geben, und deswegen müssen wir uns jetzt mal anschauen, um was es da eigentlich geht. Erinnern Sie sich noch an die Bosonen und Fermionen von vorhin? Die brauchen wir jetzt wieder, also gibt es eine kurze Stundenwiederholung. Die Bosonen sind? Richtig, die Teilchen, die Kräfte vermitteln und einen ganzzahligen Spin haben. Und die Fermionen? Genau, die Teilchen, aus denen die Materie besteht und die einen halbzahligen Spin aufweisen. Und wehe, Sie haben schon wieder probiert, sich vorzustellen, was ein Spin ist! (Das kann ich Ihnen im Grunde ja nicht verbieten, aber glauben Sie mir, es führt zu nichts.) »Spin« heißt ja eigentlich »Drehung«, und wenn man sich so ein Teilchen als kleine Kugel vorstellt, dann könnte man meinen, der Spin würde beschreiben, wie sich diese Kugel dreht. Aber Teilchen sind keine kleinen Kugeln und schon gar keine, die sich um ihre eigene Achse drehen! Alle Versuche, den Spin eines Elementarteilchens zu veranschaulichen, sind bisher gescheitert. Stephen Hawking hat es in seinem berühmten Buch *Eine kurze Geschichte der Zeit* zum Beispiel so versucht: Der Spin eines Teilchens kann 0 sein, oder 1, aber auch ½ oder ³/₂. Ein Teilchen mit einem Spin von 1 muss man um 360 Grad herumdrehen, damit es wieder so aussieht wie zuvor. Bei einem Spin von 0 ist es wurscht, das schaut immer gleich aus, egal wie man es betrachtet. Das klingt jetzt noch nicht so schwierig. Aber ein Teilchen mit einem Spin von ½ muss man *2-mal* komplett herumdrehen, damit es wieder so aussieht wie zu Beginn. Und wenn Sie sich vorstellen können, was das bedeuten soll: Gratulation!

Am Ende muss man sich im Grunde damit zufriedengeben, dass der Spin eines Teilchens eine quantenmechanische Eigenschaft ist, die in unserer alltäglichen Welt keine anschauliche Entsprechung hat. Das ist unbefriedigend, aber das Universum ist nicht dazu verpflichtet, uns sinnvoll zu erscheinen. Ein Teilchen hat einen Spin, und dieser Spin hat einen Wert. So. Wichtig ist zu wissen, dass die Bosonen alle einen ganzzahligen Spin haben (der Spin des Higgs-Bosons ist 0, der der anderen Bosonen gleich 1). Und der Spin der Fermionen ist ½.

Die Supersymmetrie besagt nun, dass es eine Symmetrie gibt, die Fermionen und Bosonen ineinander umwandeln kann. Oder anders gesagt: Jedes Boson hat ein Fermion als Partner und umgekehrt. Ein bisschen so wie bei Materie und Antimaterie; da unterscheiden sich die Teilchen durch ihre elektrische Ladung; die einen sind elektrisch positiv geladen und die anderen elektrisch negativ.

Antimaterie haben wir schon längst entdeckt, supersymmetrische Teilchen aber nicht. Wir kennen keinen supersymmetrischen Partner eines Elektrons, eines Quarks oder eines Photons. Was bedeutet, dass die Symmetrie ein bisschen gebrochen sein muss: Die supersymmetrischen Teilchen unterscheiden sich nicht nur durch ihren Spin, sondern auch durch ihre Masse von ihren normalen Gegenstücken. Denn wenn sie die gleiche Masse hätten, dann hätten wir sie schon längst gefunden.

Aber genau dafür haben wir ja Geräte wie den LHC: Mit den hohen Energien dort kann man, wie gesagt, auch Teilchen erzeugen, die eine große Masse haben. Und deswegen hat man nicht nur darauf gehofft, dort supersymmetrische Teilchen zu entdecken, sondern eigentlich fix damit gerechnet.

Gehen wir noch ein bisschen weiter ins Detail. *Gehofft* hat man auf die Entdeckung, weil die supersymmetrischen Teilchen das Hierarchieproblem lösen können. Wie stark eine Kraft ist und wie weit sie reichen kann, hängt auch davon ab, wie viel Masse die Teilchen haben, die diese Kraft vermitteln. Je weniger Masse, desto weiter reicht die Kraft. Die Masse der Teilchen hängt aber vom Higgs-Feld ab. Und laut Supersymmetrie hat natürlich auch das Higgs-Boson ein supersymmetrisches Partnerteilchen, ja: sogar mehrere. Die Wechselwirkung dieser Teilchen beeinflusst das Higgs-Feld und sorgt dafür, dass manche Kräfte sehr viel stärker sind als andere. Mit supersymmetrischen Teilchen könnte man auch die Dunkle Materie erklären (siehe Kapitel 5). Und jede Menge andere coole Sachen: Zum Beispiel könnte man endlich die »Große Vereinheitlichung« schaffen, also eine Erweiterung des Standardmodells der Teilchenphysik entwickeln, die auch die Gravitationskraft mit einbezieht. Das ist nämlich aktuell nicht der Fall; wir brauchen tatsächlich 2 völlig unterschiedliche Theorien, um das Universum zu beschreiben. Die Quantenmechanik und die Teilchenphysik für alles, was mit Atomen, Molekülen und Teilchen zu tun hat – und die allgemeine Relativitätstheorie für das große Zeug, wie Planeten und Sterne. Das ist kein befriedigender Zustand; denn eigentlich sollte man Gravitationskraft auch quantenmechanisch beschreiben können und umgekehrt. Es fehlt eine Theorie der »Quantengravitation«, und die wird schon seit Jahrzehnten gesucht – bisher ohne Erfolg.

Deswegen hat man also *gehofft*, dass man am LHC supersymmetrische Teilchen entdeckt. Aber wieso hat man auch damit *gerechnet*? Wieso waren sich viele sicher, dass man die Supersymmetrie noch vor dem Higgs-Boson entdecken würde? Weil die Supersymmetrie so schön ist! Das ist in der Physik tatsächlich immer wieder eine wichtige Motivation: Manche Theorien sind – aus mathematisch-wissenschaftlicher Sicht – so elegant, dass man sich kaum vorstellen kann, dass das Universum *nicht* damit beschrieben werden kann. Und die Supersymmetrie ist eine äußerst elegante Theorie. Aber das Universum ist eben auch nicht verpflichtet, schön zu sein. Das Universum ist so, wie es ist, und ob wir es schön finden oder nicht, ist ihm komplett wurscht. Und so wie es aussieht, findet das Universum die Supersymmetrie offenbar längst nicht so super wie wir.

Dass man am LHC noch immer kein supersymmetrisches Teilchen auftreiben konnte, kann 2 Ursachen haben. Entweder die Supersymmetrie existiert nicht. Oder aber sie existiert doch, die supersymmetrischen Teilchen sind aber sehr viel massereicher, als wir dachten. Letzteres kann man zwar nicht ausschließen, aber es wäre auf eine andere Art ziemlich doof. Denn damit die Supersymmetrie all die oben erwähnten Probleme so super lösen kann, dürfen die Teilchen nicht zu viel Masse haben. Die Messungen am LHC haben die einfacheren Versionen der Supersymmetrie mittlerweile ausgeschlossen. Und mit den weniger einfachen Versionen lassen sich die Probleme nicht lösen, die die Supersymmetrie eigentlich lösen sollte.

Tja. Die Wissenschaftler:innen werden sicher nicht aufhören, sich neue Hypothesen auszudenken. Und am Ende wird uns nichts anderes übrig bleiben, als so lange Teilchen in Beschleunigern aufeinanderprallen zu lassen, bis dabei irgendwas entsteht, das wir noch nicht kennen und das uns sagt, wie es weitergeht. Oder auch nicht: Das Universum kann auch ein Arschloch sein; vielleicht will es uns einfach nicht sagen, wie es funktioniert.

Small-Talk-Hilfe: Wir sprengen uns durchs All

Gibt es sinnvolle Dinge, die man mit Atombomben anstellen kann? Eher nicht, zumindest nicht hier bei uns auf der Erde. Man könnte sie aber benutzen, um damit zu den Sternen zu fliegen. Schon in den 1950er-Jahren hat man im Rahmen des »Projekts Orion« überlegt, wie man Atombomben als Antrieb für ein Raumschiff verwenden könnte. Dazu braucht man Bomben, die nicht einfach nur explodieren, sondern auch Treibmittel enthalten. Also Zeug, das nach dem Wumms durch die Gegend geschleudert wird. Wenn ein Raumschiff so eine Bombe am hinteren Ende ausstößt, dann explodieren lässt und die Wucht der Treibmittel über eine »Prallplatte« auffängt, gibt das Schub nach vorne. Das Prinzip funktioniert, man könnte damit schnell genug werden, um in 100 bis 1000 Jahren zum nächstgelegenen Stern zu fliegen. Man braucht halt sehr, sehr viele Bomben. Und einen guten Stoßdämpfer!

Die Science Busters 2008

Den meisten Menschen weltweit wird das Jahr 2008 wohl als das einer sogenannten Bankenkrise in Erinnerung bleiben, als zahllose Spekulationsgeschäfte ihr jähes Ende fanden, was viele Leute unglaublich viel Geld gekostet hat und uns auf die harte Tour lernen ließ, dass es Institutionen gibt, die trotz radikalen Misserfolgs und kriminellen Gebarens unsinkbar sind, also too big to fail. Einzelpersonen gehen in so einem Fall schnurstracks in Privatinsolvenz, bestenfalls, große Banken nicht immer.

Ganz spurlos ist das natürlich auch an uns nicht vorübergegangen, aber wenn man nur auf die Science-Busters-Bühne blickt und die Welt drum herum im Wesentlichen ausblendet, dann war 2008, quasi am chinesischen Kalender der Science Busters, das Jahr des Schweinsbratens.

Über Jahre hinweg sollte »Die Genussformel« zu den erfolgreichsten Konzepten des Ensembles werden. Auch daran kann man ermessen, dass seither nicht nur Zeit vergangen ist, sondern sich auch einiges geändert hat. Heute würden wir vermutlich nicht mehr auf die Bühne gehen und arglos ein Hochfest des Schweinsbratens zelebrieren. Zumindest nicht ohne darauf hinzuweisen, dass Fleischkonsum keinen geringen Anteil am Klimawandel hat. (Wie brisant die Lage bereits ist und was es eigentlich mit einem IPCC auf sich hat, finden Sie in 13 Jahren, also in Kapitel 15.)

Dramaturgisch war die Show von 2008 gemein. Gleich zu Beginn wurde nach ein paar Erklärungen zu den Gewürzen und nach dem Hinweis, dass an der Butter zu sparen Frevel wäre und die Zubereitung schon mindestens 24 Stunden vorher begonnen haben müsste, eine etwa 3,5 Kilo schwere Schweinsschulter ins Backrohr geschoben. Samt Schwarte. Relativ bald danach begann es erst leicht, dann mächtig zu duften. Bis zur Verkostung am Ende der Show hat es dann aber noch gut 2,5 Stunden gedauert. Dazwischen hat Werner Gruber immer wieder nachgesalzen und diejenigen gemaßregelt, die einen Schweinsbraten allen Ernstes aus einem Karrée statt aus der Schulter zubereiten wollten oder eine knusprige Kruste erwarteten, obwohl sie während des Bratvorgangs mit Fett oder Bier nachgeholfen hatten. Was nicht wenige Zuschauer:innen, die sich auf ihre Zubereitungskünste nicht weniger einbildeten als der Wissenschaftler auf der Bühne, so erbost hat, dass sie nach der Show nicht etwa zur Bühne gestürmt sind, um ein Stück Braten zu erhaschen, sondern hauptsächlich, um nach einem versalzenen Bissen zufrieden feststellen zu können, dass der Mann mit seiner Physik natürlich doch keine Ahnung vom Kochen habe. Allerdings, und das muss man lobend erwähnen, haben die meisten an diesen Abenden nicht nur etwas über Wissenschaft, sondern offenbar auch über sich selbst gelernt, denn kaum jemand hat auf der eigenen Fehleinschätzung beharrt oder gar den Zufall für das gelungene Resultat verantwortlich gemacht.

Sich nach Showende rasch in der Schlange der Verkostungswilligen einzureihen schien aus anderen Gründen ebenfalls ratsam. Denn Werner Gruber hat vor der Ausgabe ans Publikum erst selber von seinem Werkstück schnabuliert. Und sein damaliges Kampfgewicht ließ keinen Zweifel daran, dass er der Meinung war, von nur

einem Schweinsbraten könne kein Mensch wirklich satt werden. Und so ist auch der Schweinsbraten Medium der Wissensvermittlung geworden, denn abseits der Ausspeisung haben Diskussionen und Erzählungen über eigene Kochversuche und Fragen nach in der Show nur gestreiften Details dafür gesorgt, dass viele Menschen möglicherweise erstmals in ihrem Leben mit einem Wissenschaftler gesprochen haben und ganz nebenbei erfuhren, dass Wissenschaft auch in ihrem Leben dauernd eine Rolle spielt, auch wenn sie es gar nicht bemerken.

Und abseits aller weltanschaulichen Diskussionen rund um Fleischkonsum muss man sagen, man bekommt in sehr vielen Wirtshäusern und Restaurants deutlich schlechtere Schweinsbraten verkauft als den im Dienst der Wissenschaft akkurat zubereiteten.

Falls Sie ihn einmal selber ausprobieren wollen, finden Sie das Rezept in seiner Fassung aus dem Jahr 2012, abgedruckt auch in *Gedankenlesen durch Schneckenstreicheln,* weiter unten. Denn die Schweinsbratenzubereitung hat auch Spuren in unseren Büchern hinterlassen. Eine Zeit lang war ein immer ausgefeiltertes Schweinsbratenrezept sozusagen der rote Faden unserer Publikationen. Und diese Tradition wollen wir zum Jubiläum wieder kurz aufleben lassen.

Traditionen sind ja nicht immer nur gut, oft schrecklich und generell nicht wegzubringen, aber ab und zu hat diese Redundanz auch ihren Reiz. In Österreich endet das Jahr im öffentlich-rechtlichen Rundfunk nicht gerade seit Menschengedenken, aber schon sehr lang damit, dass die berühmte Silvesterfolge der TV-Serie **Ein echter Wiener geht nicht unter** gespielt

wird, gefolgt von der nicht weniger berühmten Darbietung von *Dinner for one*, abgelöst vom Läuten der Pummerin, der größten Kirchenglocke des Landes. Damit gilt das alte Jahr in diesem Soziotop als standesgemäß verabschiedet, ein neues kann beginnen.

Seit 2009 kommt, wenn auch mit nicht ganz so sinnstiftend-staatstragender Breitenwirkung, aber doch derselben Regelmäßigkeit, der naturwissenschaftliche Jahresrückblick der Science Busters dazu. Ihm eignet der Vorteil, dass

er jedes Jahr ein wenig anders gestaltet wird, und der Nachteil, dass er zwar live, aber eben nur auf einer Bühne des Landes zu sehen ist, meistens in Wien. So kam es im Laufe der Jahre immer wieder zu einer Art Verbrämung. Denn eine der berühmtesten Szenen des an Höhepunkten nicht armen TV-Silvester-Specials von *Ein echter Wiener geht nicht unter* zeigt den Hauptdarsteller Edmund Sackbauer, kurz Mundl genannt, wie er einigermaßen solide alkoholisiert, auf gut Wienerisch fett wie ein Radierer, gemeinsam mit einem ebenfalls tadellos mit Ethanol versehenen Verwandten bester Stimmung zahlreiche Silvesterraketen aus dem Fenster in den Himmel schießt. Leider kommt ihm aber eine vom vorgezeichneten Weg ab und findet in eine Wohnung des gegenüberliegenden, nur durch eine Straße getrennten Zinshauses, wo sie ohne Weiteres ihre Pflicht erfüllt und explodiert.

Im Fernseher beginnt daraufhin der getroffene Nachbar wie ein Rohrspatz zu schimpfen, und es entspinnt sich ein sehr österreichischer Dialog, weil Mundl zwar Bestimmer bleiben, aber keinesfalls die Verantwortung für irgendwas übernehmen möchte. Die

Leuchterscheinung der Rakete in bewohnten Innenräumen bleibt dabei ohne Folgen.

Das ist natürlich sehr lustig, aber auch sehr irreführend. Denn aus gutem Grund dürfen solche Feuerwerkskörper nicht an Minderjährige oder Betrunkene verkauft werden bzw. herrscht, auch wenn das vielen egal ist, rund um den Jahreswechsel ein generelles Verbot zum Abschießen von Böllern und Silvesterraketen. Denn in Wirklichkeit würde es nicht nur zu einer starken Rauchentwicklung kommen, sondern alle im Raum befindlichen Personen liefen Gefahr, schwerere Verbrennungen zu erleiden. Abgesehen davon, dass zu Silvester in vielen Wohnungen schon ganz gut getrocknete Christbäume herumstehen, die sich nicht lange bitten lassen würden, Feuer zu fangen.

In unserer ersten Silvestershow haben wir also eine Art Sprengkammer bauen lassen, etwa in Gestalt einer Telefonzelle (unsere jüngeren Leser:innen sollen sich bitte von den betagteren erklären lassen, was das war), um darin auf der Bühne des Theaters, also in einem Innenraum, eine Rakete der Klasse 2 zu zünden. Die Rakete wurde mit einer Schraubzwinge fixiert und dann entzündet. Das Ergebnis unterscheidet sich fundamental vom im Fernsehen gezeigten Szenario.

Es gibt noch eine Aufnahme eines der ersten Probeschüsse, und man kann sehr leicht erahnen, dass sich gemeinsam mit einer explodierenden Silvesterrakete in einem Raum zu befinden ein Ereignis ist, auf das man in seinem Leben gerne verzichten sollte. Auch hierzu finden Sie Anschauungsmaterial im früher schon erwähnten QR-Code.

Schweinsbraten nach Werner Gruber

Die Zubereitung beginnt 24 bis 48 Stunden vor Bratbeginn.

1) Wählen

Karrée, Schopf, Schulter oder Bauchfleisch. Aus einem Karrée wird kein knuspriger *und* saftiger Braten – leider ein Paradoxon. Bauchfleisch wäre perfekt, hat aber viele Kalorien. Deshalb: Schweinsschulter.
3 kg Schweinsschulter mit Schwarte

2) Salzen

9 gestrichene Esslöffel Salz
Fleisch damit einreiben. Feinkörniges Salz aus der Saline, meist das billigste im Supermarkt. Achtung: Kein Meersalz verwenden, es ist in der Regel zu grobkörnig, dadurch würde der Braten versalzen. Teureres Salz bringt nicht mehr Geschmack, sondern ist nur teurer, denn Salz ist Salz ist Salz.

3) Würzen

3 gestrichene EL Koriandersamen, zerstoßen
3 gestrichene EL Kümmel
1 Knolle Knoblauch, geschält und gepresst
Gewürze gleichmäßig auf dem Braten verteilen. Die Schwarte nicht einschneiden. Fleisch in einen Kunststoffbeutel geben und 24 bis 48 Stunden rasten lassen. Wenn das unterlassen wird, wird der Braten versalzen sein, und Sie hätten dann gleich ein Karrée verwenden können.

4) Letzte Vorbereitungen

Das Fleisch in eine Kasserolle legen, mit der Schwarte nach unten. Dann geschälte, rohe Kartoffeln in die Kasserolle. Wasser in die Kasserolle gießen. Das Wasser sollte rund 3 bis 4 cm hoch stehen.

5) Buttern

Butter, 1/8 kg, in Flocken über das Fleisch drapieren.

6) Braten

Ab ins Backrohr bei Ober- und Unterhitze bei 180 °C.

7) Wenden

Nach 45 Minuten die Kasserolle herausnehmen und das Fleisch umdrehen. Nun ist die Schwarte wirklich weich und kann leicht eingeschnitten werden. Die Schwarte hat auch einen starken Beitrag für die Bratlfettn geliefert. Dieses »Fett« besteht aus 2 Teilen, dem Fett und einer bräunlichen, ekelerregend aussehenden, extrem gut schmeckenden gelatinösen Substanz. Dieses braune Zeug besteht im Wesentlichen aus Gelatine, die sich aus der Schwarte herausgelöst hat.

Noch einmal Buttern, ⅛ kg Butter in Flocken über der Schwarte verteilen.

(Warum Butter und kein Schweinefett? In der Butter sind Eiweißstoffe, die für eine perfekte Bräunung sorgen.)

8) Fertig braten

Braten wieder ins Rohr, Ober- und Unterhitze, bei 180 °C, für rund 1,5 bis 2 Stunden.

9) NICHT übergießen!

Knusprig bedeutet frei von Wasser. Wenn man die Kruste übergießt, weicht man sie wieder auf und bekommt nie eine knusprige Kruste. Nach Ende der Bratzeit den Braten aus dem Rohr nehmen und ruhen lassen. Unbedingt! Warum? Die Kollagenfasern des Fleisches haben sich aufgrund der hohen Temperatur, mehr als 75 °C, zusammengezogen. Würde man das Fleisch sofort anschneiden, würde der Fleischsaft herausgepresst und sich über das Schneidbrett ergießen. Wir wollen ihn aber im Braten haben und lassen beide rund 25 Minuten einfach stehen.

Anschließend und grundsätzlich wünschen wir guten Appetit.

SCHLEICH DICH,
FEIGWARZE

*2009 war das 15. wärmste Jahr
seit es Aufzeichnungen gibt.
Es befinden sich 388 ppm CO_2
in der Atmosphäre.*

Am 31. Dezember 2009 wurde Dornröschen von der ISMCBBPR als »Molekül des Jahres« ausgezeichnet. Sie dürfen gerne rätseln, was das Akronym bedeuten soll, aber vermutlich kommen Sie eh nicht drauf, also verraten wir es Ihnen einfach. Es ist die International Society for Molecular and Cell Biology and Biotechnology Protocols and Researches, und »Dornröschen« ist ein künstliches Transposon – eine Art Taxi für Gene, das in der Gentherapie eingesetzt werden kann. Entwickelt hat man es aus ähnlichen Transposonen, die es schon vor 10 Millionen Jahren in Fischen gab, und wegen der lange Pause wurde es »Sleeping Beauty« genannt.

Schon vor diesem Höhepunkt zu Silvester flog am 18. Juni 2009 LCROSS gemeinsam mit LRO ins Weltall. Das könnten Sie jetzt schaffen; auf jeden Fall mit dem kleinen Hinweis, dass die Mission zum Mond ging. »Den Mond betreffend« heißt auf Englisch »lunar«, und damit haben wir schon mal das »L« der Akronyme geschafft. Was macht man mit dem Mond? Richtig, man erkundet ihn, und »Erkundung« heißt auf Englisch »reconnaissance« – und das macht eine Raumsonde von einer Umlaufbahn aus, also von einem »Orbit«. Die NASA hat also den »Lunar Reconnaissance Orbiter« zum Mond geschickt. Und weil noch Platz in der Rakete war, hat man den »Lunar Crater Observation and Sensing Satellite« mit dazugepackt. Der übrigens aus dem S-S/C und der EDUS bestand, aber das lassen wir als Hausübung übrig.

Und dann wurde 2009 auch noch Q150 gefeiert. Und zwar in QLD. Letzteres ist – natürlich! – die offizielle Abkürzung für den australischen Bundesstaat Queensland, und weil sich der 1859 vom heutigen Bundesstaat New South Wales abgetrennt hat, feierten die Queenslander (von den anderen Bundesstaaten etwas abschätzig die »Banana Benders« genannt) eben 2009 ihr 150-jähriges Jubiläum unter dem offiziellen Label Q150. Zu diesem Anlass hat man sich 150 Symbole ausgesucht, die Queensland optimal repräsentieren sollen. Dazu gehören zum Beispiel die Bee Gees, eine 16 Meter hohe begehbare Ananas in Woombye, die XXXX Brauerei in Brisbane (das ist nicht der Name einer Produktionsfirma, die für die Herstellung besonders arger Pornografie bekannt ist, sondern einer beliebten australischen Biersorte), die Flip-Flops, Macadamia-Nüsse oder das Grillen im Garten. Und die HPV-Impfung, die der Immunologe Ian Frazer an der University of Queensland entwickelt hat.

»Wenn's vorne juckt und hinten beißt, nimm Klosterfrau Melissengeist.« Lautet ein Scherzreim aus dem 20. Jahrhundert auf einen unter diesem Namen vertriebenen Kräuterschnaps, zur äußerlichen und innerlichen Anwendung. Eine klassische OTC (»over-the-counter drug«) – also nicht verschreibungspflichtig, sondern zur Selbstbehandlung nach eigenem Gutdünken und seit vielen Jahrzehnten nicht nur zum Einreiben der Haut verwendet, sondern auch als heimlicher Trinkalkohol, gern auch als »Kölnischwasser-Alkoholismus« bezeichnet.

Damit hat HPV nichts zu tun, sondern repräsentiert vielmehr das Gegenteil. Obwohl auch hier Klosterschwestern eine Rolle spielen.

HPV steht für »Humane Papilloma Viren«, und dass die nicht ohne sind, hat sich schon abgezeichnet, als in den 1930er-Jahren die ersten Papillomaviren überhaupt entdeckt worden sind, und zwar bei Kaninchen. Shope Papillomavirus (SPV), auch bekannt als Baumwollschwanz-Kaninchen-Papillomavirus, führt bei Kaninchen zu Krebs, der Metastasen verursachen kann, in der Regel im Kopfbereich. Die können so groß werden, dass sie das Aussehen von Hörnern annehmen oder die Tiere wie schief gewachsene Hauer beim Fressen behindern. Diese Verunstaltung könnte eine der Quellen für die Erfindung von Mischfabelwesen sein – wie der Jackalope im englischsprachigen Raum oder des Wolpertingers im bayerischen. Einer Kombination aus mehreren Tieren, etwa ein Hase mit Entenflügeln und Krickerl. Berichte von Jägern veranlassten den US-amerikanischen Krebsforscher Richard E. Shope dazu, sich das genauer anzuschauen, und im Zuge seiner wissenschaftlichen Arbeit entdeckte er 1933 das später nach ihm benannte Virus. Ein Virus, das Krebs auslösen kann, ist an sich schon bemerkenswert. Wenn seine Erforschung aber dazu führt, dass wir in der Lage sind, dagegen eine Impfung zu entwickeln, dann ist das eine sensationelle Mitteilung. Trotzdem hat sich die Begeisterung lange in Grenzen gehalten.

Aber der Reihe nach und zurück zu den Klosterschwestern. Der Melissengeist spielt in der Impfstoffentwicklung keine Rolle, aber der Beruf der Nonne. Denn so sind die Humanen Papilloma Viren erstmals auffällig geworden.

Über Geschlechtskrankheiten spricht man nicht nur im Kloster, sondern auch außerhalb eher ungern, zumindest wenn's nicht juckt und nichts tropft. HPV verursachen aber genau solche Infektionen. Schmerzlos und weitgehend symptomlos. Dabei ist HPV die häufigste Virusinfektion der Geschlechtsorgane, mindestens 75 % aller sexuell aktiven Personen werden im Laufe des Lebens irgendwann einmal infiziert sein, manche mehrfach. Die meisten Infektionen »passieren« gleich am Anfang der sexuellen Aktivität. Mehrere Studien, die College-Studentinnen mittels regelmäßiger HPV-Untersuchungen begleitet haben, kommen zum selben Ergebnis: 30 % der Mädchen, die am Beginn einer Studie noch negativ sind, sind schon 2 Jahre später positiv.

Bei nicht sexuell aktiven Personen, und zu solchen zählen laut Vereinsstatuten Klosterschwestern, ist aufmerksamen Forscher:innen bereits im 19. Jahrhundert der Zusammenhang zwischen der Virusinfektion und Krebs aufgefallen. Genauer gesagt, der Umstand, dass Gebärmutterhalskrebs bei Nonnen im Vergleich zu nicht enthaltsam lebenden Frauen fast nicht vorkommt – und sie haben vermutet, dass es da einen Zusammenhang gibt zwischen Sex und Tumor. Davon, was Viren sind, und dass sie unter anderem Gebärmutterhalskrebs verursachen können, hatte man damals allerdings noch keine Ahnung.

Glücklicherweise heilt ein Großteil der Infektionen von selbst aus. Was das Virus unter anderem so unangenehm und gefährlich macht, ist, dass es auch nach der akuten Infektion in der Schleimhaut zurückbleiben kann. Dadurch verändern sich die Schleimhautzellen, es bilden sich Tumor-Vorstadien und in der Folge Karzinome.

Bei einer Frau mit intaktem Immunsystem dauert diese Abfolge von Infektion bis zur Krebserkrankung 15 bis 20 Jahre, bei geschwächtem Immunsystem nur 5 bis 10 Jahre. Was sich anhand HIV-infizierter Personen belegen ließ.

1976 hat der deutsche Mediziner und Virologe Harald zur Hausen den Zusammenhang von HP-Viren und Gebärmutterhalskrebs nachweisen können. Denn in 99,9 % dieser Tumore ist HPV nachweisbar. Auch bei anderen, selteneren Tumorarten spielen HP-Viren eine ursächliche Rolle: Karzinome des Mund- und Rachenraumes, Analkarzinome, Vulva- und Vaginalkarzinome, Peniskarzinome. Analkrebs klingt wie eine etwas ungelenke Eindeutschung des Wiener Dialektausdrucks »Oaschwarzn«, womit man wenig schmeichelhaft Menschen bedenkt, denen man aufgrund ihres Gebarens nur sehr wenig Sympathie entgegenzubringen in der Lage ist. Es handelt sich dabei aber um eine Form der HPV-Erkrankung, die im Analbereich auftritt, denn diese Viren fühlen sich überall dort wohl, wo sie auf Schleimhäute treffen. Übrigens bei Männern und Frauen gleichermaßen. Also überall, wo ein Geschlechtsorgan auf eine Schleimhaut trifft, fühlt sich HPV wie im Club-Urlaub.

Weltweit werden eine halbe Million Zervixkarzinome pro Jahr diagnostiziert, wie Gebärmutterhalskrebs gern genannt wird, wenn Mediziner:innen unter sich sind. Die anderen Krebsarten, die mit HPV zusammenhängen, machen zusätzlich nochmals fast 114 000 Fälle aus. Global gesehen ist es das vierthäufigste Karzinom bei Frauen, 90 % aller fortgeschrittenen Fälle und der Todesfälle ereignen sich aber in Schwellen- und Entwicklungsländern. Wie so oft ist Armut auch hier ein Grund für schlechtere Gesundheit. In unseren Breiten werden Infektionen durch Screeningprogramme diagnostiziert und Vor- und Frühstadien in der Regel rechtzeitig behandelt. 500 Zervixkarzinomfälle pro Jahr zählt man aber auch in Österreich, in Deutschland sind es etwas mehr als 4000.

Wie schaut das Virus aus? Das hat vor der Pandemie kaum wen interessiert, aber nachdem wir das Profilfoto des Coronavirus kennen, wollen wir das jetzt auch genauer wissen. Tatsächlich ähneln sich die beiden, HPV schaut unter dem Elektronenmikroskop ein wenig so aus wie diese Spielzeugbälle mit kleinen Saugnäpfen, die ans Fenster geworfen an der Scheibe haften bleiben. Für einen so unheilvollen Krankheitserreger ist das HP-Virus allerdings eher klein und unscheinbar, selbst nach Virenstandards: Die genetische Information, die DNA, ist nur 8000 Basenpaare groß, drum herum eine Kapsel – fertig. Mehr braucht es nicht, um sein unheilvolles Tagewerk zu verrichten.

Dafür gibt es allerdings viele verschiedene Typen. 200 Genotypen sind bisher beschrieben worden, und es müssen wieder einmal die alten Griechen her, um das zu kategorisieren: Die Virustypen der Beta- und Gamma-Spezies sind relativ harmlos und infizieren die Haut. Die meisten Infektionen verlaufen entweder gänzlich unbemerkt oder verursachen Hautwarzen, die zwar lästig sind, aber zumeist innerhalb eines Jahres wieder verschwinden. Unter den Alpha-Spezies aber finden sich 40 sogenannte Serotypen, die auf die Schleimhaut des Genitalbereichs spezialisiert sind und durch Geschlechtsverkehr übertragen werden. Viele Serotypen der Alpha-Männchen verursachen nur gutartige Erkrankungen (HPV 6 und 11 sind für Analwarzen verantwortlich), aber 13 sogenannte Hochrisikotypen sind karzinogen – verursachen also bösartige Tumore. Quasi unter Beobachtung stehen zudem weitere Typen, die ebenfalls krebserregend sein könnten.

Wie steckt man sich an, wenn es vor allem beim Geschlechtsverkehr passiert – bei der Ejakulation, beim Küssen oder beim Oralverkehr? Das können Sie sich sozusagen aussuchen, denn die Infektion passiert auf kleinerer Ebene. Am Ort einer Schleimhautabschürfung genügen mikroskopisch kleine Verletzungen. Die sind anfangs für die Infektion notwendig, weil HPV an einer Zellstruktur andocken muss, die normalerweise nicht frei zugänglich ist – an den sogenannten Heparansulfat-Proteoglykanen, großen Eiweißmolekülen an der Oberfläche von Basalmembranzellen. Nachdem das Virus erfolgreich in die Zelle eingedrungen ist, erreicht es den Zellkern. Dann beginnt die Virusvermehrung.

Die Infektion beschränkt sich auf ein paar Zellen um die Verletzung herum. Das Virus hat sich mit seiner Vermehrungsweise eng an den Lebenszyklus und die Reifung der Wirtszellen angepasst. Unsere Schleimhaut erneuert sich laufend. Von den Basalzellen an der Basalmembran wandern Zellen langsam an die Oberfläche der Schleimhaut, dabei differenzieren sie sich, werden erst zu typischen Schleimhautzellen, und an der Oberfläche werden sie dann abgeschilfert und abgestoßen.

Am Anfang der Infektion vermehrt sich HPV mit einer niedrigen Rate, 50 bis 100 Viruskopien pro Zelle werden hergestellt. Es sitzt inkognito an der Basis der Schleimhaut und tut so, als gehöre es nicht dazu. Die befallenen Zellen zeigen so wenig Auffälligkeiten, dass unser Immunsystem das nobel ignoriert. Während der Differenzierung der Schleimhautzellen schalten die Papillomaviren, die in diesen Zellen sitzen, allerdings auf High-Speed-Produktion um und erzeugen bis zu 1000 Viruskopien pro Zelle. Zusätzlich werden die Kapselbestandteile gebildet und zusammengesetzt, sodass an der Schleimhautoberfläche dann Epithelzellen abgegeben werden, die prall gefüllt mit Viren sind. Ideal für die Weiterverbreitung des Virus. Das können Sie sich ein bisschen vorstellen wie die Kaskadenmaschinen in Spielhallen. Man wirft oben Münzen in den Automaten. Auf verschiedenen Stufen, die sich vor und zurück bewegen, werden Coins über- und untereinandergeschoben, bis eine vielschichtige Wechte aus Münzen entsteht, die sich von der obersten Stufe kaskadenartig bis vor die unterste bewegt. Und irgendwann fallen dann gleichzeitig sehr viele Münzen aus der äußersten Schicht aus dem Automaten. So geht es auch auf der Haut zu, und wenn die Münzen HPV enthalten, ist das nicht günstig.

HPV lässt die gesamte Vermehrung und Produktion neuer Viren von den Produktionsmechanismen der Wirtszelle vornehmen. So klein und schon ein perfekter Parasit. Um die Replikationsmechanismen der Wirtszelle zu übernehmen, greift es in verschieden Abläufe ein, führt zu ungehemmtem Zellwachstum und sorgt dafür, dass die befallene Schleimhautzelle unsterblich wird. Das klingt vielleicht aufs Erste toll, ist es aber nicht. Denn unsterbliche Zellen sind für uns nichts Gutes, man nennt sie in der Regel Krebszellen. Die enthemmte und genetische Instabilität lässt die Zelle entarten. Dass dabei ein Tumor entstehen kann, ist zwar nicht im Sinne des Virus, passiert ihm aber halt. Um das auch noch zu verhindern, ist es dann vielleicht doch zu klein.

Zum Glück für uns hat HPV kein perfektes System erfunden und unser Immunsystem ist auch nicht auf der Nudelsuppe dahergeschwommen. Ein sehr großer Anteil der HPV-Infektionen heilt spätestens 12 bis 24 Monate nach der Ansteckung spontan wieder aus. Ohne dass wir es merken. Permanent sind Menschen damit infiziert. Es gibt nicht viel, von dem man sagen kann, dass ein Viertel der österreichischen Bevölkerung es gemeinsam hat, aber HPV ist eines davon. Und wer es jetzt nicht hat, wird es noch bekommen. Außer er oder sie lebt keusch. HPV als »Heimat-Patriotismus-Virus« auszuformulieren wäre dennoch verfehlt.

Warum HPV manchmal völlig ausheilt und manchmal doch bleibt, ist nach wie vor nicht ganz geklärt. Eventuell hängt es davon ab, was für eine Zelle zuerst infiziert wurde – eine Stammzelle, die immer an der Basalmembran sitzen bleibt und fleißig HPV-haltige Tochterzellen produziert, oder ein etwas weiter entwickelter anderer Zelltyp, der langsam an die Schleimhautoberfläche wandert und sich dort verabschiedet. Auch die Stelle der Infektion könnte eine Rolle spielen. Die Übergangszone vom

Plattenepithel der Scheide zum Zylinderepithel von Muttermund und Ge-
bärmutter scheint besonders anfällig für die Entstehung von Karzinomen
zu sein. Und da man bei verschiedenen Erkrankungen, die mit unterdrück-
tem Immunsystem einhergehen, ein deutlich erhöhtes HPV-Risiko findet,
spielt sicher auch die zelluläre Immunabwehr eine wichtige Rolle.

Für die Entdeckung des Zusammenhangs von HPV und Gebärmutterhalskrebs bekam Harald zur Hausen zwar den Medizin-Nobelpreis, mit
seiner Idee, einen Impfstoff gegen HPV zu entwickeln, ist er jedoch bei den
Pharmafirmen, die er dafür zu begeistern versuchte, abgeblitzt. Nicht pro-
fitabel, keine der Firmen hatte Lust auf das finanzielle Abenteuer, das die
Entwicklung eines Medikaments oder Impfstoffs ja auch immer darstellt.
Nach dem Motto, wer keinen Tumor will, kann ja ins Kloster gehen.

Denn behandeln kann man die Virusinfektion nicht, bisher gibt es keine
wirksamen Medikamente. Zur Vorbeugung reduzieren Kondome das Risiko der Übertragung, sie bieten aber keinen 100-%igen Schutz, da HP-Viren
sich eben auch an Körperstellen befinden können, die nicht vom Kondom
bedeckt sind. Und ein Ganzkörper-Präservativ funktioniert vermutlich
nur in der Theorie. Dann vielleicht doch lieber Kloster.

Heute gibt es einen Impfstoff gegen HPV. Zum Glück hatte also doch
wer Lust, ihn zu entwickeln, nämlich der australische Immunologe Ian
Frazer und der chinesische Virologe Jian Zhou. Zhou hat entdeckt, dass
rekombinant hergestellte L1-Kapselproteine spontan VLPs (»virus-like
particles«) formen. Das müssen Sie sich nicht merken, das sagen wir nur
einmal zwischendurch so, um kurz aufblitzen zu lassen, dass das, was in der
Zeitung und auf Social Media verlautbart wird, und das, was tatsächlich
davor in der Forschung passiert, schon 2 Paar Schuhe sind. Mindestens. Es
ist also ein sehr langer, komplizierter Weg, bis man VLP vor sich hat. Diese
»virus-like particles« – und das können Sie sich jetzt wieder merken –
sind leere Hüllen, die von außen aussehen wie das intakte Virus, aber kein
Virusgenom enthalten. Also keinen Schaden anrichten können. Immuno-
logisch wirken sie aber wie das Originalvirus, unser Immunsystem erkennt also keinen Unterschied. So wie am Straßenrand eine Zeit lang Poli-
zistenfiguren aus Pappendeckel aufgestellt worden sind, um die Autofah-
rer:innen zum Drosseln des Tempos zu veranlassen. Auf den ersten Blick
gab es da keinen Unterschied, und viele haben gebremst. Teilweise aber

derart abrupt, dass es dadurch wieder zu gefährlichen Situationen und Unfällen gekommen ist, sodass die Figuren wieder seltener geworden sind. Bei der HPV-Impfstoffentwicklung bedeutete die leere Virushülle aber den Durchbruch.

2006 wurde der Impfstoff in Australien und den USA zugelassen, ein Jahr später gab es ihn schon in 80 Ländern. Eine universelle HPV-Impfung, die gegen alle möglichen Typen wirksam ist und nicht nur gegen die 9, die in den aktuellen Impfstoffen enthalten sind, gibt es zwar noch nicht, aber es wird daran gearbeitet, und irgendwann wird es so weit sein.

(Dr. Zhou hat den Erfolg übrigens leider nicht miterlebt, er starb 1999 an einem anderen DNA-Virus, dessen Wirkung heute durch Impfung vermeidbar ist – an Hepatitis.)

Haben sich nun alle Menschen an der Hand genommen und erst einmal ein paar Tage gefeiert? Schließlich waren wir damit in der Lage, Millionen Krebserkrankungen und möglicherweise sogar Tode mit einer simplen Impfung zu verhindern?

Na ja. Zuerst einmal ist das passiert, was seit Erfindung der Pockenimpfung im 18. Jahrhundert immer passiert, wenn ein neuer Impfstoff auf den Markt kommt. Das übliche Gerede der Impfgegnerei. Bei HPV noch verschärft dadurch, dass es um eine sexuell übertragbare Erkrankung geht und es sich bei der Hauptzielgruppe für die Impfung um Kinder vor dem Eintritt ins sexuell aktive Alter handelt. Die Folge waren Gerüchte, Meldungen über massenhafte Todesfälle, Fake News, natürlich inklusive des Klassikers »Impfung macht unfruchtbar«. Kleine Mini-Small-Talk-Hilfe zwischendurch: Der Begriff Fake News ist seit mindestens 1890 in Verwendung und keine Erfindung von faschistoiden, postdemokratischen Solariumsbräunefans.

Das absurdeste Argument in der langen Reihe lautete jedoch: Wenn die Kinder geimpft werden, haben sie keine Angst mehr vor Ansteckung und ziehen fröhlich um die Häuser und lassen es sexuell krachen. Man kann es fast nicht glauben, aber das war noch im 21. Jahrhundert ein Argument mancher Eltern. Die Kinder nicht impfen lassen, weil sonst schustern sie zu arg. Was stattdessen? Dann lieber Krebs? Solche Eltern wünscht man sich.

Auch in Österreich wurde die Impfung schon 2007 vom Obersten Sanitätsrat für alle 9- bis 17-Jährigen empfohlen, ausnahmsweise einmal sehr früh, wenn es um medizinischen Fortschritt ging. Aber der damalige Gesundheitsminister Stöger war dagegen, den Impfstoff ins kostenfreie Impfprogramm aufzunehmen, denn der Impfstoff sei in Fachkreisen umstritten und der Preis zu hoch. Leider zu wenig Tote, zahlt sich nicht aus. Eine Anfang des Jahrtausends zu einiger Popularität gelangte Redewendung könnte man dafür erfinden, gäbe es sie nicht schon längst, nämlich: danke für nichts. Auch in Deutschland hatten die Impfstoffe, die 2006 und 2007 zugelassen wurden, einen schweren Start.

Mit Ruhm bekleckert hat sich auch das Ludwig-Boltzmann-Institut for Health Technology Assessment nicht, das die Impfung für »nicht kosteneffektiv« befand. In diese Kalkulation aber nur Krebssterbefälle einzubeziehen ist nicht einmal eine Milchmädchenrechnung. Ein medizinisch hoch entwickeltes Gesundheitssystem wie in Österreich und Deutschland findet natürlich viele Karzinomvorstufen durch Screenings, bevor sie zu Karzinomen werden, findet Karzinome also so früh, dass die Therapie erfolgreich ist – und hat auch bei Krebs noch Behandlungsoptionen im Talon. All das verringert die Krebssterberate, all das kostet aber auch viel Geld und tauchte in der Rechnung nicht auf. Von den Leiden und Belastungen der betroffenen Frauen ganz abgesehen. Glücklicherweise wurde in Österreich im Jahr 2013 wieder einmal das Parlament neu gewählt, und traditionell sind im Vorfeld dessen Sachen möglich, die es bislang schwer hatten. Und so kam es endlich zur Ankündigung, die HPV-Impfung ab 2014 ins kostenfreie Impfprogramm aufzunehmen. Österreich hatte damit seinen ursprünglich guten Startvorsprung fast gänzlich verspielt, immerhin wurde die Impfung dann aber gleich für Mädchen und Buben eingeführt. Das wiederum war eine gute Entscheidung.

Kleiner Trost für alle, die jetzt das Wort »Österreich-Bashing« oder »Nestbeschmutzung« auf der Zunge führen: Die Ständige Impfkomission in Deutschland hat sich überhaupt erst 2018 für eine Impfung von Jungen im Alter von 9 bis 14 Jahren ausgesprochen. Ausschlaggebend war auch hier keineswegs eine neu entdeckte Zuneigung zu jungen Menschen, sondern wieder schnöde Kosten-Nutzenrechnung: Am wirksamsten ist die Impfung dann, wenn sie vor dem ersten Geschlechtsverkehr verabreicht wird. Denn sie kann nur neue Infektionen verhindern. Wenn das Virus schon im

Körper ist, wirkt sie nicht mehr gegen diese Infektion. Und geimpfte Kinder sind, nachdem der Schutz ein Leben lang anhält, einfach billiger.

Im Alter von 9 bis 12 Jahren ist die Impfung gratis, man hat also über 1000 Tage Zeit, seine Kinder kostenlos impfen zu lassen, das sollte zu schaffen sein. Denn macht man es nicht, ist man kein besonders aufmerksamer, vorsichtiger und fürsorglicher Elternteil, sondern enthält im Gegenteil seinen Kindern das Recht auf eine Behandlung vor, die sie nachweislich vor Krankheit und Tod schützen kann. Und das ohne Not. Falls Sie, liebe Leserin, lieber Leser, noch jung sind, nicht gegen HPV geimpft und gerne wieder einmal mit Ihren Eltern so streiten möchten, dass Sie schon davor wissen, Sie haben sicher recht, dann wäre das ein Anlass. Und danach sofort impfen gehen. Bis zum 18. Geburtstag ist die Impfung in fast allen europäischen Ländern immerhin noch ermäßigt erhältlich, geringfügige Unterschiede gibt es aber regional.

Was kostet es, wenn man den Kindern bis 18 den Sex verbietet und damit sogar Erfolg hat, aber dann doch impfen lassen will, wenn sie nicht mehr zu halten sind? Dann wird es teuer. Denn die 3 Impfungen, die dann nachgeholt werden müssen, kosten insgesamt rund 600 Euro.

Unser Praxistipp: nicht blöd anstellen als Eltern, sonst können Sie das Budget für die Sommerurlaube eine Zeit lang in Impfungen für die Kinder investieren, die eigentlich schon mit der Steuer bezahlt gewesen wären.

Inzwischen lassen sich auch mit fest zusammengekniffenen Augen die positiven Ergebnisse aus Ländern, die schon lange impfen, nicht mehr übersehen: fast 90 % weniger Infektionen mit den Hochrisiko-Typen, die im Impfstoff enthalten sind, Rückgang der Krebsvorstufen, Rückgang von Genitalwarzen. Länder, die die Impfung nur für Mädchen eingeführt haben, sehen trotzdem leichte Rückgänge der Infektionen auch bei Buben – der in der Frühphase der Pandemie zu Popstarstatus gelangte Herdeneffekt lässt grüßen. Glücklicherweise zeigt sich auch eine sehr gute Langzeitwirkung. Zehn-Jahres-Analysen zeigen kein Nachlassen der Schutzwirkung. Das ist umso erfreulicher, als es zum Zeitpunkt der Einführung noch nicht absehbar und eine mögliche Auffrischung noch im Gespräch war.

Aus den letzten 2 Jahren gibt es jetzt auch bereits jene Daten, deren Fehlen in der Impfgegnerei bei der Zulassung als Totschlagargument vorgebracht worden ist: Es sei ja überhaupt nicht bewiesen, dass die Impfung

Krebs verhindern könne. Da es 10 bis 20 Jahre dauert, bis aus einer Infektion Krebs entsteht, gab es diese Daten zum Zeitpunkt der Zulassung tatsächlich nicht. Man musste die Logikaufgabe aus der dritten Volksschulklasse lösen: Es entstehen weniger Infektionen (bewiesen), daraus weniger Krebsvorstufen (bewiesen), daraus weniger invasive Krebserkrankungen (damals noch nicht bewiesen). Wer an der Logikkette gescheitert ist, und logisch denken zählt nicht unbedingt zur Job-Description in der Impfgegnerei, der kann aber jetzt auch einfach die Berichte aus Dänemark und Schweden nachlesen, die deutliche Rückgänge beim Gebärmutterhalskrebs zeigen.

Können ältere Menschen, die die Infektion vermutlich schon gehabt und überlebt haben, sich die Impfung sparen und das Geld für Champagner und Kaviar auf den Kopf hauen?

Eher nein. Auch nach überstandener Infektion kann man sich jederzeit wieder infizieren, nicht nur, weil es viele verschiedene Virentypen gibt. Falls man nicht altersfromm wird und doch ins Kloster geht. Ursula Hollenstein, die Hofinfektiologin der Science Busters, wird in der Ordination immer wieder von Paaren gefragt, ob sie sich noch impfen lassen sollen. Da muss sie dann oft diplomatisch vorgehen, denn die richtige Antwort lautet: Impfen ist nur dann notwendig, wenn sich die beiden untreu sein wollen, sonst nicht. Und das macht die Impfentscheidung der beiden nicht leichter. Verzichten Menschen daraufhin großmütig auf die Impfung, weil die Partner:innen danebensitzen, und riskieren lieber einen Tumor? Oder kommen die dann später alleine noch mal wieder und lassen sich impfen? Darüber können wir nur spekulieren, denn die Einzige, die dazu Informationen aus erster Hand besitzt, ist Ursula Hollenstein. Und die beruft sich auf die ärztliche Schweigepflicht.

Small-Talk-Hilfe: Hilfe – mein Arzt ~~perspiriert~~ aspiriert

Sie können nicht hinsehen beim Spritzen? Sollten Sie aber. Denn vielleicht tut es deswegen weh, weil Ihr Arzt vor der Injektion noch aspiriert – also den Spritzenstempel kurz zurückzieht, um sicherzustellen, dass er kein Blutgefäß erwischt hat. Da soll die Impfung ja nicht hin, sondern in den Muskel. Klingt sinnvoll, ist es aber nicht. Dieser kurze Unterdruck, der

Sog, der beim Aspirieren entsteht, ist ein Teil des »Impfschmerzes« – gerade bei Kleinkindern nicht zu ignorieren. Und es ist vor allem ein sinnloser Schmerz. Von Fachgesellschaften der Kinderärzte bis zur WHO raten alle davon ab. An den Stellen, an denen geimpft wird, sind keine größeren Blutgefäße, es ist also praktisch gar nicht möglich, eine Vene oder Arterie zu treffen. Man kann manchmal ein winziges Hautblutgefäß durchstechen beim Impfen, da sieht man dann einen kleinen Blutstropfen nach der Impfung – aber in dieses Gefäß injizieren, nein, geht nicht. So langsam setzt sich das bei Ärzt:innen durch, und ausgerechnet jetzt rudert die deutsche Impfkommission zurück und möchte bei den Covid-Impfungen doch, dass man aspiriert. Weil in einer Tierstudie, bei der die RNA-Impfungen direkt in Blutgefäße gespritzt wurden, Herzmuskelentzündungen beobachtet wurden. Eine (!) Studie, bei Tieren (!), und zu einer Technik, die nichts mit einer Impfung zu tun hat. Dass aus einer experimentellen Studie, die mehr Fragen aufwirft, als sie beantwortet, eine Empfehlung wird, ist neu. Komischerweise hatten die österreichischen Kolleg:innen mehr Eier und bleiben beim »Saugverbot«.

Die Science Busters 2009

Wer nichts weiß, muss alles glauben, lautet seit jeher unser Motto. Und 2009 hat sich das auch für die Sciences Busters einmal mehr bewahrheitet. Kinder werden in der Theaterwelt ja gern als das gnadenloseste Publikum bezeichnet. Kaum ist ihnen langweilig, schon bringen sie das auch zum Ausdruck. Anders als Erwachsene, die auch den langweiligsten Vortrag, die fadeste Laudatio ertragen, weil sie wissen, das geht vorbei, man kann inzwischen heimlich Beckenbodengymnastik machen, und danach gibt es in der Regel ein Buffet.

So das Vorurteil. Und plötzlich waren sie da. Und da war es dann auf einmal vorbei mit »jeden Abend eine andere Show«.

Ein nicht unwesentlicher Teil des Charms der Science-Busters-Shows lag zwar anfänglich in der Tatsache begründet, dass 2 gestandene Physiker sich auf eine Theaterbühne wagten, auf der ganz andere Gesetze herrschen als im Hörsaal, sich von einem Kabarettisten verhöhnen lassen, um dadurch aber umso glänzender in Erscheinung zu treten, wenn sie dem Publikum erzählen und zeigen, wie faszinierend und unterhaltsam Wissenschaft sein kann.

In der Forschung muss man ausgesprochen ausdauernd sein – die Begeisterung der beiden Physiker, immer wieder zu proben, weil das am Theater üblich und nutzbringend sei, war allerdings sehr begrenzt. Das änderte sich, als das Angebot kam, eine Show für Kinder zu spielen. Nicht einmal, nicht 2-mal, sondern anfangs rund 30 Mal. Insgesamt sollten sogar fast 100 Vorstellungen daraus werden. Denn Kinder sind nicht nur die Erwachsenen von morgen, sondern es ist natürlich gut, wenn sie schon einmal in ansprechender Atmosphäre gehört haben, dass Homöopathie Schwachsinn ist, bevor sie das erste Mal Milchzuckerkügelchen gegen irgendwas verabreicht bekommen. Oder dass man sein Sternzeichen zwar wissen kann, wenn man will, es aber keinerlei Einfluss aufs Leben hat. Genauso wie der Vollmond, der halt heller aussieht, wenn er voll ist. Vorausgesetzt, der Himmel ist nicht bedeckt. Sonst sieht man ihn nicht. Dann merken die meisten Menschen gar nicht, dass Vollmond ist, und kommen auch nicht auf die Idee, ihm besondere Wirkkräfte zuzuschreiben.

Für »Science Busters for Kids« haben wir uns damals ordentlich am Riemen gerissen und manchmal sogar 3 Vorstellungen pro Tag gespielt. 2-mal für Kinder und abends, quasi zum Chillen, für Erwachsene. Geblieben sind davon beachtliche Routine, die wir in den weiteren Jahren sehr gut haben brauchen können, und die Erkenntnis, dass Kinder als Publikum gar nicht so gnadenlos sind wie ihr Ruf. Im Gegenteil. Man muss sie nur ernst nehmen und es mit ihnen gemeinsam lustig und interessant haben wollen, dann machen sie da gerne mit. Und ihnen natürlich was bieten. Knalleffekte, Rauchringe, unlöschbares Feuer, das vor ihren Augen Stahl schmelzen lässt.

Natürlich muss es nicht immer brennen, krachen und rauchen, wenn es um Wissenschaft geht, und nur weil es kracht und raucht, ist es oft noch lange keine Wissenschaft. Diesem Missverständnis widmen wir uns unter anderem in unserer Jubiläumsshow »Planet B«. Ähnlich verhält es sich mit Rülpsen auf der Bühne. Das kann sehr erheiternd sein, zumal wenn man es lange genug zuwege bringt, um alle Selbstlaute unterzubringen; aber wenn man es nur macht, weil man es kann, wirkt es schnell schal. Wenn man es hingegen verwendet, um darüber zu sprechen, was bestimmte Obertöne im Laut von Krokodilen über ihre Größe aussagen, wie man das herausgefunden und dass es dafür im Jahr 2020 wieder einmal einen IgNobel-Preis für Österreich gegeben hat, dann lässt sich das tadellos rechtfertigen. Wie wir Jahre später in unserer TV-Show »See you later, Heligator« einwandfrei gezeigt haben.

Für die Erwachsenen haben wir 2009 folgende Shows aufgeführt:

»Global Warming Party«, das wissen Sie schon seit dem Beginn des Buches, und auch, wie gut die erste Ausgabe gelungen ist. Dann »Magic Science Busters – Die Physik von Harry Potter und Co.«. Am Anfang der Shows hat Martin Puntigam die beiden Physiker immer gerne humoristisch als ein bekanntes Paar angekündigt und dabei ihre physischen Unterschiede gewürdigt. Etwa als die Asterix und Obelix der Physik. Oder Homer Simpson und Mister Burns. Oder Lillebror und Karlsson vom Dach. Die »Magic Show« begann mit der vielleicht lustigsten Kombination, die er für Heinz Oberhummer und Werner Gruber gefunden hat: »Der eine wirklich zauberhaft, kann alle behexen durch seine reizende Art, Dinge zu erklären. Der andere eher mächtig und trompetet sein Wissen in die Welt hinaus. Ich möchte fast sagen es sind die Bibi Blocksberg und Benjamin Blümchen der Physik!«

Auch die Eröffnung von »Ufos, Chemtrails und Kugelblitze – sind die Außerirdischen schon da oder kommen sie erst?« war sehr lustig: »Begrüßen Sie die Jar Jar Binks und Jabba the Hutt der Physik!« Danach haben wir unter anderem erklärt, wie man live Orbs erscheinen lassen kann, jene obskuren Leuchterscheinungen, die angeblich Überwachungskameras von Aliens sein sollen und die populär geworden sind, seit bestimmte Unschärfephänomene bei Digitalkameras für runde Artefakte im Bild sorgen können. Wie sich im Mikrowellenherd Kugelblitze herstellen lassen und warum der Erzengel Michael uns mit einer Bastelarbeit gegen Chemtrails schützen möchte. Wenn es sie denn gäbe. Und ihn.

Mit »Beam me up, Scotty – die Physik von Star Trek« haben wir nach »James Bond & Co.« ein weiteres Mal in die große Popkulturkiste gegriffen. Und beantwortet, ob Oberösterreicher Captain auf der Enterprise werden können, wie viel 10 dag Antimaterie kosten und ob man sich vor Gedankenübertragung mit Kondomen schützen kann. Telekinese, auf die die letzte Frage anspielt, gibt es übrigens nicht schon seit immer und sie ist als altes Wissen bei uns in Vergessenheit geraten – sondern es gibt sie immer noch nicht. Aber der Begriff und was damit verbunden wird, existiert auch erst seit Erfindung des Telefons. Das hat äußerlich derart simpel ausgesehen, ein paar Drähte und Spulen und ein Holzohr mit einer Wursthaut überzogen, dass die Menschen gedacht haben, was das kann, das kann mein Gehirn sicher besser.

Eine der vielleicht lustigsten frühen Shows der Science Busters war »Crucifixion Party – die Physik des Christentums«. So wie ja auch *Das Leben des Brian* einer der lustigsten Filme ist, die es unserer Meinung nach gibt. In Österreich wird noch immer jeden Karfreitag um 15.00 Uhr das Fernsehprogramm für etwa eine Minute unterbrochen, um dem Sterben Jesu Raum zu geben. Soll sein, es ist ein öffentlich-rechtlicher Rundfunk, da soll eben möglichst die ganze Bandbreite der Gesellschaft abgebildet werden. Und für manche ist das wichtig. Aber dass dann als Ausgleich nicht auch *Das Leben des Brian* gespielt wird, ist eigentlich nicht argumentierbar. Denn damit macht man mindestens genauso vielen eine Freude.

In der Bühnenshow haben wir natürlich das DIY-Blutwunder gezeigt, das Sie in Kapitel 4 näher kennenlernen werden, zudem wie man sich einen See Genezareth basteln und so auch über Wasser gehen kann und wie man richtig kreuzigt. Das ist gar nicht so leicht und meistens auch anders gehandhabt worden als auf den üblichen Heiligenbildern. Aber es war eine gute Gelegenheit, um einen der besten Jesuswitze zu erzählen, den wir kennen. Sie kennen ihn vermutlich auch, aber am Ende dieses Jahresrückblicks ist ein guter Ort, um ihn einmal vom renommierten Hanser Verlag abdrucken zu lassen. Er geht so:

Jesus hängt am Kreuz, und die Jünger sind nicht, wie laut Überlieferung, versteckt oder geflohen, sondern kommen, um ihn zu be-freien. Sie ziehen mit der Zange erst einen Nagel raus, dann den zweiten, bis der Heiland händerudernd ruft: »Erst unten!«

Und weil wir grad dabei sind, noch ein sehr guter Jesuswitz, ungerechterweise deutlich weniger populär: Auf der Anhöhe zu Golgotha wurde Jesus bekanntlich am Kreuz noch einmal erhöht, wie geschrieben steht. Petrus steht in der Menge davor und wirkt sehr betrübt. Jesus, den Blick in die Ferne gerichtet, scheint sich über etwas zu freuen, pst-tet seinem Kumpel zu und bedeutet ihm, näher zu kommen. Petrus versteht erst nicht und widmet sich seinem Gram, aber als der Herr nicht lockerlässt und weiterhin mit dem Kopf deutet, voller Mitteilungsbedürfnis, kommt er näher und fragt: »Was ist, Herr?« Drauf der: »Petrus, ich kann dein Haus sehen.«

Zwischendrin hat noch Heinz Oberhummer auf der Gitarre den Hit von Wolfgang Ambros intoniert: »Mir geht es wie dem Jesus«. Sie können sich also circa ausmalen, wie hoch es da manchmal hergegangen ist.

20
10

GRAND THEFT
AUTISM

2010 war das 8. wärmste Jahr
seit es Aufzeichnungen gibt.
Es befinden sich 390 ppm CO_2
in der Atmosphäre.

2010 war ein großes Jahr für die Paläoanthropologie: Es wurde eine neue Menschenart entdeckt und als X-Woman bezeichnet, und es gelang, DNA aus einem Fingerknochen eines *Homo denisova* zu isolieren. Es stellte sich heraus, dass sich auch diese Spezies wie die Neandertaler mit *Homo sapiens* gekreuzt hat. Zudem wurde eine vorläufige Sequenzierung der Neandertaler-DNA publiziert. Die Vorstellung, dass unser lange als primitiv geringgeschätzter Vorfahre deutlich mehr wir selber war, als wir das lange wahrhaben wollten, bekam noch mehr Nahrung.

Ein Team um den Gentechnik-Pionier Craig Venter hat selbst hergestelltes Erbgut in eine Bakterienzelle eingepflanzt. Dadurch wurde erstmals ein lebensfähiges Bakterium mit vollständig künstlichem Erbgut geschaffen. Die Wissenschaftler:innen haben zwar noch kein komplett neues Lebewesen kreiert, weil ja nur das Erbgut künstlich hergestellt wurde, aber die nächste Generation war, wenn man so will, eigentlich schon künstliches Leben, weil sie ja eigentlich durch Vermehrung von künstlich geschaffenem Erbgut hervorgegangen ist.

In internationalen Preisverleihen gab es eine Premiere: Der IgNobelpreisträger Andre Geim gewann auch den Physik-Nobelpreis, und zwar für seine Entdeckungen zu Graphen, einer besonders dünnen, nämlich nur einlagigen Schicht aus Kohlenstoffatomen, die jede Menge ungewöhnliche Eigenschaften besitzt. Er ist damit der einzige Mensch, der mit beiden Preisen zugleich geehrt wurde. Frösche werden vermutlich nur wenig gejubelt haben über die Zueignung. Denn den IgNobelpreis hatte Geim bekommen, weil es ihm gelungen war, einen Frosch in einem sehr starken Magnetfeld schweben zu lassen.

2010 war auch für die Wissenschaft im Allgemeinen ein gutes Jahr. Nicht zuletzt deshalb, weil endlich eine prominente Studie zurückgezogen wurde, die in den Jahren seit ihrer Veröffentlichung allerlei Unheil angerichtet hatte. Spät genug, aber immerhin. Deshalb machen wir eine kleine Zeitreise, zurück in eine Epoche, als es die Science Busters noch gar nicht gab. Ob die Science Busters Schlimmeres hätten verhindern können, sei dahingestellt, aber erzählen wollen wir die Geschichte allemal.

Wir schlagen auf in den 1960er-Jahren. Angesichts der Entwicklung der Vakzine gegen Covid-19 mögen wir von unseren modernen Errungenschaften beeindruckt sein, aber eine erste Blüte in der Vakzinologie gab es bereits in den 1960er-Jahren. Maurice Hilleman ist einer der Pioniere der Impfforschung, und als solcher zeichnet er für die Entwicklung eines Mittels gegen gleich 3 gefährliche Kinderkrankheiten verantwortlich: Mit zwei Impfdosen und einer Auffrischungsimpfung schützt der von ihm erdachte MMR-Impfstoff gegen Masern, Mumps und Röteln. Nachdem die Einzelimpfungen in den 1960er-Jahren auf den Markt kamen, war es 1971 für den Kombinationsimpfstoff so weit. Hierbei bedient sich der Impfstoff keiner neuen Technologie, sondern baut auf den vorab entwickelten Einzelimpfstoffen auf. Der Mumpsimpfstoff – JL1 und JL2 – ist übrigens nach Jeryl Lynn benannt, der Tochter von Hilleman, von der die ursprüngliche Virusprobe stammte, anhand derer der Impfstoff entwickelt wurde. Konzipiert war das Ganze ursprünglich übrigens nur als einzelne Impfung, erst ab 1989 wurde eine zweite Dosis empfohlen, um eine anhaltende Immunisierung sicherzustellen.

Kinderkrankheiten gelten oft noch als harmlos, Masernpartys als lustiger Zeitvertreib, bei dem man sich ein paar rote Pusteln aus einem Überraschungsei mitnehmen kann. Kinderkrankheiten heißen aber nicht so, weil sie so harmlos sind wie Kinderpunsch, sondern deshalb, weil man sie meist bereits als Kind bekommt, sofern man nicht geimpft ist. Weil sie so wahnsinnig ansteckend sind, dass man ihnen gar nicht auskommt. Nicht so wie Alzheimer, das man sich ein ganzes Leben lang quasi verdienen muss. Und es gibt noch ein weiteres weitverbreitetes Missverständnis: Wenn man eine Kinderkrankheit wie die Masern überstanden habe, dann sei das Immunsystem gestärkt – was natürlich als wünschenswert gilt. Das Gegenteil ist jedoch der Fall. In Wirklichkeit erhöht eine Masernerkrankung, wie viele andere Infektionskrankheiten auch, die Wahrscheinlichkeit, dass der Patient sich auch mit anderen Krankheiten ansteckt. Wer die Masern überlebt hat, weist danach für einen Zeitraum von 3 Jahren eine erhöhte Wahrscheinlichkeit auf, an einer anderen Infektionskrankheit zu sterben. Da bekommen Sie wirklich was für Ihr Geld auf einer Masernparty. Denn Masern lassen das Immunsystem vergessen, gegen welche Infektionskrankheiten es schon was gefunden hat, und es ist diesen dann wieder hilflos ausgeliefert. Das Masernvirus geht also wie ein Tintenkiller durchs Immunsystem und killert überall die Hausübung aus. Der volkstümliche Ausspruch »Was uns nicht umbringt, macht uns stärker« gilt im Fall von Masern nicht nur nicht, sondern: »Was uns nicht umbringt, macht es anderen Sachen leichter, uns umzubringen.«

Weil die als Kinderkrankheiten bezeichneten Infektionskrankheiten derart ansteckend sind, gibt es ähnlich wie bei Covid-19 nur einen Weg, um die Krankheit herumzukommen, nämlich eine Impfung. Folglich waren auch die Mittel gegen Masern, Mumps und Röteln sehr willkommen. Insbesondere bei Röteln wurde die Notwendigkeit der Impfung wenig hinterfragt, weil eine Infektion für Schwangere mit einer sehr hohen Wahrscheinlichkeit zu einer Fehlgeburt oder zu schweren Schädigungen des Fötus führte.

Im Jahr 2000 wurden die Masern in den USA für ausgerottet erklärt. Allerdings ist eine Krankheit erst dann ausgerottet, wenn sie gar nicht mehr auftritt. Masern sind bisher leider lediglich durch Herdenimmunität unter Kontrolle gehalten worden, weil die Impfung hochwirksam ist und breit verimpft wurde.

Doch nicht alle waren der Meinung, dass das Bekämpfen von derart ansteckenden Krankheiten eine gute Sache sei. Der ehemalige Arzt Andrew Wakefield publizierte 1998 eine »Studie« in *The Lancet*, einer anerkannten medizinwissenschaftlichen Zeitschrift. Anders als es heute noch gerne behauptet wird, handelte es sich dabei allerdings noch längst nicht um eine fertige Studie, sondern lediglich um eine Vorstufe davon, eine Vorarbeit. Die Publikation erfolgte in Form eines frühen Berichts, eines sogenannten »Early Report«. In der Wissenschaftsgemeinschaft versteht man darunter eine Publikationsform, die keine wissenschaftlich gesicherten Ergebnisse präsentieren will, sondern Hinweise auf einen möglichen Effekt liefert, gemeinsam mit der Einladung an die Forschungsgemeinschaft, diesen zu untersuchen. Solche Arbeiten sind im wissenschaftlichen Diskurs wahnsinnig wichtig, weil so nicht jede:r Forscher:in wieder bei null anfangen muss. Es muss für die Wissenschaftsgemeinschaft die Möglichkeit geben, sich über Hinweise auszutauschen, Vermutungen zu formulieren und Hypothesen zur Diskussion zu stellen. Und genau diese Funktion erfüllen die Early Reports, sie stoßen also idealerweise einen wissenschaftlichen Dis-

kurs an, der uns dabei hilft, wissenschaftliche Aktivitäten zu koordinie-
ren und Fragen mit unterschiedlichen Methoden zu bearbeiten, sodass
am Ende wissenschaftlich gesicherte Erkenntnisse dabei herauskommen.
Wenn so ein früher Bericht erscheint, weckt er also meist den Ehrgeiz der
Kolleg:innen, weiter in Richtung der aufgestellten These zu forschen. Auf
diese Weise stellt sich in der Regel ziemlich schnell heraus, ob an dem
Postulat etwas dran ist oder nicht.

So läuft es zumindest, wenn man den Regeln der guten wissenschaftlichen Praxis folgt. Was diesen Regeln allerdings massiv widerspricht, ist, die
Denkanstöße eines frühen Berichts so zu behandeln, als hätte man es mit
robusten wissenschaftlichen Erkenntnissen zu tun. Genau das hat Wakefield jedoch getan: Er hat sofort nach Publikation des Erstberichts eine
PR-Maschine angeworfen und überall den Eindruck erweckt, es gäbe einen
gesicherten Zusammenhang zwischen der MMR-Impfung und Autismus.

Die Mutmaßungen, die Wakefield anstellte, basierten auf einer Untersuchung von 12 (!) Kindern, die beides (!) vorweisen konnten: eine MMR-
Impfung und erhöhte Werte auf der Autismus-Skala. Jetzt sind 12 Kinder
schon an sich nicht unbedingt eine stabile Datenbasis. Wenn aber diese
12 Kinder nicht zufällig aus allen Kindern, die eine MMR-Impfung erhalten haben, ausgewählt werden, sondern eine Selektion durchgeführt wird,
die schon im Vorhinein sicherstellt, dass die aufgestellte Hypothese – »Es
gibt einen Zusammenhang zwischen MMR-Impfung und Autismus« –
auch unterstützt werden kann, dann handelt es sich eindeutig um eine ge-
fälschte Studie. Das ist circa so, wie wenn Sie beweisen wollen, dass Menschen gerne Burger essen, und Sie befragen nur zehn Menschen, und das
nur bei McDonald's.

Die Schwächen der Wakefield-»Studie« wurden von der Wissenschaftsgemeinschaft schnell erkannt und auch angeprangert. Es ist nämlich genau
das passiert, was auf einen Early Report üblicherweise folgt: Viele Wissen-
schaftler:innen haben sich der Frage angenommen, Wakefields These in
zahlreichen Arbeiten überprüft und versucht, seine Ergebnisse zu repro-
duzieren. Diese Studien wurden in unterschiedlichen Ländern von verschiedensten Forschungsgruppen mit großen Datensätzen und robusten
Methoden durchgeführt – und sie haben alle eines gemeinsam: Sie finden
keinerlei Zusammenhang zwischen der MMR-Impfung und Autismus.

Auch eine 2003 publizierte Metaanalyse – das ist eine Forschungsarbeit, die mehrere Studien (in diesem Fall mehr als 25) zu einem Thema untersucht, bewertet und in den aktuellen Forschungsstand integriert – schließt einen solchen Zusammenhang dezidiert aus.

Wäre Wakefield ein guter Wissenschaftler gewesen, oder einfach nur ein guter Arzt, hätte er spätestens da eingelenkt und zugegeben, dass die von ihm aufgestellte Hypothese, dass es einen ursächlichen Zusammenhang zwischen der MMR-Impfung und Autismus gebe, falsch war. Besäße er auch noch ethisches Rüstzeug und menschliche Größe, hätte er sich für den entstandenen Schaden entschuldigt und versucht mitzuhelfen, ihn wenigstens teilweise wiedergutzumachen. Nachdem er aber weder das eine noch das andere ist oder besitzt, hat er sich im Uminterpretieren und Erfinden alternativer Fakten geübt. Anders als seine Co-Autoren, die sich 2004 sehr wohl von dem einst formulierten Ergebnis distanzierten.

Wakefields Argumentation bediente sich eines klassischen logischen Fehlschlusses. Tatsächlich war es so, dass im gleichen Zeitraum, in dem ein Anstieg von Autismusfällen zu beobachten war, auch MMR-Impfungen verabreicht wurden. Aber nur weil 2 Dinge in einem zeitlichen Zusammenhang zu stehen scheinen, heißt das noch lange nicht, dass sie auch ursächlich etwas miteinander zu tun haben.[*] Korrelation und Kausalität sind nicht dasselbe.

Die Studie, die die ganze Diskussion endgültig beenden sollte, wurde in Japan durchgeführt, wo der MMR-Impfstoff in den Jahren zwischen 1988 und 1992 breit eingesetzt und anschließend ausgesetzt wurde. Dies machte es möglich, die Häufigkeit des Auftretens von Autismus während der Verwendung des MMR-Impfstoffes mit der Häufigkeit ab 1993 zu vergleichen. In der Tat stieg die Anzahl an, nachdem der Impfstoff abgesetzt wurde – was jeder vernunftbegabte Mensch als Indiz dafür nehmen würde, dass MMR nicht für Autismus verantwortlich gemacht werden kann. Nicht jedoch Wakefield.

---

[*] Tyler Vigen hat dazu ein Buch »Spurious Correlations« geschrieben und zeigt auch auf seiner Website immer wieder eine neue Korrelation zwischen Dingen auf, die ganz offensichtlich nicht ursächlich zusammenhängen können: https://www.tylervigen. com/spurious-correlations.

Dass Autismus tatsächlich immer häufiger zu werden scheint, könnte etwa mit einer sensibleren Diagnostik zu tun haben, kann aber auch auf ganz andere Gründe zurückzuführen sein. Die genauen Ursachen, die zur Ausbildung von Autismus führen, sind bis heute nicht bekannt. Was man aber nach über 100 unabhängigen Studien mit an Sicherheit grenzender Wahrscheinlichkeit sagen kann, ist, dass der MMR-Impfstoff nichts damit zu tun hat. Dennoch wirkt die durch Wakefield ausgelöste Verunsicherung bis heute nach. Sie führte unter anderem dazu, dass die Impfbereitschaft zurückging, mit höchst unerfreulichen Folgen: Immer wieder kommt es zu lokalen Ausbrüchen der Kinderkrankheiten, insbesondere der höchst ansteckenden Masern. Beunruhigend ist auch, dass die Zahl der Todesfälle nach Infektionen wieder ansteigt. Das heißt nicht notwendigerweise, dass Masern tödlicher geworden sind, sondern dass Impfgegner:innen auch sonst ein problematisches Verhältnis zur medizinischen Versorgung haben, und somit, wenn sie krank werden, auch mit höherer Wahrscheinlichkeit sterben. Das ist an sich schon nicht erfreulich, aber solche Menschen haben auch oft Kinder, die gar nichts dafür können, dass ihre Eltern die Welt nicht verstehen. Zumindest den Teil nicht, in dem es um Infektionskrankheiten und ihre Vermeidung geht.

Der Großteil der Bevölkerung in der westlichen Welt weist eine hohe Impfquote auf, wobei einzelne Gruppen dem Impfen systematisch abgeneigt zu sein scheinen: Manche Religionsgemeinschaften oder esoterisch geprägte Gruppierungen zeichnen sich durch ein distanziertes Verhältnis zur modernen Medizin aus und sind somit auch gegenüber Infektionskrankheiten anfälliger. Der größte Ausbruch in der jüngeren Geschichte Österreichs und Deutschlands nahm 2008 in einer Waldorfschule in Salzburg seinen Ausgang und verbreitete sich rasant in mehreren österreichischen Bundesländern und Bayern. Was nicht weiter verwunderlich ist. Denn was in Waldorfschulen gelehrt wird, basiert unter anderem auf der Anthroposophie, einer esoterischen Erfindung von Rudolf Steiner. Man würde ja gern glauben, dass Rudolf Steiner, als er Ende des vorletzten Jahrhunderts behauptet hat, er habe quasi per Hellseherei vom Universum mitgeteilt bekommen, er solle sich mit einer Anthroposophie genannten Mischung aus Esoterik, Religion, Aberglaube, Rassismus und Antisemitismus wichtigmachen, selber am meisten lachen musste. Denn dass irgendwer einen derartigen Stiefel auch nur eine Sekunde ernst nehmen könnte, war ja nicht vorauszusehen. Aber es dürfte sich anders zugetragen haben. Und so ist eine Waldorfschule, auch wenn natürlich nicht alle Schulen gleich sind, als Ursprung von Masernausbrüchen im 21. Jahrhundert leider überhaupt kein Kuriosum.

Auch in den Niederlanden und den USA sind Religionsgemeinschaften, die Impfungen aus religiösen Gründen ablehnen, in jüngster Vergangenheit von größeren Ausbrüchen betroffen gewesen. 2019 führte ein Ausbruch sogar dazu, dass der medizinische Notstand ausgerufen und in weiterer Folge eine Impfpflicht eingeführt wurde. In Deutschland wurde die Impfpflicht für die Masernimpfung ebenfalls 2019 beschlossen, sie trat im März 2020 in Kraft. In Österreich besteht bis heute eine Impfempfehlung, aber keine gesetzlich verankerte Impfpflicht.

Beachtenswerterweise wurde die Impfpflicht erst zum Thema, nachdem die anfänglich hohe Bereitschaft, sich und die Kinder impfen zu lassen, abnahm und so die Herdenimmunität gefährdet wurde. Ähnlich wie derzeit rund um Covid19 die Impfpflicht als letztes Instrument gehandhabt wird, um eine ausreichende Impfquote zu erreichen. An sich sollte dieses Rechtsmittel aber gar nicht nötig sein, die Vorteile des durch Impfung gewonnenen Immunschutzes überwiegen etwaige Risiken bei Weitem. Dennoch hat Andrew Wakefield den Boden bereitet und Impfgegnertum quasi salonfähig gemacht. Da dies offensichtlich wider besseres Wissen geschah, drängt sich die Frage auf, warum jemand überhaupt auf die Idee kommt, erst eine Studie zu manipulieren und dann über ein Jahrzehnt lang mit dieser »Studie« hausieren zu gehen, ohne Rücksicht auf die Schicksale und Tode, die durch die Impfung leicht vermeidbar gewesen wären.

Die Antwort lautet, wie so oft, Geld. Viel Geld. Es stellte sich heraus, dass Wakefield und ein Anwalt namens Richard Barr, bereits 2 Jahre bevor die sogenannte Studie publiziert wurde, die Vorbereitungen für eine Klage trafen, in der es um ein durch die MMR-Impfung ausgelöstes, das Verdauungssystem und das Gehirn betreffendes Syndrom gehen sollte. Diese Klage war deshalb von Bedeutung, weil so das Geschäftsmodell einer Firma, die auf den Namen von Wakefields Frau lief, massive Unterstützung erfahren hätte: Diese Firma hätte vor allem Tests für den Nachweis des angenommenen Darm-Hirn-Syndroms produziert und eventuell auch einen alternativen Impfstoff angeboten.

Bei genauerer Betrachtung der Details von Wakefields »Studie« kam schließlich zutage, dass Daten gezielt gefälscht worden waren, so hatte man z. B. Symptome als »kurz nach der Impfung auftretend« vermerkt, obwohl sie tatsächlich erst eineinhalb Jahre später auftraten. Darüber hinaus wurden alle Symptome so behandelt, als hätte es sie erst nach der Impfung gegeben, obwohl diese in fast allen Fällen bereits vor der Impfung angegeben worden waren. Ganz zu schweigen davon, dass die Rekrutierung der Teilnehmer:innen alles andere als wissenschaftlich war. Vielmehr wurden gezielt Kandidat:innen gesucht, die zum gewünschten »Studienergebnis« passten – und dafür mussten die Teilnehmer:innen dann auch noch eine Reise von Hunderten Meilen auf sich nehmen. Trotz aller Bemühungen, »geeignete« Kandidat:innen zu finden, gab es jedoch nur einen Fall von echtem Autismus – und dieses Kind hatte bereits vor der Impfung dokumentierte Verzögerungen in der kognitiven Entwicklung aufgewiesen.

Recherchen, die von Brian Deer im Auftrag der *Sunday Times* und *Channel 4* begonnen und in weiterer Folge für das *British Medical Journal* weitergeführt wurden, brachten zutage, dass 3,5 Millionen Pfund in Wakefields Taschen geflossen waren, um die Daten zu fabrizieren, die in Rechtsverfahren gegen die Impfstoffhersteller eingesetzt werden sollten.

2010 wurde die 1998er-Studie von *The Lancet* endlich zurückgezogen. Dies wurde damit begründet, dass die Studie schwere wissenschaftliche Mängel aufwies. Außerdem wurden ethische Verfehlungen im Umgang mit den Kindern kritisiert. 12 Jahre lang konnte die PR von Wakefield und Freunden also ihr Unheil anrichten. Die Impfraten sind in der Folge nicht nur in den USA, sondern auch im deutschsprachigen Raum bedenklich zurückgegangen. Eine 2021 publizierte Analyse zum Impfverhalten zeigt außerdem, dass auch die mediale Berichterstattung über die 1998er-Publikation nicht ohne Folgen blieb: Meldungen von vermuteten Impfschäden durch MMR verzehnfachten sich, und Zweifel gegenüber dem MMR-Impfstoff nahmen in stärkerem Maße zu als gegenüber anderen Impfstoffen.

Aber: Nur weil eine Studie widerlegt wird oder, wie im vorliegenden Fall, sogar der dringende Verdacht auf gezielte Datenmanipulation besteht, heißt das nicht, dass die Wissenschaft als Ganzes irrt. Vielmehr ist es Kern der guten wissenschaftlichen Praxis, bereits publizierte Ergebnisse immer wieder auf den Prüfstand zu stellen, um sicherzugehen, dass die Wahrscheinlichkeit eines Irrtums möglichst gering gehalten wird.

So betrachtet kann die Geschichte von der Autismuslüge auf zweierlei Art gelesen werden: Einerseits ist es natürlich beunruhigend, dass aufgrund einer – obendrein auch noch der guten wissenschaftlichen Praxis widersprechenden – Publikation ein massiver Vertrauensverlust in eine medizinische Methode ausgelöst werden kann. Andererseits ist sie auch ein Beweis für das lernende System Wissenschaft: Wenn eine Aussage wissenschaftlich nicht haltbar ist, dann kommt das auch früher oder später ans Licht. Auch wenn man sich vielleicht wünschen würde, dass die Korrektur schneller erfolgt wäre.

In diesem Zusammenhang sind auch moderne Publikationsformen, wie Preprints, also Vorabveröffentlichungen, die erscheinen, bevor die Publikationen das übliche Begutachtungsverfahren durchlaufen haben, außerordentlich wertvoll. Sie fördern den globalen wissenschaftlichen Austausch und ermöglichen es, die Ergebnisse von Einzelstudien schnell gegenüber den Erkenntnissen anderer Studien einzuordnen. Das beschleunigt nicht nur den Erkenntnisgewinn, sondern reduziert auch die Wahrscheinlichkeit, dass zufälligen oder gezielt herbeimanipulierten Ergebnissen zu viel oder zu lange Glauben geschenkt wird.

So sind wir am Ende unserer Zeitreise wieder in der Gegenwart gelandet – nach dem unerfreulichen Ausflug in einen Wissenschaftsbetrug in einer hoffentlich erfreulicheren. Auch was das zukünftige Impfverhalten betrifft. Denn wenn man die Vorteile des Geimpft-Seins – man stirbt beispielsweise nicht an Masern – den angeblichen Nachteilen gegenüberstellt, gibt es nur einen Schluss für vernünftig denkende Menschen. Den ein Berliner Arzt überspitzt so formuliert hat: Sie müssen nicht alle Ihre Kinder impfen lassen, nur die, die Sie behalten wollen.

Small-Talk-Hilfe: Warum auch Bienen Koffein-Junkies sind

Nicht nur wir Menschen, auch Bienen sind Kaffeeliebhaber:innen. Sie fahren so sehr auf das Koffein ab, dass Futter, das mit Koffein versetzt ist, sonst gar nicht mehr viel können muss, damit die Bienen nicht nur sprichwörtlich darauf fliegen. Pflanzen können sich dadurch sparen, energetisch aufwendigen Nektar zu produzieren. Obwohl Bienen so sehr auf das Koffein fliegen, sind sie durchaus bereit, das Vergnügen mit ihren Artgenossinnen zu teilen, das heißt, sie tanzen ihren Kolleginnen vor, dass hier wirklich etwas Tolles zu finden ist, und auf diese Weise umschwirren innerhalb kürzester Zeit viele Bienen die Blüten, die in ihrem Nektar nicht nur Nahrung, sondern auch Genuss anbieten. Die Pflanzen machen das natürlich, um sicherzustellen, dass jemand vorbeikommt, um die Pollen weiterzutragen und so ihre sexuelle Fortpflanzung umzusetzen. Da sie da auf Insektenbesuch angewiesen sind, müssen sie (nicht erst in Zeiten des Insektensterbens) auch etwas dafür bieten. Deshalb präsentieren sie ein gratis Buffet in Form von Nektar. Nektar-Koffein degradiert die Blüten rundherum, als ob dort nur ungewürzter Haferbrei zu haben wäre im Vergleich zu einem Hauben-Menü. Für die Bienen ist die Koffeinsucht nicht unbedingt vorteilhaft – sie lassen für den Espresso nämlich ergiebigere Nahrungsquellen links liegen und verbringen ihre Zeit lieber im Kaffeehaus, statt mit prall gefüllten Einkaufstaschen aus dem Supermarkt nach Hause zu kommen.

Die Science Busters 2010

Wenn Sie sich bis jetzt gedacht haben »ganz schön aufregend und abwechslungsreich, was bei den Science Busters immer so passiert«, dann werden Sie auch 2010 gut bedient. Sind Sie hingegen der Ansicht, dass »es bald einmal ordentlich krachen sollte bei denen, sonst lese ich ab sofort nur mehr den wissenschaftlichen Teil, unspektakulär ist mein eigenes Leben auch.« Dann, na ja, wie man es nimmt, für uns war es schon ...

»Ich hab unlängst einen Krimi gestreamt, da waren nach 3 Minuten schon fünf tot!!!«

Na ja, einen Krimi ...

»Und zwei verschollen, die waren dann später auch tot. Da war es aber schon wurscht. Also für sie nicht, die waren hin, aber für die Handlung. Und der Kommissar hatte die ganze Zeit die Falschen im Verdacht!!!«

»Was soll denn das, da steht ja gar nichts.«

Doch.
»Wo?«

2010 haben die Science Busters ihren ersten Preis bekommen.

»Na endlich, hab schon gedacht, das Buch ist kaputt. Welchen Preis?«

Danke fürs Dranbleiben. Einen Krimi hatten wir ja im wissenschaftlichen Teil zu bieten. Der zeigt, wie viel Schaden ein einziger Betrüger anrichten kann, wie viele Leben man zerstören und doch ein freier Mann bleiben kann. Bei fast gänzlichem Ausbleiben von Konsequenzen, obwohl gut dokumentiert ist, was er angerichtet hat.

»Aha. Und der Preis?«

Wer was erfindet, was es noch nicht gegeben hat, und so sind Erfindungen im Wesentlichen definiert, passt oft nicht gleich in eines der vorhandenen Ordnungssysteme. Bei den Science Busters war es lange so. Und das gilt teilweise auch heute noch. Ist das Wissenschaft? Ist das Show? Ist das Kabarett? Ist das Edutainment? Was ist Edutainment eigentlich?

»Also haben Sie sich selber einen Preis spendiert, damit die kranzlose Zeit ein Ende hat?«

Nein. Und Edutainment ist bekanntlich ein Kofferwort.

»Ahaha, also genau das Richtige für solche wie euch!«

Wollen Sie nicht doch noch einmal zum Krimi?

»Nein, jetzt will ich wissen, was Ihr Koffer für einen Preis bekommen habt.«

Ein Kofferwort bezeichnet einen Zusammenschluss von 2 Wörtern zu einem neuen. Also Education und Entertainment zu Edutainment. Man sagt dazu auch Portmanteau-Wort, was insofern interessant ist, als Portmanteau als englisches Wort für eine Art Schrankkoffer gilt, obwohl der Ursprung eindeutig im Französischen zu suchen und zu finden wäre, denn porter heißt tragen und Manteau Mantel, während Kofferwort in Frankreich aber Mot de Valise heißt.

»Eh, und der Preis?«

Kommunikator des Jahres.

»Ich?«

Nein, wir. Im Jahr 2010. Verliehen vom Public Relations Verband Austria. Ein bisschen hat man ihn sich dann doch auch selber verleihen helfen müssen, denn bekommen hat man ihn als Sieger einer zweiwöchigen Onlinewahl. Zehn weitere Preise sollten folgen, aber als Einstieg in den Reigen war es keine schlechte Wahl, nachdem sich lange niemand richtig zuständig gefühlt hatte für uns. Wenn wir eine Premiere ankündigen oder besprochen haben wollten, und es waren nicht wenige Gelegenheiten, allein in den ersten 3 Monaten fünf Uraufführungen, wie in Kapitel 1 erzählt, so wurden wir zwischen den Abteilungen hin und her geschickt. Ist kein Kabarett, sagte die Kultur, bitte bei der Wissenschaft fragen. Zu wenig wissenschaftlich, zu viel Klamauk, bitte bei der Gesellschaft vorstellig werden. Zu wenig Promiaufkommen, bitte bei der Kultur einkommen, da capo al fine. Und PR war insofern nicht verkehrt, weil das ein Teilaspekt dessen war, was wir für die Wissenschaft machen wollten.

»War der dotiert?«

Wenn Sie Preisgeld meinen, so muss ich Sie leider ...

»Oder wenigstens ein Pokal?«

Das schon. Eine Art Stele aus 2 durchsichtigen, oben abgeschrägten Platten auf einem Sockel, beides aus Plexiglas, mit dem eingravierten Schriftzug ...

»Lassen Sie mich raten, Kommunikator des Jahres 2010?«

Gratuliere.

»Und wo steht die bei Ihnen, Vitrine neben den anderen Trophäen oder am Klo oder am Sims über dem offenen Kamin?«

Wissen wir gar nicht so genau. Vermutlich ist sie bei Christian Gallei geblieben, der bis 2011 VJ bei den Science Busters war.

Schließlich war er auch derjenige, der uns darauf hingewiesen hat, dass wir nominiert sind und ab und zu von der Bühne das Voting erwähnen sollten, sonst hätten wir ihn möglicherweise gar nicht gewonnen. War doch eh ganz interessant, oder?

»Eh. War sonst noch was, weil sonst würde ich jetzt zum Krimi.«

Im September 2010 ist auch das erste Science-Busters-Buch erschienen. *Wer nichts weiß, muss alles glauben* nach dem gleichnamigen Aphorismus der österreichischen Schriftstellerin Marie von Ebner-Eschenbach. Den wir schon für den Stinger der Radiokolumne entlehnt hatten. Es war eine Zusammenfassung der ersten 3 Jahre Science Busters in Buchform mit einigen Exkursen und Anleitungen für Experimente und Kochrezepten.

»Für Schweinsbraten?«

Auch.

»Ah, das kenne ich schon vom 2. Kapitel. Und was für Experimente?«

Wie man ein Blutwunder zu Hause selber herstellen kann, wenn man einen Gnadenort gründen möchte. Oder wie man es anstellt, dass man wie einst der Menschensohn über Wasser gehen kann.

»Interessant. Haben Sie die Anleitungen noch?«

Ja.

»Wären Sie so nett, dass Sie sie noch einmal abdrucken?«

Stehen im Buch, das ist noch erhältlich.

»Ich hab's mir eh gekauft, aber dann verliehen, und ich weiß nicht mehr, an wen.«

Ich kann fragen, ob die anderen einverstanden sind.

»Das wär lieb. Ganz schön interessant, was Sie so alles erleben in einem Jahr.«

Na ja, es geht schon spektakulärer auch natürlich. Actionfilm ist unser Leben keiner, aber für uns war es schon aufregend, dass …

»Stimmt eh. Na ja, dann, wenn nichts mehr ist, dann schau ich zum Krimi. Sterben viele?«

Ja, leider.

DIY-Blutwunder

In Neapel beten Gläubige seit Jahrhunderten das Blut des San Gennaro an, in Wirklichkeit eher eine Chemiebastelarbeit aus dem Mittelalter und lassen dabei viel Geld in den Gemeindekassen. Wer auch ein Blutwunder zu Hause haben möchte, aber keinen Dom rundherumbauen, kann es sich selber herstellen.

Man braucht dafür 25 dag Eisen-(III)-Chlorid, 10 dag Kalziumcarbonat, also Eierschalenkalk, 1 Prise Salz und 1 Tropfen Olivenöl. $2/3$ des Eisen-(III)-Chlorids in einen Kunststoff- oder Porzellanbehälter geben und dann vorsichtig das Kalziumcarbonat und das Salz dazugeben und mit einem Stück Holz umrühren.

Und jetzt nicht rasten lassen und inzwischen die Glasur vorbereiten, sondern das Ganze wird einigermaßen stark zu schäumen beginnen. Um den Schaum zu bändigen, einen Tropfen Olivenöl dazugeben, danach vorsichtig das restliche Kalziumcarbonat. Aber immer nur so viel, dass der Schaum nicht übergeht. Immer wieder stehen lassen und den Schaum mit dem Holzstück zerstören. Das Ganze ist eine ziemliche Patzerei, und dauert seine Zeit. Und unbedingt eine Schürze tragen. Die Flecken bekommt man nie mehr aus dem Gewand heraus.

Wenn alles sachkundig vermischt ist, ist das Blutwunder fertig. Wenn Sie während des Wartens eine Andacht halten wollen, schadet das sicher nicht, es nützt aber vermutlich genausoviel. Ist die braune Substanz fest und wird sie durch Schütteln flüssig, ist sie fertig. Bonus: Wenn man die Substanz in eine schöne Glasphiole füllt und diese luftdicht verschließt, dann funktioniert das Blutwunder viele Jahre lang.

Physikalisch funktioniert ein Blutwunder ähnlich wie Ketchup. Im Ruhezustand ist die Substanz fest. Führt man ihr Energie zu, zum Beispiel durch Schütteln, wird sie flüssig. Das heißt, wer zu faul ist zum Mischen oder zu ungeschickt dafür oder einfach keine Zeit hat, aber trotzdem dringend ein Blutwunder braucht kann auch Ketchup nehmen. Schaut ähnlich aus und kann dasselbe. Ketchup ist quasi ein Blutwunder to go.

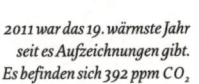

2011

DUNKLE ENERGIE

*2011 war das 19. wärmste Jahr
seit es Aufzeichnungen gibt.
Es befinden sich 392 ppm CO_2
in der Atmosphäre.*

425

400

375

Forscher:innen von der Medizinischen Universität in Innsbruck haben am 14. Januar 2011 eine Arbeit veröffentlicht, in der sie zeigen konnten, dass man sich ruhig die Zunge piercen lassen kann, wenn man das gerne möchte. Aber wenn man sich schon Zeug durch die Zunge jagen lässt, sollte man lieber auf Plastik-Piercings zurückgreifen, denn dort sammeln sich weniger Bakterien an als auf solchen aus Metall.

Am 16. April 2011 ging die Schattenbibliothek Sci-Hub online. Die nicht so heißt, weil sie direkte Sonneneinstrahlung meidet, sondern weil sie insofern im Schatten echter Bibliotheken steht, als dass man auf Sci-Hub auch wissenschaftliche Texte finden kann, für die man anderswo Geld bezahlen muss. Was jetzt ein bisschen nach Diebstahl klingt, in Wahrheit aber durchaus komplexer ist. Denn die Forscher:innen, die diese Texte schreiben, bekommen für die Publikation kein Geld, sondern müssen oft sogar noch bezahlen, um veröffentlichen zu können; die Arbeit, die zu den Publikationen führt, wird meist durch Steuergelder finanziert – sodass man durchaus die Meinung vertreten kann, dass die Resultate dann auch öffentlich für alle frei zugänglich sein sollten. Das jedenfalls hat sich die Programmiererin Alexandra Elbakyan gedacht und die wissenschaftliche Literatur quasi »befreit«. Seitdem ist es für viele Menschen sehr viel leichter (oder überhaupt erst möglich) geworden, diese Fachliteratur zu lesen. Elbakyan hat seither aber auch jede Menge Ärger mit den Fachverlagen, die ihr lukratives Geschäft schwinden sehen. Das Motto von Sci-Hub bleibt aber weiterhin »To remove all barriers in the way of science«, und daran zumindest ist definitiv nichts Falsches.

Am 18. Mai 2011 veröffentlichten Astronom:innen die Erkenntnis, dass es in unserer Milchstraße mindestens 400 Millionen »vagabundierende Planeten« gibt. Also gut doppelt so viele wie Sterne. Im Gegensatz zu unserer Erde kreisen solche Planeten nicht um einen Stern, sondern bewegen sich einfach so, völlig ohne aufsichtführenden Himmelskörper alleine durchs All. Das klingt gefährlich, ist es aber nicht, weil im Weltraum wirklich viel Platz ist. Die Gefahr, dass so ein vagabundierender Planet mit irgendetwas kollidiert, ist quasi gleich null.

Neue Erkenntnisse über die Dunkelheit in unseren Mündern, eine Biblio-
thek im Schatten und ein Schlaglicht auf das, was im dunklen Raum abseits
der Sterne passiert: Da war es nur passend, dass 2011 auch der Physik-
nobelpreis mit Dunkelheit zu tun hatte.

Der wiederkehrende royale Rummel, dem nicht nur seiner Royalität
wegen der Ruf des Anachronismus anhaftet, scheint sich jedes Jahr schwerer zu tun, aus der großen Zahl an Wissenschaftler:innen die einigen wenigen herauszufiltern, die a) noch lebendig und b) in höherem Maße als alle
anderen auszeichnungswürdig sind. Das Problem zeigt sich vor allem in
den Naturwissenschaften, wo das veraltete Konzept der Belohnung einzelner genialer Köpfe die kollaborative Realität der modernen Forschung
kaum noch repräsentiert. Der Anziehungskraft des Nobelpreises können
wir uns aber dennoch nicht entziehen. Und das, obwohl der Preis in der Kategorie Physik 2011 an ein ganz besonders unanziehendes, ja im wahrsten
Sinne des Wortes *abstoßendes* Phänomen ging: die Entdeckung der Dunklen Energie. Ähm, hat da jemand nicht aufgepasst und das Star-Wars-Uni-
versum zu unserem durchtunneln lassen?

Nein, die Dunkle Energie ist ein reales und höchst mysteriöses Phänomen, das dazu führt, dass das Universum immer schneller immer größer
wird. Es handelt sich hier um eine vollkommen unbekannte Art von Energie, die aus uns ebenso unbekannten Gründen die immer rasantere Ausdehnung des Universums vorantreibt. Das muss man auch erst mal schaffen: einen Nobelpreis für eine Entdeckung von etwas einheimsen, von
dessen Beschaffenheit und Entstehungsursachen wir nicht die leiseste
Ahnung haben.

Gut, das ist jetzt ein bisschen gemein, denn in Wirklichkeit haben sich
die 3 Preisträger Saul Perlmutter, Brian Schmidt und Adam Riess schon ein
paar Gedanken über ihre dann preisgekrönte Forschung gemacht. Ihre Ar-
beitsweise gehörte sogar zu diesen seltenen Fällen in der Wissenschaft, in
denen man so vorging, wie die meisten Leute glauben, dass man es in der
Forschung tut: Jemand hat eine Idee, überlegt sich, wie man sie überprüfen
könnte, überprüft sie und kommt zu einem spektakulären Resultat.

Aber worum geht es dabei genau? Die Dunkle Energie ist ein Konzept,
das mittlerweile beinahe so tief in die Popkultur vorgedrungen ist wie die
Schwarzen Löcher, nur dass Erstere, weil neuer und düsterer, irgendwie

noch mehr nach Science-Fiction klingt. Dabei ist sie meist mit ihrer namensverwandten, aber inhaltsfernen Schwester, der Dunklen Materie, unterwegs. Die Dark Sisters sozusagen, die gemeinsam den unbekannten und unsichtbaren Großteil des Universums ausmachen. Dabei haben die vermeintlichen Geschwister im Grunde gar nichts miteinander zu tun, außer dass wir bei beiden keinen blassen Schimmer haben, woraus sie bestehen. Apropos blasser Schimmer: Den haben die beiden nämlich auch nicht. Sie schimmern nicht, geben also kein Licht ab. Und sie sind dabei auch nicht im engeren Sinne dunkel, sondern eigentlich eher unsichtbar. Das heißt, wir haben leider keine direkte Möglichkeit, sie zu beobachten.

Wie kamen wir dann überhaupt auf die Idee, dass Dunkle Materie und Dunkle Energie existieren – und noch dazu die Hauptbestandteile des Universums sein müssen?

Bei der Dunklen Materie ist das schon länger her. Schon im 19. Jahrhundert hatte der Thermodynamiker William Thomson, aka Lord Kelvin, die Bewegung der Sterne in der Milchstraße untersucht und in der Folge die Vermutung aufgestellt, dass in unserer Galaxis eine große Zahl an »dark bodies« existieren müsse. Er bemerkte, dass die Masse in Form von leuchtenden Sternen nicht groß genug war, um deren Geschwindigkeiten zu erklären. Hatte die Milchstraße Leichen im Keller?

In den 1930er-Jahren kam der Astronom Fritz Zwicky zu einem ähnlichen Resultat in Bezug auf die Bewegung von Galaxienhaufen – die man sich als Galaxiengroßstädte vorstellen kann, in denen Tausende einzelne Galaxien leben, die mit extrem hohem Tempo unterwegs sind. Zwicky fand heraus, dass die Galaxienhaufen bei derart hohen Geschwindigkeiten ihrer Untermieter schon längst auseinandergeflogen sein müssten. Es dürfte sie so überhaupt nicht geben. Da es sie aber offensichtlich gibt, müssen irgendwo in diesen Haufen riesige Mengen unsichtbarer Masse versteckt sein. Zwicky nannte sie sogar bereits, und das als Erster, »Dunkle Materie«. Leider klang die Idee von unsichtbarer Materie zu diesem Zeitpunkt noch viel absurder als heute, weshalb sie sich auch nicht durchsetzen konnte.

Erst in den 1960er- und 1970er-Jahren nahm das Thema wieder ordentlich an Fahrt auf, als die Astronomin Vera Rubin und ihre Kolleg:innen die Rotation einer großen Anzahl von Galaxien genau unter die Lupe nahmen. Sie fanden heraus, dass sich alle Galaxien zu schnell drehten, und das vor allem in ihren Randbereichen, also dort, wo es am wenigsten sichtbare Materie gab. Galaxien, so folgerten sie daraus, mussten also von einer Art Halo aus unsichtbarem Material umgeben sein, und zwar von riesigen Mengen davon. Je nach Galaxie gab es dort etwa 5- bis 10-mal so viel unsichtbare wie sichtbare Materie. Zum Zeitpunkt dieser Entdeckung hatten wir bereits herausgefunden, dass sich in und zwischen den Galaxien große Mengen an Gasen befinden, die man in anderen Wellenlängen beobachten konnte. Daher war also klar, dass es sich bei dem ominösen Stoff, aus dem die Halos zu bestehen schienen, um eine komplett andere und unbekannte Art von Materie handeln musste.

Über die Jahre kamen immer mehr und ganz unterschiedliche Indizien für die Existenz der Dunklen Materie hinzu, wie etwa der sogenannte Gravitationslinseneffekt, der eine von Geschwindigkeiten unabhängige Abschätzung der Masse erlaubt, oder auch bestimmte Signaturen in der kosmischen Hintergrundstrahlung. Und auch die großen Computersimulationen, mit deren Hilfe wir die Entstehung und Entwicklung der großen Strukturen im Universum nachbilden können, funktionieren nur unter der Annahme, dass die Dunkle Materie tatsächlich existiert.

Also, womit haben wir es da zu tun? Mit großen Mengen an schwarzen Einhörnern, unsichtbaren Teekannen oder durchsichtigen Ziegelsteinen? Nein. Es handelt sich hier offenbar um eine Form von Materie, die elektromagnetisch nicht wechselwirkt – was jede Materie, die wir kennen, tut. Auch Einhörner, sonst könnte man nicht auf ihnen reiten. Wobei – das stimmt nicht ganz. Um geschmeidiger in das uns bekannte physikalische Weltbild zu passen, würde es schon reichen, wenn die seltsame Düstermaterie nur sehr, sehr schwach wechselwirkt. Und ein Teilchen, das die Voraussetzung dafür erfüllt, kennen wir inzwischen schon sehr gut: das Neutrino. Hunderte Milliarden davon fliegen jede Sekunde durch Ihren Körper, ohne auch nur irgendwie mit Ihnen wechselzuwirken. Warum nehmen wir dann nicht einfach die?

Es gibt ein Problem mit Neutrinos: Sie sind ein bisschen zu wild. Neutrinos fliegen zu schnell durch die Gegend, sie sind dynamisch zu warm. Was wir brauchen, ist sedierte Dunkle Materie, die sogenannte »cold dark matter«. Mit warmer Dunkler Materie hätten sich nie derart große Strukturen wie Galaxien und ihre Haufen bilden können. Uns wir wären auch nicht da, um uns darüber den Kopf zu zerbrechen.

Wie in vielen anderen Bereichen ist es auch bei der Dunklen Materie en vogue, alternativen Theorien anzuhängen. In diesem Fall sind ihre Verfechter:innen aber keine Querdenker im berüchtigten Sinne, sondern haben mathematisch durchaus ausgefuchste und kreative Theorien hervorgebracht, mit denen sie versuchen, die fehlende Masse auf andere Art zu erklären. Die überwiegende Mehrheit der Indizien deutet aber für die überwiegende Mehrheit der Astronom:innen doch darauf hin, dass die fehlende Masse und somit der unbekannte Großteil unseres Universums tatsächlich in Form von Materie vorliegt, die einfach nicht leuchtet.

So viel also zur Dunklen Materie, um die es in diesem Kapitel ja eigentlich gar nicht gehen sollte. Wollten wir nicht über die andere dunkle Schwester reden?

Tja, die Sache mit der Dunklen Energie ist noch um einiges mysteriöser, und ihre Entdeckung Ende der 1990er war eine ziemliche Überraschung für die beiden konkurrierenden Forschungsteams, die sich dann den Nobelpreis teilen sollten.

Bei der Dunklen Energie geht es eher um den Raum selbst, nicht um das, was sich in diesem Raum befindet. Genauer gesagt geht es um die Expansion des Raums, also um sein rasantes Größerwerden. Das ja eigentlich, genauer betrachtet, gar nicht so rasant ist – das Universum dehnt sich in Wirklichkeit irrsinnig langsam aus. Dass das Universum expandiert, wissen wir schon seit fast 100 Jahren, seit Edwin Hubble 1929 die Rotverschiebung der Galaxien als Expansionsbewegung des Universums deutete. Alle Galaxien bewegen sich von uns weg. Und das wissen wir, weil wir sehen können, dass ihr Licht immer röter und röter wird, je weiter sie von uns entfernt sind. Diese Rötung, die sogenannte Rotverschiebung, kommt von einer Streckung der Lichtwellen. Jede Welle kann gedehnt oder gestaucht werden, und zwar ganz einfach durch die schnelle Bewegung des Auslösers der Welle, der Wellenquelle also. Bei Schallwellen kennt das jedes Kind – die Polizei macht tatü-tata, und wenn sie auf uns zukommt ist der Ton bedrohlich hoch, die Welle ist gestaucht. Wenn sie sich dann wieder von uns entfernt, ist der Ton viel tiefer und die Situation auch gleich entspannter. Genau das Gleiche passiert mit Lichtwellen, nur dass wir da die Tonhöhe

Farbe nennen. Die intergalaktischen Polizeiautos fliegen also alle von uns weg, und je weiter sie schon von uns entfernt sind, umso schneller fliegen sie. Was geheimnisvoll klingt, aber im Endeffekt nichts anderes bedeutet, als dass sich der ganze Weltraum ausdehnt. Je mehr Weltraum zwischen uns und der fernen Galaxie, desto mehr kann sich auch diese größere Raummenge ausdehnen, die Expansion fällt also mehr ins Gewicht.

Im Moment dehnt sich der Raum mit etwa 70 km/s pro Megaparsec aus – Megaparsec, das ist die präferierte Entfernungseinheit von Extragalaktikern, einfach weil es so cool klingt. Dabei ist ein Megaparsec einfach nur eine Entfernung von etwa 3 Millionen Lichtjahren. Das heißt also, dass auf jedes Megaparsec Entfernung im Weltraum 70 km/s Ausdehnungsgeschwindigkeit des Raums dazukommen. Das ist eine derart langsame Geschwindigkeitszunahme, dass sie sich eben erst auf intergalaktischen Entfernungen bemerkbar macht. Nicht dass Sie sich die Sache damit gleich deutlich lebhafter vorstellen können, aber nur so zum Vergleich: Bei derselben Geschwindigkeit würde sich ein Kubikmeter Raum pro Sekunde nur um etwa ein Tausendstel eines Protonen-Durchmessers ausdehnen. Das ist so wenig, dass sich der Raum auf kleinen, also nicht intergalaktischen Skalen gar nicht erst die Mühe macht, sich auszudehnen.

Und woher kommt diese Expansion des Universums? Sie ist die übrig gebliebene Explosionsgeschwindigkeit des Urknalls. So weit, so klar. Aber wie geht es in Zukunft mit der Expansion weiter? Müsste sie nicht wie bei jeder Explosion im Laufe der Zeit immer langsamer werden? Dehnt sich das Universum immer weiter aus, oder kehrt es irgendwann vielleicht sogar wieder um und macht einen »big crunch«?

Wie könnten wir herausfinden, ob und wie sich die Ausdehnungsgeschwindigkeit des Universums mit der Zeit verändert? Im Grunde ganz einfach. Man müsste die Expansion im frühen Universum beobachten und mit der heutigen Expansionsrate vergleichen. Hinschauen also. Aber wie kann man einem leeren Raum dabei zusehen, wie er immer größer wird? Hinschauen ist immer noch die richtige Antwort, man muss nur wissen, worauf man achten sollte: nämlich auf die Rotverschiebung der Galaxien.

Die Rotverschiebung sagt uns ja genau das: wie schnell eine Lichtquelle von uns wegexpandiert. Das Einzige, das wir dann noch brauchen, ist eine davon unabhängige Messung der Entfernung. Denn wenn ich weiß, wie weit das expandierende Ding von uns weg ist, weiß ich auch, wie lang das Licht zu uns gebraucht hat – und kann somit die gemessene Expansionsgeschwindigkeit in Raum und Zeit verorten.

Und wie messen wir die Entfernung einer Galaxie im fernen Universum? »Mit der Rotverschiebung«, rufen jetzt die Streber unter Ihnen. Aber damit liegen Sie leider daneben, denn genau das geht in diesem Fall nicht. Die Entfernungsmessung muss ja unabhängig von der Expansion sein, denn genau die will ich ja untersuchen. Die Astronomie verwendet zur unabhängigen Entfernungsmessung sogenannte Standardkerzen. Das sind keine normierten Leuchtmittel für einen romantischen Abend am Teleskop, sondern Objekte, deren Helligkeit genau bekannt ist. Das können zum Beispiel veränderliche Sterne sein, wie die sogenannten Cepheiden, mit denen Hubble damals – dank der großartigen Vorarbeit von Henrietta Leavitt – die Entfernung der Andromedagalaxie bestimmt und dann auch die Expansion des Universums entdeckt hat.

Diese Cepheiden funktionieren recht gut für unser lokales Universum, aber wenn ich sehr weit ins frühe Universum hinausschauen will, brauche ich was Helleres. Etwas viel Helleres. Wie wäre es also mit einem der energiereichsten Phänomene im Universum? Genau, Supernova-Explosionen.

Fette Sterne explodieren am Ende ihres Lebens in einer ebenso fetten Explosion. Diese Explosionen laufen alle ähnlich ab, aber nicht genau gleich. Bis auf einen ganz bestimmten Typ an Supernova, die sogenannten Supernovae Typ Ia. Diese Art von Supernova entsteht nicht einfach am Lebensende eines einzelnen massereichen Sterns; sie braucht gleich 2 Sterne, und das in einer speziellen Konfiguration. Es muss nämlich ein Doppelsternsystem sein, das mindestens einen weißen Zwerg enthält, also einen superkompakten toten Stern. Wenn dieser weiße Zwerg es irgendwie schafft, Material von seinem Begleitstern abzusaugen – zum Beispiel weil der die Tolkien-Aufstellung komplett machen will und sich gerade zu einem roten Riesen ausdehnt und Material in den Weltraum hinausschleudert –, dann prasselt dieses Material auf den weißen Zwerg ein, bis es diesen in einer gigantischen thermonuklearen Explosion komplett zerreißt. Der springende Punkt ist aber: Die Explosion geschieht immer genau dann, wenn der weiße Zwerg instabil wird – und das passiert immer bei genau der gleichen Grenzmasse. Also, egal wie groß der Ausgangszwerg war, die

Explosion findet immer bei der gleichen Massenansammlung statt – und die Supernova ist immer gleich hell. Eine Standardkerze par excellence. Und diese Explosionen sind tatsächlich so hell, dass wir sie bis hinaus ins ferne Universum gut beobachten können. Genau das haben die beiden Forscherteams in den späten 1990er-Jahren getan. Das war zum einen das High-Z Supernova Search Team von Brian Schmidt und Adam Riess und zum anderen das rivalisierende Supernova Cosmology Project von Saul Perlmutter – beide bestehend aus 20 bis 30 Wissenschaftler:innen. Beide Gruppen beobachteten unterschiedliche Supernovae Typ Ia mit verschiedenen Teleskopen in unterschiedlichen Entfernungen. Und beide Gruppen erwarteten dasselbe Resultat: dass die Expansion des Universums früher schneller war als heute. Unsicher blieb zunächst, ob es für immer weiter expandieren würde oder ob die Geschwindigkeit schon so weit abgenommen hatte, dass sich das Universum wieder zusammenziehen würde.

Die beiden Gruppen beobachteten die Helligkeit der Supernovae und bestimmten daraus ihre Entfernung. Gleichzeitig ermittelten sie die Entfernung über die Rotverschiebung und verglichen die beiden miteinander. Wenn sich die Expansion des Universums nicht verändert hatte, wäre kein Unterschied zu messen gewesen. Wenn das Universum sich aber früher schneller ausgebreitet hatte als heute, hätte das Licht der Supernovae eine kürzere Entfernung zurücklegen müssen und wäre darum heller als erwartet bei uns angelangt. Beide Gruppen kamen zum gleichen Ergebnis: Die Supernovae waren weniger hell als erwartet. Das Universum wurde nicht langsamer – sondern schneller.

Wir haben es also mit einer beschleunigten Expansion zu tun, das heißt, das Universum wird nicht nur immer größer, es wird bei diesem Größerwerden auch noch immer schneller. Mit der Expansion hatten sich Wissenschaftler:innen inzwischen gut arrangiert, am Anfang war der Urknall und damit nichts anderes zu erwarten. Aber wenn die Ausdehnung nicht langsamer wurde, sondern schneller, bedeutete das, dass es offenbar irgendeinen Druck geben musste, der das Universum auseinandertreibt. Etwas Abstoßendes, sozusagen.

Genau das ist die Dunkle Energie – eine abstoßende Kraft, die dem Raum innewohnt und das Universum auf großen Skalen auseinanderfliegen lässt. Und die allem Anschein nach den überwältigenden Großteil unseres Universums ausmacht.

Die Resultate des High-Z Supernova Search Teams und des Supernova Cosmology Projects wurden in den letzten beiden Jahrzehnten vielfach und aus unterschiedlichen Richtungen bestätigt und verfeinert, von den hochexakten Messungen der kosmischen Hintergrundstrahlung des Planck-Satelliten bis hin zu den erst kürzlich veröffentlichten ersten Ergebnissen des Dark Energy Surveys, der Hunderte Millionen von Galaxien kartiert hat. Wir wissen nun, dass die Dunkle Energie knapp 70 % der Gesamtenergie des Universums ausmacht.

Dabei ist ihre Dichte extrem gering, viel viel kleiner als die durchschnittliche Dichte der Dunklen, geschweige denn der normalen Materie. Wie kann etwas so Ungreifbares und Ausgedünntes dann fast 70 % des Universums ausmachen? Das Zeug ist einfach überall. Und da es eine Eigenschaft des Raums zu sein scheint, gibt es davon auch immer mehr, je weiter das Universum expandiert. Erst als das Universum eine gewisse Größe erreicht hatte, konnte sich die Dunkle Energie so richtig breitmachen und die Expansion beschleunigen.

Wir leben also in der Phase des Universums, in der die Dunkle Energie dominant geworden ist, und das wird auch für unabsehbare Zeit so bleiben. Für das Universum scheint es kein Licht am Ende des Tunnels zu geben.

Small-Talk-Hilfe: Warum die Astronomie vom Geheimdienst kontrolliert wird

Die Astronomie und der Geheimdienst sind 2 auf den ersten Blick vielleicht unerwartete Partner, die sich den Weltraum teilen. Das sorgt manchmal für kuriose Notwendigkeiten, wie zum Beispiel die staatliche Kontrolle der Laserleitsterne am Gemini Observatory in Hawaii. Die großen Teleskope schicken Laserstrahlen in den Himmel, um das Wobbeln der Luft auszugleichen. Das Laserlicht trifft auf Natrium-Moleküle in der oberen Atmosphäre, bringt sie zum Leuchten und erzeugt so einen künstlichen Stern, einen Lichtpunkt, mit dem die Turbulenzen in der Atmosphäre weggerechnet werden. Allerdings können diese Laserstrahlen natürlich auch alle möglichen anderen Dinge da draußen zum Leuchten bringen, zum Beispiel Spionagesatelliten. Die Position dieser Satelliten ist den Astronom:-innen natürlich nicht bekannt, darum müssen die Koordinaten jedes Mal, wenn der Laser zum Einsatz kommen soll, vom Department für Homeland Security abgesegnet werden. Ab und zu wird dann auch ein Mitarbeiter auf den Mauna Kea geschickt, um direkt bei den Teleskopen nach dem Rechten zu sehen – fast wie bei Men in Black … nur leider ohne Sonnenbrillen.

Die Science Busters 2011

Im vierten Jahr war es dann so weit.

Die Science Busters werden ein Planet.

Und das kam so.

Von Anfang an hat es Produktionsfirmen gegeben, die unsere Show in adaptierter Form ins Fernsehen bringen wollten. Wir wollten sowieso, eitel wie wir waren und von uns selber überzeugt. Aber eine Zeit lang stieß das nur bedingt auf Gegenliebe. Zumindest, was eine eigene Sendung betraf. Von zu langatmig bis zu schiach reichten die ablehnenden Begründungen. Über Umwege haben wir uns aber doch angepirscht an den ORF. Erst ein naturwissenschaftlicher Jahresrückblick, dann Clips für *Wien Heute*, die Bundesländernachrichtensendung der Hauptstadt, und auch kurze Videos anlässlich der Nordischen Ski-WM, wobei wir zu unseren besten Zeiten damals zu dritt circa 6 bis 7 Skispringer aufgewogen hätten.

Die Zusage der Fernsehanstalt kam Anfang Herbst, und dann musste es schnell gehen. Warum es ausgerechnet damals funktioniert hat, ist aus heutiger Sicht schwer zu sagen. Natürlich höhlt steter Tropfen den Stein (siehe Einleitung Stichwort »Tarkowski«). Mit der Zeit sind nicht nur die Theater schneller voll geworden, sondern auch die Fürsprecher mehr, ein paar Sendungen in der *Donnerstag Nacht* des ORF haben den Herstellern mehr Freude gemacht als der Zuseherschaft, eine auslaufende Geschäftsführungsperiode. Und, und das muss man natürlich auch einräumen, nicht nur die Routine durch die vielen Kindershows hat uns eher nicht geschadet.

Knapp bevor das Jahr ins nächste abbog, sollte am 29. Dezember 2011 die erste Show auf ORF 1 ausgestrahlt werden. »Tatort Gehirn – Warum wir lieben, wann wir morden und wodurch wir uns manipulieren lassen«. Das war die gute Nachricht.

Was wir zur Verfügung hatten: eine Produktionsfirma, ein Ensemble, viele Shows und ein Theater, in dem man aufzeichnen konnte. Auch nicht schlecht. Schon seit geraumer Zeit wollten wir allerdings das Erscheinungsbild erneuern, die weltberühmte Außenwahrnehmung vereinheitlichen. Denn auf unserer Homepage sah es vom Design her anders aus als auf der Website von Radio FM 4, die Ankündigungen des Theaters waren in den Farben des Theaters gehalten, da kam Rosa ebenfalls nicht vor. Und das Buchcover sah wieder anders aus, im Stil des Verlages. Wer uns nicht kannte, hätte uns für vier verschiedene Acts mit demselben Namen halten können. Manche würden sagen, ein stilistischer Sauhaufen.

So kamen neue VJs an Bord, Clemens Gürtler und Christoph Schmid von Lichterloh und Roman Hansi. Von ihm wird gleich noch die Rede sein. Und wenig später Benjamin und Leo Pokropek von Bildwerk, die auch heute noch tragende Rollen im Ensemble spielen. Und (auf Anregung unserer damaligen Agentin Ruth Oppl) das Büro Alba aus München für Grafik, Design, CI und was noch so alles anfällt, um einen möglichst guten ästhetischen Eindruck hinterlassen zu können. Im Rahmen unserer Möglichkeiten natürlich. Schöner würden wir dadurch nicht, aber dafür würden wir absichtlich so ausschauen. Auch das vorliegende Buch und seine 3 Vorgänger seit dem Wechsel zum Hanser Verlag im Jahr 2011 zeigen, dass es besser ist, jemanden zu bitten, der sich

damit auskennt, wenn man etwas Schönes haben will.

Zum Beispiel einen eigenen Planeten. So unverwechselbar wie das Rosa des Shirts des MC. Natürlich mit eigenen Nippeln. Rüsseln. Eine Mischung aus Virus, Seemine und Planet mit ausgeprägtem Vulkanismus. Bekanntlich eine der Voraussetzungen für Leben, wie wir es kennen. Als Regisseur kam Leopold Lummerstorfer an Bord und blieb es bis zur 100. Sendung. An den Kameras Robert Angst und sein Team, Garderobe Monika Krestan, als Produktionsfirma die Gebhardt Productions, Peter Wustinger als Redakteur und viele, viele mehr, und allmählich waren alle und alles beisammen, was man für eine zünftige Science-Show benötigt.

Das klingt im Nachhinein, wenn man mit verklärtem Blick zurückschaut, wie ein gleitender Übergang, bei dem zusammenwuchs, was zusammengehörte. Dass es zusammenpasst, hat sich im Laufe der Zeit gezeigt, aber zu behaupten, alles hätte sich gefunden wie der Schlüssel ins Schloss, wäre übertrieben. Noch vor der ersten Aufzeichnung gab es ein paar Live-Termine. Die Lichterlohs hatten kurzfristig keine Zeit und schlugen uns

Roman Hansi vor. Der seitdem V J bei uns ist. Der erste gemeinsame Auftritt wäre allerdings beinahe nicht zustande gekommen.

Aus Sicht der Science Busters hat der Abend relativ unspektakulär begonnen. Wir hatten Roman ein paar Tage davor kurz kennengelernt und uns auf Empfehlung darauf verlassen, dass er wisse, was auf ihn zukäme. Sind nach Linz in den Posthof gefahren und haben uns auf **»Wie sprengt man einen Präsidenten – Von Kofferbomben und Bombenkoffern«** vorbereitet.

Eine Show, die wir schon oft gespielt hatten und deren Titel offenbar vom damaligen US-Präsidenten beeinflusst war, der keinen Ruf als Intellektueller zu verteidigen hatte. Dass es Jahre später noch deutlich schlimmer kommen sollte, war damals noch nicht abzusehen. Es war eine der letzten Aufführungen vor den ersten T V-Aufzeichnungen Anfang Dezember. Damals haben wir quasi aus dem Spiel heraus aufgezeichnet. Ohne extra zu proben. Weil es so viele Shows mit so vielen Nummern gegeben hat, dass wir aus dem Vollen schöpfen konnten. Aber Live-Auftritte waren für uns gute Gelegenheiten, noch einmal an der Geläufigkeit zu arbeiten. Die ersten Shows haben wir so aufgezeichnet, wie wir es vom Theaterspielen gewohnt waren, und Regisseur und Cutter oder Cutterin haben dann daraus eine Fernsehsendung machen müssen. Davon haben wir anfangs aber nur wenig mitbekommen. Heute ist das Prozedere ungleich aufwendiger. Längst gibt es viel mehr T V-Shows als Bühnenprogramme, die man adaptieren könnte. Zahlreiche Proben und Vor-Premieren gehen heute jedem Aufzeichnungstermin voraus. Und es wird so präzise und für die Kameras aufgezeichnet, dass das Ganze allein dadurch schon eine Fernsehsendung wird. Die dann im Schnitt natürlich noch ein wenig bearbeitet und verfeinert wird. Kein Vergleich zu den frühen Folgen.

Wir haben uns vermutlich gelabt, das war damals eigentlich immer ein guter Tipp, wenn man hätte erraten sollen, womit wir uns vor einer Show beschäftigen, denn vor allem Werner Gruber und Martin Puntigam waren sehr gute Esser. Bilder aus der Zeit belegen das nachdrücklich. Tatsächlich hatte es sogar die Linzer Torte auf die Requisitenliste geschafft. Einmal wurde sie in einer Show benötigt, warum ist nicht bekannt. Und angesichts der üppigen Cateringlisten von international tourenden Popstars, die im Posthof aber auch nur den Großen Saal füllten wie wir, eine kleine Extravaganz. Haben wir uns vermutlich gedacht. Und sie eine Zeit lang immer wieder als Showanforderung draufgeschrieben auf die Liste der benötigten Zutaten, ohne physikalisch-wissenschaftskommunikativen Grund.

Wie weit die Torte bereits vertilgt war, lässt sich heute nicht mehr sagen, jedenfalls haben wir uns wohl langsam gewundert, wo denn unser neuer junger VJ wohl bliebe, denn langsam sei es an der Zeit. Nachdem er die Show noch nie gefahren, also betreut hatte, sondern nur von Videoaufnahmen und Beschreibungen kannte, wäre es keine schlechte Idee, sie 1-, 2-mal vor Saaleinlass durchzusprechen. (VJ steht übrigens für Video-Jockey, aber seine Aufgaben im Rahmen der Shows waren und sind weit umfangreicher. Doch davon später mehr.)

Alles, was man vorher sonst so machen kann und muss, war erledigt – Soundcheck, Bühnenaufbau,

Flyer auslegen. Allein derjenige, der die Bilder und Videos und Animationen während der Aufführung zuspielt, manchmal auf Stichwort, manchmal nach eigenem Gutdünken, und dessen Mitwirken für eine Science-Busters-Show unabdingbar ist, wenn es eine solche sein soll, war nicht zu sehen im Saal. Langsam wurde es Zeit, ihn einmal anzurufen, vielleicht steckte er im Stau, hoffentlich war nichts passiert. Das war unsere Gemengelage im Theater.

Roman hat seine Erinnerungen an die letzte halbe Woche vor seiner Jungfernfahrt in einem Gedankenprotokoll rekonstruiert.

Donnerstag bis Montag

Donnerstag oder Freitag ein Anruf von den Lichterlohs, ob ich die Science Busters betreuen möchte als VJ. Grafiken muss man auch erstellen und mit auf Tour fahren …

Nachdem mir, der ich davon zum ersten Mal was mitbekam, erklärt wurde, was ein Science Buster ist (hört sich an wie Mythbusters, nur anders).

Wir machten eine Datenübergabe aus, und sie informierten mich, was der Zuspieler alles können müsse, also wie man technisch die

Bilder vom Computer am Mischpult auf die Leinwand auf der Bühne bringt (was man zum damaligen Zeitpunkt nicht so leicht machen konnte, VGA Out für 4 Monitore, Soundkarte, Video Capture Card, Livekamera einbinden).

Mit diesem Wissen und einer Deadline am Samstag machte ich mich noch schnell daran, die Animationen für ein anderes Projekt fertigzukriegen.

Mein Freund Sammy borgte mir seine Maschine, also seinen Rechner, um die Show zu fahren, gab mir aber kein Adapterkabel fürs Video-Capturen mit. Habe ich leider erst später bemerkt.

Völlig übermüdet holte ich noch die DVDs mit den Mitschnitten der Science-Busters-Shows von Martin P. ab. (Da haben wir uns ein erstes Mal gesehen.)

Ein paar Stunden Schlaf, und weiter geht's, DVD schauen, Content anschauen (???)

Hardware checken, Testaufbau und: Die Soundkarte ist hin (wo kriegt man am Sonntag eine Karte her?)

Sammy ist seit seiner Show am Samstag nicht mehr zu erreichen. (Nicht unüblich in meiner Branche.)

Lichterlohs informiert, dass es technische Probleme gibt, sie schicken mir am Montag mit dem Taxi eine Karte.

Dienstag

Sammy ist noch immer nicht erreichbar. (Und ich kann kein Video-Capturing.)

10:00 Soundkarte kommt an.

11:00 Schaff es nicht, die Hardware zum Spielen zu bringen.

12:00 Aufschrei! Ich hab keine ausreichende Hardware, mit der ich die Show fahren kann. Die Licherlohs können doch eine Maschine zur Verfügung stellen.

15:00 Hardware zusammengetragen bei den Lichterlohs.

Unterwegs in ein anderes Büro, um noch die Matrox-VGA-Karte zu holen.

17:00 AUF DEM WEG NACH LINZ

Mit dem Maximum der maximal erlaubten Geschwindigkeit durch Regen und Nebel über die Westautobahn geschossen.

17:30 Martin P. fragt mich lieb, wo ich denn bleib.

19:00 Ankunft Posthof.

19:20 Equipment aufgebaut (normal brauch ich eine Stunde).

Bis 19:40 Mit Martin P. die Show programmiert und alles noch schnell erklärt.

(Um 19:30 dann die Erkenntnis, dass, wenn ein Event um 20:00 beginnt, die Leute ja schon im Saal sitzen sollten.)

Meine Info zur Livekamera auf der Bühne, die ich nicht gut kannte, war »Tu das Bandl ausse, dann spielt's durch«.

Noch einmal schnell alles speichern, und los geht's.

20:10 Ich starte das Video-Intro. Mit leichter Verspätung.

In diesem Moment bemerke ich, dass irgendetwas beim Speichern passiert sein musste.

Es waren circa die ersten 15 Minuten der Show vorhanden, der Rest war weg.

Ich drehte mich zum Lichttechniker: »I have a huge problem, can we do something?«

Er grinste und sagte »No, now it's running.«

Also durfte ich, während ich zum ersten Mal die Show fuhr, die Show zum 2. Mal bauen. Kurz glaubte ich mir mit der Livekamera helfen zu können, aber diese wechselte nach 10 Minuten in den Demo-Modus und zeigte alle tollen integrierten Effekte von Mirror über Punkteffekte.

Irgendwie ging dann dieser Abend vorüber, und wir fuhren gleich am nächsten Tag auf Tour nach Leipzig und Dresden, glaub ich, also keine Zeit zum Groß-Nachdenken, sonst wär's, glaub ich, bei diesem einen Abend geblieben.

So sein Bericht aus dem Gedächtnis gemalt. Dass es nicht bei diesem einen Abend geblieben ist, haben alle Beteiligten nicht bereut. Und das, obwohl die ersten 30 Sekunden der Show dann angeblich noch einmal eine besondere Herausforderung darstellten, denn Roman war damit beschäftigt herauszufinden, ob die Nippel auf der Bühne tatsächlich echt sein können …

DAS FLUCHTVIRUS
AUS DER
BRUNNENPLATTE

2012 war das 13. wärmste Jahr
seit es Aufzeichnungen gibt.
Es befinden sich 394 ppm CO$_2$
in der Atmosphäre.

Der wissenschaftliche Kracher in Sachen Genetik ereignete sich im Juni 2012. Da veröffentlichten Emmanuelle Charpentier und Jennifer Doudna ihre heute bereits legendäre Forschungsarbeit, in der sie zeigten, dass die Genschere CRISPR/Cas9 dazu verwendet werden kann, Erbinformation gezielt zu verändern. Die Methode wurde rasant weiterentwickelt und erlaubt es, DNA immer präziser und einfacher zu bearbeiten. Bloß 8 Jahre später bekamen sie dafür den Nobelpreis für Chemie verliehen. CRISPR gilt als eine der bedeutsamsten Entwicklungen in der Genetik. Konkurrierend lediglich mit der PCR, die 1983 entwickelt wurde, sich in der breiten Bevölkerung jedoch erst durch die Pandemie Popstar-Status erkämpft hat. PCR steht, das wissen heute viele, was durchaus als ungewöhnlich gelten kann, für »polymerase chain reaction«. Auf Deutsch wäre das »Polymerase-Kettenreaktion«, ist aber im Sprachgebrauch nicht üblich. Anders als vor rund 70 Jahren die DNA, die noch sehr lange DNS hat heißen müssen, bis sich vermutlich durch die zahllosen CSI-Serien im Fernsehen DNA auch im Deutschen durchgesetzt hat. Auch daran kann man ersehen, dass sich auf der Welt was ändert.

Im Juli 2012 veröffentlichte das Beschleunigerzentrum CERN den Nachweis des Higgs-Teilchens. Die Bezeichnung stammt nicht etwa daher, dass jemand während der Namens-Verlautbarung an Schluckauf litt, sondern von dem Physiker Peter Higgs, dem schon im darauffolgenden Jahr der Nobelpreis für Physik verliehen wurde. Man möchte meinen, das wäre schnell gegangen, aber die Theorie dahinter wurde bereits in den 1960ern aufgestellt. Nur ist es jahrzehntelang nicht gelungen, das Teilchen tatsächlich zu messen. Es entspricht einer Anregung im Higgs-Feld. Letzteres ist überall vorhanden und wechselwirkt mit den Elementarteilchen, mit Ausnahme von Photonen und Gluonen, die ihr Dasein deshalb ohne Masse verbringen müssen.

Am 6. August 2012 landete Curiosity am Mars. Mit rund 900 kg war der Rover das damals schwerste Objekt auf dem Planeten, das die Menschen hochgeschossen hatten. Bei der spektakulären Landung wurde erst ein Fallschirm geöffnet, der wegen der mageren Atmosphäre jedoch nicht ausreichte, um die Landekapsel sanft Richtung Boden gleiten zu lassen.

Landungsdüsen bremsten Curiosity deshalb zusätzlich ab, während ein »Himmelskran«, in der Luft schwebend, den Rover abseilte, wodurch er pünktlich an seinem neuen Arbeitsplatz die Stempelkarte zwicken konnte. Curiosity soll herausfinden, ob es möglich war oder sein könnte, auf dem Mars zu leben. Nicht Marsmännchen, eher Mikroorganismen. Auf der Erde machen Mikroorganismen einen Großteil der Biomasse aus und helfen uns Menschen einerseits beim Verdauen von Nahrung, das kommt sehr gut bei uns an. Sie machen uns andererseits allerdings auch krank. Dafür gibt es kein Plus.

Niemand mag Pandemien, kaum jemand ist von Viren begeistert. Wenn eine Pandemie in die Zielgerade einbiegt, hinterlässt sie nicht nur eine Spur der Verwüstung, sondern alle atmen auf und versuchen wieder das zu führen, was als normales Leben gilt.

Aber kaum ist die eine Pandemie überstanden, kommen Virolog:innen und behaupten, das sei nicht die letzte gewesen, die nächste nur eine Frage der Zeit. Warum machen die so was? Die letzte große Pandemie, die Spanische Grippe, war Anfang des 20. Jahrhunderts; wenn die nächste nach Corona wieder 100 Jahre auf sich warten lässt, wird sie niemand von uns erleben. Haben diese »Expert:innen«, nachdem sich jahrzehntelang kaum eine Sau für sie interessiert hat, sich so sehr daran gewöhnt, im Rampenlicht zu stehen, Fernsehinterviews zu geben und Instagram-Stars zu sein, dass sie den Zustand verlängern und nicht wieder unbeachtet im Labor herumstehen möchten?

Eher nein. Man darf einerseits getrost davon ausgehen, dass auch Virolog:innen Pandemien nicht genießen. Und sollte andererseits nicht dem Irrtum aufsitzen, man habe mindestens ein Jahrhundert Ruhe bis zur nächsten Seuche. So funktioniert das nicht.

Martin Moder erzählt gern von einer seiner ersten Virologievorlesungen am Beginn seines Studiums der Molekularbiologie vor ein paar Jahren, in der der Vortragende mehrerlei Bemerkenswertes betont hat: Es werde wieder eine Pandemie kommen, wir wüssten nur nicht genau wann und auch nicht, welches Virus sie auslösen werde, aber vermutlich ein Influenza- oder ein Coronavirus. Und was er ebenfalls herausgestrichen hat, war, dass die Bedingungen für Pandemien besser seien als jemals zuvor. Allein deshalb, weil mittlerweile doppelt so viele Leute auf der Welt leben als zu seiner Jugendzeit, und vor allem, weil diese Menschen auch viel mehr reisen. Eine ideale Zeit für Viren-Start-ups, die die große Weltkarriere anstreben. Nicht ausgeschlossen also, dass Sie und ich in unserer Lebenszeit noch Bekanntschaft mit einer weiteren Pandemie machen. Spitze.

Wenn wir wählen könnten, welches Virus sollten wir uns für diese kommende Pandemie aussuchen? Noch einmal Corona oder zur Abwechslung vielleicht einmal ein Influenzavirus? Für noch ein Coronavirus spricht, dass wir uns damit ein wenig auskennen und noch etliche Accessoires zu Hause haben: Masken, Babyelefanten, und der eine oder andere hat auch ein Licht am Ende des Tunnels herumliegen. Und die Impfgegner bräuchten keine neuen Bücher schreiben. Wobei da der Wunsch Vater des Gedankens sein dürfte, Impfgegner werden uns so oder so neue Bücher bescheren, was sollen die sonst schreiben? Forschungsarbeiten? Eben.

Falls es Sie beruhigt: Es ist ziemlich egal, wofür Sie sich entscheiden, denn es lauern von beiden Virusarten sehr gefährliche Exemplare in der Welt, die nur darauf warten, die nächste Pandemie zu verursachen. Anhand welcher Maßstäbe würde man die Argheit vergleichen, woran erkennt man die gefährlichsten?

Viele Menschen haben in ihrer Kindheit gern Autoquartett gespielt, vor allem wenn die im 20. Jahrhundert stattgefunden hat. Dabei sind Anzahl der Zylinder verglichen worden, Pferdestärken, Größe des Hubraums und Höchstgeschwindigkeit. Womit hätte man beim Seuchenquartett die besten Karten, und in welchen Kategorien sollte man gegeneinander antreten?

Wenn man die Infektionssterblichkeit hernimmt, also fragt, wer alles stirbt, nachdem er sich mit dem Virus infiziert hat, so lautete der Wert bei SARS-CoV-2 am Beginn der Pandemie 0,5 bis 1 %. Also bevor die Impfstoffe zum Einsatz gekommen sind, die die Überlebenschancen natürlich deutlich verbessert haben. Zumindest für Geimpfte. In diesem Wert der Infektionssterblichkeit sind alle Infizierten zusammengefasst, auch diejenigen, die ohne Symptome erkrankt waren.

Wenn man Corona aber mit anderen Pandemien vergleichen möchte, etwa der Spanischen Grippe, dann kommt man mit der Infektionssterblichkeit nicht sehr weit. Denn 1918 hat man diejenigen, die zwar infiziert waren, die Krankheit aber ohne äußere Anzeichen überstanden haben, nicht erkennen können. Nasenbohrertests waren damals noch nicht erfunden. Nasenbohren selber natürlich schon und sicher genauso beliebt wie 100 Jahre später, aber nur von geringer Aussagekraft, was die Viruslast betraf. Man kannte zwar schon das Wort Virus, hatte aber noch keine genaue Vorstellung und schon gar keinen Nachweis, worum es sich dabei handelte. Also muss man im Quartett wohl die Fallsterblichkeit heranziehen. Wie viele Menschen, die merkbar erkranken, sterben in der Folge an der Krankheit? Das lässt sich gut vergleichen: Kranke erkennen, das können wir Menschen nämlich ziemlich gut. Das war im Laufe unserer Evolution immer wichtig, denn Infektionskrankheiten waren immerhin bis vor wenigen Jahrzehnten noch Todesursache Nummer 1. Deshalb ist man Infektionsherden, und einen solchen stellt ein Kranker nun einmal dar, nach Möglichkeit schon immer aus dem Weg gegangen.

Wenn man also die Fallsterblichkeit vergleicht, dann war SARS im Jahr 2002 deutlich ärger. SARS-1 quasi. Selbstverständlich hat SARS noch nicht SARS-1 geheißen. Niemand hatte ein Sequel geplant nach dem Erfolg des Erstlings. Da muss man aufpassen, sonst glauben Verschwörungsfans gleich wieder, ausgerechnet sie als nicht praktizierende Fachkräfte für alles seien einem großen Geheimnis auf der Spur. Dabei können sie sich nicht einmal erklären, warum sie Wissen jeder Art so großräumig aus dem Weg gehen und selbst einfache Dinge durcheinanderbringen.

Zurück zur Fallsterblichkeit. Die lag bei SARS-CoV-2 zum Zeitpunkt vor den Impfungen bei 2 %. Jeder Fünfzigste, der Symptome der Krankheit entwickelt hat, konnte in der Folge nicht mehr zu den Lebenden gezählt werden. Im Zuge der viel kleineren Pandemie SARS-1, geborene SARS, lag der Wert bei 10 %. Das bedeutet, dass bereits jeder oder jede Zehnte mit Symptomen es kurz darauf hinter sich hatte. Sie war also fünfmal tödlicher. Auch wenn es diesen Komparativ gar nicht gibt. Warum spricht man dann also von einer kleineren Pandemie?

Ganz einfach, weil die Menschheit unglaubliches Glück hatte. Also nicht, weil wir wirklich von einer »kleineren Pandemie« sprechen dürften, sondern, weil dieser Ausbruch vergleichsweise begrenzt war und regional überschaubar geblieben ist. Bei dieser Krankheit konnte man andere im Wesentlichen nur dann anstecken, wenn man sich schon krank gefühlt hat. Das war zwar unter Umständen für einen selbst keine gute Nachricht, aber man konnte andere durch Selbstisolation sehr effektiv schützen. Ganz anders bei SARS-CoV-2 – da verteilt man die Krankheitserreger bereits mit beiden Händen, während man noch das Gefühl hat, Bäume ausreißen zu können. Deshalb ist es gelungen, SARS einzudämmen, und das Virus ist wieder verschwunden.

SARS ist übrigens ein Akronym und steht für »Schweres Akutes Respiratorisches Syndrom«. Ursprünglich natürlich Englisch benannt, das ist die gängige Wissenschaftssprache, als »severe acute respiratory syndrome«. Wofür steht dann MERS? »Mild enjoyable respiratory syndrome«? Ganz im Gegenteil. Wer Bekanntschaft mit MERS gemacht hat und davon berichten kann, hatte noch mehr Glück als Überlebende von SARS, denn die Fallsterblichkeit beläuft sich da schon auf rund 40 %, ist also viermal so hoch.

MERS ist seit 2012 auf dem Markt, wenn man so will, steht für »Middle East respiratory syndrome«, wird auch von Coronaviren ausgelöst und vermutlich vorrangig von Kamelen auf den Menschen übertragen. Gehört das Ding also dem Ausländer, noch dazu dem, den viele ohnedies nicht bei uns haben wollen, gegen den Europa die Außengrenzen dichtmachen soll, damit sich »die Bilder von 2015 nicht wiederholen«, und kann uns das also alles wurscht sein? Eher nein. MERS existiert als schwere Atemwegserkrankung nach wie vor, aber auch wenn die Kameldichte in unseren Breiten überschaubar ist und die Krankheit daher nicht die akuteste Bedrohung darstellt, so hat MERS doch eine enorme Bedeutung für uns. Denn anhand der Forschung an MERS ist der PCR-Test mitentwickelt worden, ohne den wir bei der Coronapandemie noch blöder aus der Wäsche geschaut hätten. Dass wir uns dafür bei den Kamelen bedanken, wäre zwar albern, aber so zu tun, als ginge uns die Welt nur dann was an, wenn wir in sie auf Urlaub fahren möchten, ist auch nicht viel schlauer.

Außerdem können Viren bekanntlich eines ausgezeichnet, nämlich mutieren. Es ist also jederzeit möglich, dass MERS-CoV lernt, das Kamel als Zwischenhändler zu überspringen und sich via Direct-Marketing gleich an uns Menschen zu wenden. Und dann ist es schnell wurscht, ob ME für Middle East oder Middle Europe steht.

Aber wenn Sie glauben, dass 40 % Sterblichkeit schon der Kracher ist, dann kennen Sie H5N1 noch nicht. Ladies and Gentlemen! We proudly present einen der übelsten Knaben der Virenszene. Ein Influenzavirus. Street-name Vogelgrippevirus. Und seine Paradenummer: Etwa die Hälfte aller Menschen, die daran erkranken, stirbt. Da kann sich selbst MERS noch eine Scheibe abschneiden. 50 % Fallsterblichkeit klingt einerseits ausgesprochen dramatisch, andererseits ist die Versuchung groß zu denken: wären auch die unsäglichen Querdenker-Demonstrationen schnell nur noch halb so groß. Man könnte das viele Geld für den Polizeischutz für Sinnvolleres ausgeben. Etwa um Menschen, die im Rahmen von Pandemien jahrelang fast ohne Pause ums Überleben ihrer Mitmenschen gekämpft haben, bessere Arbeitsbedingungen und ein angemessenes Gehalt zu verschaffen. Denkt man aber nicht, denn H5N1 ist keine lustige Mitternachtseinlage.

Wie gefährlich ist die Vogelgrippe aktuell für uns Menschen, und wie steckt man sich an? Für diese Fragen bin ich dankbar. Wir haben als Säugetiere nämlich abermals ein bisschen Glück, denn bislang hat dieses Virus nie effektiv gelernt, sich von Mensch zu Mensch zu verbreiten. Wer sich damit infizieren möchte, muss es sich jedes Mal direkt und frisch vom Vogel holen. Quasi ab Hof. Sind somit ausschließlich die Menschen betroffen, die zu Hause regelmäßig den Kopf in den Vogelbauer stecken und mit ihrem Hansi schmusen? Nein. Tatsächlich geht es eher um unhygienischen Kontakt mit Vögeln. Also schmutziger Sex mit dem Wellensittich? Auch nicht. Aber auch die Tatsache, dass die meisten Menschen Vögel beim Erstkontakt entweder paniert oder scharf angebraten kennenlernen, bedeutet auf lange Sicht keineswegs, dass wir uns in Sicherheit wiegen können. Wenn es diesem Virus gelingen sollte, sich nachhaltig zwischen Menschen zu verbreiten, und es dabei seine Gefährlichkeit beibehält, wäre das eine Katastrophe ungeahnten Ausmaßes.

Deswegen möchte man natürlich die Wahrscheinlichkeit kennen, mit der dieses Virus uns gefährlich werden oder gar eine Pandemie auslösen könnte. Nur, wie findet man so etwas heraus? Wie kann man in die Zukunft schauen? Kristallkugeln kommen in ordentlichen Studien aus gutem Grund nicht vor als Mittel der Wahrheitsfindung. Und man kann das Virus ja nicht fragen, was es so vorhat mit seinem Leben.

Doch, fragen geht immer, Antworten bekommt man leider keine. Hahahaha. Glauben Sie. Man kann Viren sehr wohl fragen. Nämlich molekularbiologisch. Und bekommt auch Antworten. Allerdings durch eine Art von

Forschung, die nicht zu Unrecht als ausgesprochen problematisch gilt. Durch sogenannte Gain-of-Function-Experimente.

Im Jahr 2012 ist eine Forschungsarbeit erschienen, bei der man anhand von H5N1 überprüft hat, was passieren müsste, damit das Virus sich direkt zwischen Säugetieren übertragen könnte. Gain of Function bedeutet übersetzt ungefähr »Erlangen von Fertigkeit«. Und das ist auch genau das, was bei dieser Forschungsmethode passiert: Man schaut, dass ein Virus neue Fertigkeiten erlernt, die es noch gefährlicher machen.

Und das Schockierende war nicht, dass das grundsätzlich möglich ist, sondern, wie einfach es war. »Voll Baby, kann ich das auch?«, fragen Sie sich jetzt vielleicht. Möglich. Kommt darauf an, wie viele Frettchen Sie daheim haben. Frettchen sind in der virologischen Forschung beliebte Versuchstiere, weil sich Viren in ihnen sehr ähnlich verhalten wie in uns. Übertragung der Viren und Krankheitsverlauf sind einigermaßen vergleichbar.

Wie ist man also vorgegangen? Man hat Frettchen mit H5N1 infiziert, indem man ihnen Viren in sehr hoher Dosis direkt in die Nase gesprayt hat. Dadurch gelingt es dem Virus, das Frettchen zu infizieren, auch wenn es eigentlich auf die Infektion von Vögeln optimiert ist und gar nicht in der Lage sein sollte, Säugetiere anzustecken. Oder nur in extremen Ausnahmefällen. Was ja grundsätzlich gut ist – aber eben nicht bei Gain-of-Function-Experimenten. So kann es sich im Frettchen also ein bisschen vermehren, und immer, wenn sich Viren vermehren, mutieren sie. Das haben während der Pandemie hoffentlich alle gelernt.

Die meisten dieser Mutationen sind zum Glück irrelevant, manche sind schlecht, beides hilft dem Virus nicht weiter. Aber ein paar Änderungen können sich als günstig erweisen, und manche dieser Mutanten sind ein wenig besser an das Frettchen angepasst. Ein Durchgang reicht längst nicht, um direkt das nächste Frettchen zu infizieren, etwa durch Anniesen, deshalb hilft man den Viren auf die Sprünge, holt sie aus dem ersten Frettchen heraus, packt sie wieder in ein Nasenspray, und ab geht's zu Frettchen Nummer 2. Gain-of-Function-Forschung ist also eine Art Viren-Nachhilfe.

(Viren aus dem Frettchen extrahieren, in Nasenspray verwandeln und ins nächste Frettchen hineinverfügen, ist übrigens die Zarte-Gemüter-Version dieser Art von Forschung. »Aus dem Frettchen herausholen« bedeutet nämlich fürs Frettchen nichts Gutes. Es wird eingeschläfert, seziert, die Lunge wird entnommen, püriert und aufkonzentriert auf ein hoch dosiertes Nasenspray, mit dem das nächste Tier unfreiwillig Bekanntschaft machen wird. Das klingt schlimm, aber diese Art von Forschung kann Millionen Menschenleben retten. Und in manchen Bereichen der medizinischen Forschung, vor allem wenn es ums Immunsystem geht, kann man sich aktuell leider noch nicht mit Zellkulturmodellen helfen, sondern braucht Versuchstiere. Warum das so ist, haben wir ausführlich in unserem Buch *Warum landen Asteroiden immer in Kratern?* besprochen, im Kapitel »Sind 95 % aller Tierversuche unnötig?« Kleiner Spoiler: Kommt drauf an, wer wie fragt. Gern geschehen.)

Weiter geht's also. In Frettchen Nummer 2 kann sich das Virus wiederum ein bisschen vermehren, anpassen, aber es ist immer noch nicht in der Lage, aus eigener Kraft andere Tiere anzustecken. Also wieder rausgeholt, und ab zu Frettchen Nummer 3. Und dann zum vierten, fünften, sechsten, bis einem die Frettchen ausgehen? So ähnlich. Nämlich so lange, bis die Anpassung des Virus es erlaubt, sich zwischen den kleinen Säugetieren auszubreiten. Wie viele Frettchen braucht man dazu? Erschreckend wenige, wenn man es nicht aus Sicht der Frettchen betrachtet, sondern aus der der Infektiologie: Nach 10 Übertragungen war es ausreichend, dass ein Frettchen in seinem Gehege geniest hat, um ein anderes im Nachbarkäfig anzustecken. Ein Virus, das überhaupt nicht an Säugetiere angepasst war, sondern an Vögel, konnte nun bequem von Frettchen zu Frettchen spazieren und Wirtszellen befallen.

Weil das so einfach geht, wollten führende Wissenschaftsverlage diese Studie ursprünglich auch nicht veröffentlichen. Damit Menschen mit geringen mikrobiologischen Kenntnissen und noch geringeren ethischen Standards das Wissen nicht dazu nutzen können, um etwa Biowaffen herzustellen. Und aus Gier oder Grausamkeit oder beidem eine Katastrophe auslösen.

In der Wissenschaft ist man sich des Risikos bewusst und macht diese Experimente nicht aus Spaß oder weil man es eben kann, und dann war man Erster. Sondern um den beforschten Viren einen Schritt voraus zu sein, und nicht immer hinterher, wenn man wieder eine unangenehme Mutation in freier Wildbahn entdeckt – wie bei SARS-CoV-2. Trotz aller Skepsis und Risiken hat man auch hier Gain-of-Function-Experimente durchgeführt. Nicht um die Übertragungsfähigkeit zwischen Säugetieren zu testen, die hatten wir ja leider bereits hinlänglich kennengelernt. Sondern um zu schauen, wie leicht es diesem Coronavirus gelingen kann, einem bereits aufgebauten Immunschutz zu entkommen. Denn nur, wenn unser Immunsystem das Virus als Eindringling schnell erkennen und bekämpfen kann, tun wir uns mit dem Überleben leichter. Um es dabei zu unterstützen, müssen die Impfstoffe entsprechend designt sein bzw. bei Bedarf angepasst werden. Denn unser Immunsystem ist super bei Stundenwiederholungen, aber ein ziemlicher Eumel, wenn der Stoff neu ist.

Weil das Coronavirus Säugetiere schon gut kann, hatten die Frettchen diesmal Freistunde. Gekocht wurde mit anderen Zutaten.

Die Zutaten fürs Rezept:

12 Stück 24-Well-Plates (gibt es im Fachhandel)
Menschliche Zellen, vermehrungsfähig
Coronaviren
Antikörper von Genesenen
Pipetten

Zubereitungszeit: 3 Monate
Schwierigkeitsgrad: Einfach

Well heißt Brunnen oder Wanne, es handelt sich bei den Platten um solche mit 24 runden Vertiefungen, die ein bisschen aussehen wie Eiskugelformen. Wenn Sie sauber arbeiten und an anderen geometrischen Figuren mehr Gefallen finden, können Sie auch Eiswürfelformen mit Herzen oder Einhörnern verwenden. Jede dieser Vertiefungen entspricht einem Frettchen, in jede kommen erst Zellen, in denen sich das Coronavirus gut vermehren kann. Solche Zellen kennt man, wenn man im Labor arbeitet. Und wenn Sie sie nicht kennen, lassen Sie die Finger davon oder studieren Sie was, wo man sie kennenlernt. Im nächsten Schritt: Antikörper hinzufügen von einer Person, die Covid-19 bereits hatte. Aber nicht in jede Vertiefung die gleiche Menge. In die erste Vertiefung kommt eine sehr geringe Menge an Antikörpern, die bis zur 24. Vertiefung kontinuierlich gesteigert wird. Quasi eine Art virologischer Adventskalender, die Fensterl sollte man aber nicht ohne Fachwissen öffnen, sonst ist Weihnachten nicht erst am 24. Und wer rausnascht, kommt seinem Schöpfer unter Umständen auch rascher nahe als gewünscht.

Jetzt Coronaviren dazugeben und warten. In den Vertiefungen mit einer hohen Antikörperkonzentration kann sich das Virus nicht vermehren, aber irgendwo auf halbem Weg wird vielleicht eine Vertiefung sein, in der es dem Coronavirus gerade noch gelingt, sich ein bisschen zu vermehren. Und ab da geht es im Prinzip weiter wie mit Frettchen: Man überträgt die Viren, die den Antikörpern gerade noch standgehalten haben, auf eine 2. Platte. Und wiederholt die Prozedur so lange, bis die Antikörper nichts mehr ausrichten können gegen das Virus. Auch hier ist man bereits nach zwölf Übertragungen fertig und die Platte nach rund 3 Monaten servierfertig. Als Begleitung einen mindestens 60-%-Schnaps zum Desinfizieren.

Anhand dieser Arbeit konnte man lange vor Auftauchen der Mutanten Alpha, Beta, Gamma und Delta sehen, welche Möglichkeiten das Virus hat, um dem Immunschutz zu entkommen. Und tatsächlich sind einige dieser Mutationen später in Coronaviren von Erkrankten tatsächlich gefunden worden.

Das ist also gewissermaßen das Blöde bei Gain-of-Function-Forschung: Wenn ich wissen möchte, wie problematisch ein Virus werden kann, muss ich es ausprobieren und dabei riskieren, ein noch problematischeres Virus herzustellen. Man nimmt ein Orschloch-Virus, reizt es bis zur Weißglut, damit es eine noch unerträglichere Drecksau wird, lebensgefährlich für alle, die damit in Kontakt kommen. Klingt nicht unbedingt nach einer Spitzenidee. Aber damit können wir uns ein bisschen Vorsprung herausschinden, sind in der Lage zu testen, welche Medikamente gegen ein Virus wirksam sein könnten, und können mögliche Adaptierungen von Impfstoffen vorbereiten, lange bevor sie vielleicht benötigt werden. Und auch schon erste klinische Studien damit machen.

So schaffen wir es mithilfe dieser kontroversen Form der Forschung, doch ein bisschen in die Zukunft zu schauen. Ganz seriös, wissenschaftlich, ohne Kristallkugel. Und uns ein bisschen auf das vorzubereiten, was diese noch unbekannte Zukunft bringen wird. Auch wenn wir wissen: Nach der Pandemie ist immer auch vor der Pandemie. Masken und Babyelefanten also gut einmotten. Das Licht am Ende des Tunnels können Sie aber getrost wegschmeißen, falls Sie den Platz brauchen.

Small-Talk-Hilfe: Sind Kamele Impfgegner?

SARS-CoV-2 ist nicht das erste Coronavirus, das gemeinsame Sache mit Impfgegnern macht. MERS, das Middle East Respiratory Syndrome Coronavirus, fand sogar Verbündete unter den Kamel-Impfgegnern. MERS tötet etwa 40 % aller symptomatisch Infizierten. Ab 2012 tauchte MERS im Mittleren Osten plötzlich regelmäßig in Krankenhäusern auf und verbreitete sich gelegentlich auch zwischen den Krankenhäusern. Mit jeder Infektion steigt die Chance, dass sich das Virus besser an den Menschen anpassen könnte. Deshalb musste man dringend herausfinden, von wo diese Leute dieses Virus immer herbekommen. Dazu hat man sich die Tiere angeschaut, die in der Gegend sehr engen Kontakt mit Menschen hatten. Von allen denkbaren Nutztieren wurden Blutproben gesammelt, um zu testen, welche von ihnen Antikörper gegen das MERS-Virus entwickelt hatten. Der Übeltäter war das Kamel! Infolgedessen musste man bei den Kamelen ähnliche Maßnahmen ergreifen wie auch bei den Menschen im Zuge der Corona-Pandemie. Allerdings nicht Home Office, Corona-Demos und Pressekonferenzen, sondern ein umfassendes Kamel-Impfprogramm. Man möchte meinen, dies würde weniger Überzeugungsarbeit benötigen, weil es unter Kamelen weniger Querdenker gibt. Aber Impfgegner finden immer irgendwelche Gründe. Im Mittleren Osten werden Kamele oft als Luxusgüter betrachtet. Und wenn da jemand eine Impfnadel hineinsticht, löst das für manche ähnliches Unbehagen aus wie ein Kratzer im neuen Porsche. Aber in dem Fall ist es durch mühsame Aufklärungsarbeit gelungen, die Kamelbesitzer:innen von der Wichtigkeit der Impfung zu überzeugen. Eventuell konnte dadurch eine Pandemie verhindert werden, die vielleicht noch ärger gewesen wäre als die jetzige.

Die Science Busters 2012

Da war es einmal wirklich knapp. Fast hätte die gerade so schön aufblühende Karriere der Science Busters in ihrem fünften Jahr ein jähes Ende gefunden. Denn im Maya-Kalender war Weltuntergang eingetragen. Und wenn's einmal so weit ist, dann kann man auch mit Wissenschaft kaum was ausrichten. Die jüngeren Weltreligionen haben Weltuntergang nicht nur als Geschäftsgegenstand. Vielmehr sogar als Geschäftsziel. Beim Christentum heißt das Besuch vom Chef, und danach hat die Menschheit Feierabend. Einige dürfen in den Himmel mitkommen, quasi in die VIP-Lounge, andere werden in der Hölle hauptgemeldet. Das war für 2012 angekündigt, obwohl Kalender per Definition eigentlich gar kein Ende haben, wenn sie richtig funktionieren. So was wird deshalb eher nie passieren, klingt zu sehr nach menschlicher Fantasie. Dass sich ein Herrgott die Menschen ausgedacht hat und nicht umgekehrt, ist zwar nicht ausgeschlossen. Aber die Wahrscheinlichkeit ist so klein, dass es aktuell keine bildgebenden Verfahren gibt, um so was darzustellen.

So musste auch dieser Weltuntergang wie Hunderte seiner Vorgänger leider abgesagt werden. Trotzdem hatte er sein Gutes, denn er brachte die Science Busters und Florian Freistetter einander näher. Der hat nämlich ein Buch geschrieben zum Thema, hauptsächlich, weil ihm der viele Unsinn, der da verzapft wurde und mit dem Geschäfte gemacht wurden, derart auf die Nerven ging, dass der für sein besonnenes Gemüt bekannte Astronom auch einmal ungehalten werden konnte. Das Buch heißt *2012 – Keine Panik* und bietet keine Ratschläge von Ford Prefect für Anhalter, die durch die Galaxis möchten, sondern einen fundierten, unterhaltsamen Überblick über einen Großteil der gängigen Weltuntergangstheorien. Also, natürlich sind das keine Theorien im wissenschaftlichen Sinn, sondern eigentlich nicht einmal Hypothesen. Vielmehr nur Behauptungen. Ohne Belege. So wie Verschwörungstheorien ja der entscheidende Nachteil innewohnt, dass sie weder was mit Verschwörungen zu tun haben, noch eine Theorie darstellen.

Aber jetzt kommt die Sensation: Zu Freistetters Buch haben wir das Vorwort geschrieben! Da schauen Sie! Na ja, es ist ein kurzes Vorwort, und das dann folgende Buch ist, wie so oft bei Vorwörtern, die deutlich lohnendere Lektüre. So ehrlich müssen wir sein, wenn auch ungern. Bis er dann tatsächlich Teil der Science Busters wurde, sind zwar noch ein paar Jahre vergangen. Aber ein Anfang war gemacht.

Apropos Buch. Wir haben in dem Jahr ein zweites verfasst. Bevor es erschien, hat allerdings noch das erste einen Preis bekommen, den müssen wir nachreichen, weil das war schon 2011. Aber das hat da nicht mehr reingepasst. Wenn Sie zurückblättern und prüfen, werden Sie uns recht geben. *Wer nichts weiß, muss alles glauben* wurde also mit dem Buchliebling 2011 verbandelt. Was musste man dafür tun? Sie vermuten richtig, es war auch hier wie beim ersten Preis und ein bisschen wie in der Schule, die Mitarbeit zählt zur Hälfte für die Note. Eine Jury entscheidet, wer gewählt werden darf, und die, die Sieger werden wollen, müssen dann dafür sorgen, dass für sie gestimmt wird. Das haben wir diesmal noch schamloser gemacht als beim Preis davor und konse-

quenterweise gewonnen. Vielleicht weil wir das 2-mal so folgsam erledigt haben, ist die nächste Auszeichnung dann dotiert gewesen, der Preis der Stadt Wien für Volksbildung.

Das war sehr schön, aber viel schöner war, dass Harry Rowohlt zugesagt hatte, unser neues Buch als Hörbuch einzulesen. *Gedankenlesen durch Schneckenstreicheln.* Wissenschaft wird von der österreichischen Bevölkerung nicht besonders hoch geachtet, die Eurobarometer-Untersuchungen stellen da den Einheimischen seit Jahrzehnten stabil denselben schlechten Befund aus. Tierliebe ist hingegen ein äußerst gern gesehener Gast in den Köpfen der österreichischen Menschen. Was lag näher, als diese Verhaltensauffälligkeit zu nutzen, um die Menschen mit Tiergeschichten zur Physik zu locken und dann mit Naturwissenschaft zu impfen?

Der Titel spielt darauf an, dass der Neurowissenschaftler Eric Kandel anhand von Forschungen mit der Meeresschnecke *Aplysia californica* einiges über Gedächtnis und Lernen herausgefunden hat, u. a. indem er sie streichelte. Dass der Titel auch noch eine Bubenhumorkomponente besitzt, war uns anfänglich entgangen. Und danach egal. Der Titel stand, und das Buch begann mit einer Frage an die Leserschaft, die ein Spiel variiert, das Martin Puntigam damals gern mit seinen Kindern gespielt hat, sie lautet: »Was wären Sie lieber: ein Seehase, ein Wasserbär oder ein Wurmgrunzer?« Sie müssen nicht sofort antworten. Aber entscheiden müssen Sie sich, und »keines von den dreien« gilt nicht.

Erstaunlicherweise lautet die richtige Antwort Wurmgrunzer. Warum, können Sie im Buch nachlesen. Falls Sie keine Lust haben, es zu lesen, können Sie es auch streicheln, dazu lädt der samtene Einband mehr als ein. Oder Sie lassen es sich vorlesen, vom vermutlich besten Vorleser der Welt.

Wer Harry Rowohlt einmal live erlebt hat, wird sich ungern von wem anderen was vorlesen lassen wollen. Aber auch die Hörbücher sind grandios. *Pu der Bär* wird Ihnen untergekommen sein, falls Sie Kinder haben und ab und zu im Auto mit ihnen unterwegs sind. Oder *Der Wind in den Weiden*. Mit einigem Stolz hat er gern erzählt, in welcher Windeseile er die Abenteuer des Bären von sehr geringem Verstand eingelesen hatte. Und wie fantastisch.

Normalerweise las er nur Sachen ein, die er selber geschrieben hatte, auch das konnte er sehr gut, oder selber übersetzt. Ab und zu mache er aus Liebe eine Ausnahme. Hat er anlässlich der **Buchpräsentation**

im Münchner Ampere am 20. September 2012 gesagt, als er sich zum ersten und leider auch einzigen Mal eine Bühne mit uns teilte. Weil er es so gut konnte, hat er sich nicht lange aufs Einlesen vorbereiten müssen, sondern einfach drauflosgelesen. Und ist so erst im Tonstudio draufgekommen, dass er es mit einem populärwissenschaftlichen Sachbuch zu tun hat. An sich nicht seine größte Leidenschaft, aber nett, wie er war, hat er freundlich vermerkt, es sei auch okay, lerne er eben was bei der Gelegenheit.

Immer wenn wir ein neues Buch schreiben, so wie dieses, das Sie gerade lesen, wird der Wunsch an uns herangetragen, das Hörbuch doch selber zu lesen, die Kundschaft würde das besonders schätzen, die Originalstimmen der jeweiligen Publikumslieblinge zu hören. Abgesehen davon, dass es viel Arbeit wäre, würde das Resultat den Aufwand nicht rechtfertigen, wie etliche Autor:innen aus eigener Erfahrung bestätigen können. Abgesehen davon, dass es Unfug wäre, nach Harry Rowohlt seine eigenen Bücher zu lesen und zu beweisen, dass es auch viel schlechter geht. Wer sollte so was wollen? Das erste Buch hat er dann später auch noch in ein Hörbuch verwandelt, bei Buch Numero 3 *Das Universum ist eine Scheißgegend* hat er leider passen müssen. Denn 2015 hat das Universum uns wirklich bewiesen, was für eine Scheißgegend es sein kann.

Wenn Sie zu denjenigen gehören, die in Kapitel 4 moniert haben, es würden immer wieder interessante Sachen bei den Science Busters passieren, das schon, aber ein aufregendes Leben voller Fährnisse und mit Bravour bestandener Abenteuer, mit fremden Spionen und wilden Raubtieren sei was anderes, dann lassen Sie sich gesagt sein, uns ist ein wenig Gemächlichkeit lieber als so ein Schicksalsjahr. Und ganz so gemächlich war 2012 dann ja auch gar nicht, denn nach dem Erfolg der beiden ersten TV-Shows hat der ORF 10 weitere Folgen bestellt. Und auch wenn dabei wieder keine Spione und wilden Raubtiere vorgekommen sind, anstrengend und aufregend war es doch, und rechtzeitig fertig werden mussten die Folgen auch, sollten sie noch rechtzeitig ausgestrahlt werden, bevor kurz vor Jahresende die Welt untergehen würde.

2013

UNGEBETENER BESUCH

2013 war das 11. wärmste Jahr
seit es Aufzeichnungen gibt.
Es befinden sich 397 ppm CO_2
in der Atmosphäre.

Am 4. Februar 2013 konnte nach der Auswertung von DNA-Tests endlich verkündet werden: Das Skelett, das im Vorjahr unter einem Parkplatz der britischen Stadt Leicester gefunden worden war, war das des englischen Königs Richard III. Das war der, der laut Shakespeare sein Königreich gegen ein Pferd eintauschen würde. Das hat er aber nicht bekommen, und wahrscheinlich musste er deswegen am Parkplatz bleiben und konnte nicht weg.

Am 2. Juli 2013 wurden die in den Vorjahren entdeckten Monde Nummer 4 und 5 des Pluto offiziell auf die Namen »Styx« und »Kerberos« getauft. Über den griechischen Fluss der Unterwelt und den denselbigen bewachenden Höllenhund hat Shakespeare nicht so viel geschrieben wie über englische Könige. Dafür hat sich die amerikanische Rockband Styx den Namen schon lange vor Plutos Monden ausgeborgt und ihr Lied »Boat on the River« im Jahr 1980 sogar auf Platz 2 in den österreichischen Charts gehievt (in Deutschland reichte es immerhin für Platz 5, und in der Schweiz wurde es sogar Platz 1).

Am 27. September 2013 hat der Weltklimarat den ersten Teil seines 5. Sachstandsberichts veröffentlicht und in der »Zusammenfassung für politische Entscheidungsträger« festgestellt: »Die Erwärmung des Klimasystems ist eindeutig, und viele der seit den 1950er-Jahren beobachteten Veränderungen waren vorher über Jahrzehnte bis Jahrtausende nie aufgetreten. Der Einfluss des Menschen auf das Klimasystem ist klar. Es ist äußerst wahrscheinlich, dass der Einfluss des Menschen die Hauptursache der beobachteten Erwärmung seit Mitte des 20. Jahrhunderts war. Die Begrenzung des Klimawandels wird beträchtliche und anhaltende Reduktionen der Treibhausgasemissionen erfordern.« Das hat die politischen Entscheidungsträger aber nicht sonderlich interessiert, weswegen der Weltklimarat in seinem 6. Sachstandsbericht neun Jahre später noch deutlicher werden musste (siehe Kapitel 15).

Der deutsche Meteorologe Sven Plöger hat einmal gesagt: »Klimawandel ist wie ein Asteroideneinschlag in Super-Zeitlupe.« Das, was am 15. Februar 2013 in der russischen Stadt Tscheljabinsk stattfand, war so ähnlich, nur nicht in Zeitlupe, sondern in Echtzeit. Und es war nicht »wie ein Asteroideneinschlag« sondern es *war* ein Asteroideneinschlag. Kurz vor halb zehn Uhr morgens Ortszeit traf dort ein Objekt aus dem Weltall auf die Erde.

Tscheljabinsk? Wer das für irgendein Kaff in Russland hält, ist vermutlich weder Russe noch Russin. Dort wohnen immerhin knapp 1,2 Millionen Menschen; es handelt sich um die siebtgrößte Stadt Russlands. Tscheljabinsk ein Kaff zu nennen wäre so, als würde man Düsseldorf, die siebtgrößte Stadt Deutschlands, zum Dorf erklären. Oder die siebtgrößte Stadt Österreichs, das ist … Moment … Villach! O. k. – schlechtes Beispiel.

Auf jeden Fall ist Tscheljabinsk in Russland kein Nirgendwo, und als dort am Morgen des 15. Februar 2013 ein Meteor am Himmel erschien, waren genug Leute da, um dem Spektakel beizuwohnen. Kurze Wiederholung für die, die nicht mehr wissen, was in unserem Buch *Warum landen Asteroiden immer in Kratern?* steht: Ein Asteroid ist ein großer Felsbrocken, der durchs Weltall fliegt. Ein Meteoroid ist ein kleiner Felsbrocken, der durchs All fliegt. Wenn ein großer oder kleiner Felsbrocken aus dem All mit der Erde kollidiert und in der Atmosphäre leuchtet, dann nennt man die Leuchterscheinung Meteor. Und sollte etwas von dem Felsbrocken am Boden landen, wo man es dann aufsammeln kann, bezeichnet man diese Steine als Meteoriten. Ist ganz simpel.

Bevor man etwas am Boden aufsammeln kann, muss es aber erst mal runterkommen. Die Erde wird ständig mit Zeug aus dem Weltall bombardiert. Wir kriegen nur selten etwas davon mit. Entweder weil die Meteoriten wirklich winzig sind, kosmischer Staub, der unbemerkt beständig vom Himmel rieselt. Große Brocken machen sich sehr viel deutlicher bemerkbar, aber sie regnen nicht so oft auf uns herab, und die meiste Zeit der Erdgeschichte waren eh keine Menschen da, die hätten zuschauen können. Und als wir dann irgendwann aufgetaucht sind, hat es noch eine ganze Zeit lang gedauert, bis wir schlau genug waren, nicht einfach nur zum Himmel zu blicken, sondern auch aufzuschreiben, wenn uns dort etwas auffiel.

Am 15. Februar 2013 mussten wir nichts schriftlich festhalten, da reichte es, einfach nur YouTube zu öffnen. Schon kurz nach der Kollision des Asteroiden mit der Erde tauchten dort jede Menge Videos auf, die von Kameras in russischen Autos aufgenommen worden waren. Was nicht etwa daran liegt, dass die Menschen in Russland alle begeisterte Hobby-Astronom:innen sind und nichts verpassen wollen. Sondern eher damit zu tun hat, dass man Russland im Jahr 2013 im hinteren Drittel des Corruption Perceptions Index suchen musste. Sowohl die Polizei als auch andere Verkehrsteilnehmer besserten ihr Einkommen damals gerne mal durch vorgetäuschte Verkehrsunfälle auf. Die Kameras in den Fahrzeugen sollen sicherstellen, dass man nicht übers Ohr gehauen wird. In dem Fall zeichneten sie allerdings – und das sehr eindrucksvoll – keine Autos auf, sondern die Flugbahn des gerade auseinanderbrechenden Asteroiden über dem Himmel von Tscheljabinsk. Aus diesen Daten konnte später dann auch ziemlich genau rekonstruiert werden, was da eigentlich passiert war.

Als der Asteroid auf die Atmosphäre der Erde traf, war er mit knapp 19 km/s unterwegs. Kann man gerne auch in Kilometer pro Stunde umrechnen, das wären dann 68 400 km/h, falls Ihnen das hilft. Auf jeden Fall war der Asteroid sehr, sehr schnell, hatte einen Durchmesser von circa 20 Metern und ist in einem Winkel von 18 Grad auf die Lufthülle der Erde geprallt.

Ja und?, kann man sich da jetzt denken. Ist halt Luft, was soll die schon einem 20 Meter großen Felsbrocken tun? Wenn Sie das wirklich wissen wollen, dann schauen Sie mal, wie es Ihnen geht, wenn Sie mit ebenjener Geschwindigkeit durch die Gegend laufen. Nicht gut geht es Ihnen da wahrscheinlich, und das, schon lange bevor Sie auch nur annähernd die Geschwindigkeit des Asteroiden erreicht haben. Das liegt dann aber eher an Ihrer schlechten Kondition und daran, dass Sie den Neujahrsvorsatz mit mehr Sport und weniger Essen schon wieder Mitte Januar ad acta gelegt haben. Dem Asteroiden ist dergleichen wurscht, der fliegt immer mit derselben Geschwindigkeit, der wird nicht müde, das macht dem gar nichts aus. So lange jedenfalls, bis er auf die Atmosphäre der Erde trifft. Wenn man in einer Sekunde gleich 19 Kilometer Luft auf einmal durchquert, dann merkt man erst, dass da doch ziemlich viele Stickstoff-, Sauerstoff- und andere Atome drin rumhängen. Wenn man gemütlich durch die Gegend schlendert, dann hat die Luft genug Zeit, um auszuweichen. Wenn ein Asteroid mit Karacho auf die Luft zurast, dann weiß die gar nicht, wo sie hin soll auf die Schnelle. Der Asteroid schiebt eine Druckwelle vor sich her, und die Luftmoleküle reiben an seiner Oberfläche. Soll heißen: Der Asteroid wird sehr schnell sehr heiß – und bricht auseinander.

Dann bröselt aber nicht einfach ein bisschen Gestein auf die Erde. Stellen Sie sich den Asteroiden mal als Kugel vor. Das war er zwar nicht, aber das macht nichts. In der Wissenschaft stellt man sich Sachen immer gern als Kugeln vor, das macht alles sehr viel einfacher. Kennen Sie den Witz mit dem Landwirt, der einen theoretischen Physiker engagiert, um den Bauernhof wissenschaftlich zu optimieren? Und der sphärischen Kuh? Nein? Egal, das war eigentlich eh schon die Pointe, also zurück zum Asteroiden. Wie stark die Reibung ist, die auf den Asteroiden wirkt, hängt vom Ausmaß seiner Oberfläche ab. Ist ja auch logisch, die Luft kann ja nur an der Oberfläche reiben, und je mehr davon da ist, desto stärker. Was passiert jetzt also, wenn eine Kugel mit einem Durchmesser von 20 Metern auseinanderbricht? Wer jetzt gedacht hat, dass da 2 Kugeln mit je 10 Meter Durchmesser entstehen, liegt leider falsch. Aus dem Volumen einer 20-Meter-Kugel kriegt man mindestens 8 10-Meter-Kugeln raus! Die Luft hat jetzt also auf einmal statt einer großen 8 kleine Kugeln, an denen sie sich reiben kann. Und die Oberfläche dieser 8 Kugeln zusammengenommen ist gut doppelt so groß wie die Oberfläche der einen großen Kugel. Wenn Sie das nicht glauben, dann holen Sie halt Ihre alten Mathe-Schulhefte raus, da finden Sie die Formel, mit der man die Oberfläche einer Kugel berechnet. Auf jeden Fall wird die Reibung spontan sehr viel stärker, wenn der Asteroid zerbricht, und er heizt sich noch mehr auf. Besser gesagt: Der Asteroid explodiert regelrecht, und genau das hat er ungefähr 30 Kilometer über Tscheljabinsk getan. Es gab einen enorm hellen Lichtblitz, und kurz danach hat eine starke Druckwelle den Erdboden erreicht.

So ein Ereignis nennt man in der Wissenschaft »Airburst«, und um festzustellen, wie arg ein Airburst ist, rechnet man seine Wirkung in TNT-Äquivalent um: Wie viel vom Sprengstoff Trinitrotoluol (TNT) muss man in die Luft jagen, damit die gleiche Energie frei wird? Das ist keine SI-Einheit, wer das gerne haben will, muss in Megajoule umrechnen. Geht mit der Formel 1 Kilogramm TNT = 4,184 Megajoule. Aber wir rechnen ja schon beim Kalorienzählen nicht mit Joule, also warum hier damit anfangen: Beim Airburst über Tscheljabinsk wurde eine Energie von 2 Billiarden Joule frei. Darunter kann sich niemand was vorstellen. Das sind so viel Kilokalorien wie in 934 Millionen Tafeln Schokolade, und das hilft auch nicht weiter. Also TNT-Äquivalent, und das waren in Tscheljabinsk 500 Kilotonnen. Die Atombombe, die im 2. Weltkrieg über Hiroshima explodiert ist, hatte 13 Kilotonnen TNT-Äquivalent. Das Ereignis in Tscheljabinsk hatte also so viel Wumms wie 38 Hiroshima-Bomben – war aber immerhin nicht radioaktiv. Aber auch ohne radioaktiven Fallout hat es für ordentliche Schäden gereicht. 7200 Gebäude wurden durch die Druckwelle beschädigt, bei einer Fabrik stürzte das Dach teilweise ein. 1491 Menschen wurden verletzt, vor allem durch die Splitter der vielen Fensterscheiben, die der Airburst zerbersten ließ. Und gut 2 Dutzend Menschen wurden im Krankenhaus mit sehr starkem Sonnenbrand vorstellig. Eher ungewöhnlich im russischen Winter, aber in dem Fall war das helle Licht des Meteors daran schuld. Der Lichtblitz der Explosion war 100-mal heller als die Sonne, und dabei wurde auch ultraviolettes Licht erzeugt, das Sonnenbrand verursachen kann. Verstärkt wurde der Effekt vermutlich durch die verschneite Gegend, die das UV-Licht sehr gut streuen konnte. Rechtzeitig vorher einschmieren hätte aber auch nicht geholfen; der Lichtblitz dauerte nur 5 Sekunden, das reicht nicht einmal, um den Deckel von der Tube zu schrauben.

Direkt getroffen wurde aber immerhin niemand. Das meiste Material des Asteroiden ist verglüht; ein 600 Kilogramm schweres Bruchstück konnte später aus einem See in der Nähe geborgen werden. Insgesamt 400 Kilogramm an kleineren Brocken wurde zudem in der Gegend eingesammelt.

Bleiben 3 Fragen: Wo ist der Asteroid eigentlich hergekommen? Kann so etwas wieder passieren? Und: Warum hat das Ding vorher niemand gesehen – wofür bezahlen wir die ganzen Astronom:innen eigentlich, wenn sie nicht einmal Bescheid sagen können, bevor uns ein Asteroid auf den Kopf fällt? Immerhin machen die ja auch Fotos von unvorstellbar weit entfernten Galaxien; wieso übersieht man dann einen Asteroiden, der sich direkt vor unserer Haustür rumtreibt?

Weil Galaxien verdammt groß sind! Sehr viel größer als die 20 Meter, die dieser Asteroid gemessen hat. 20 Meter sind nicht viel, wenn es um ein Objekt geht, das ein paar Hunderttausend Kilometer entfernt im Weltall rumschwirrt. Und im Gegensatz zu den Milliarden Sternen einer Galaxie nicht mal selbst leuchtet. Ein winziges dunkles Ding findet man in der gigantischen dunklen Weite des Sonnensystems nicht mal eben so. Und wenn man zum Beispiel Florian Freistetter fragt, Astronom und Asteroidenexperte, dann wird er gerne darauf hinweisen, »dass wir erstens eh schon ein paar Hunderttausend Asteroiden im Sonnensystem entdeckt haben, vor allem die großen, also die, die bei einem Einschlag mehr anrichten würden als ein paar kaputte Fenster. Und dass wir durchaus auch die kleinen finden könnten, wenn man uns denn lassen würde. Der Asteroid von Tscheljabinsk wäre allerdings vor dem Einschlag schlicht nicht zu finden gewesen, egal wie genau man geschaut hätte. Denn der ist direkt aus Richtung der Sonne auf uns zugeflogen, und dort kann man nix entdecken, da ist es zu hell. Aber man braucht uns nur ein bisschen Geld geben, dann stellen wir ein paar Satelliten ins Weltall, die speziell dafür ausgelegt sind, kleine Asteroiden rechtzeitig zu finden, egal, woher sie kommen. Wäre gar kein Problem; die Pläne dafür gibt es ...«

Und bevor weiter rumgemeckert wird: Die Astronomie kann auch die anderen beiden Fragen beantworten. Wo ist der Asteroid hergekommen? Bevor er sich in der Atmosphäre der Erde zerbröselt hat, war er Mitglied in der Gruppe der »Erdnahen Asteroiden«. Da muss man nicht viel erklären, das ist viel einfacher als die Sache mit Meteoren, Meteoriten und Meteoroiden: Erdnahe Asteroiden sind Asteroiden, die in die Nähe der Erde gelangen können. Im Gegensatz zu den Asteroiden im Asteroidengürtel zwischen den Umlaufbahnen von Mars und Jupiter fliegen die erdnahen Asteroiden kreuz und quer zwischen den Umlaufbahnen von Venus und Mars herum. Gut, »kreuz und quer« ist übertrieben; sie müssen sich schon auch an das Gravitationsgesetz halten. Aber ihre Umlaufbahnen sind so, dass sie immer wieder in die Nähe von Venus, Erde oder Mars gelangen können. Bei diesen nahen Begegnungen wird ihre Umlaufbahn leicht geändert, und sie fliegen auf einer neuen Bahn weiter. Diese kosmische Flipperpartie überleben sie nicht lange, nach ein paar Zehntausend oder Hunderttausend Jahren werden sie entweder aus dem Sonnensystem geschleudert, fallen in die Sonne oder stoßen mit einem Planeten zusammen. Freispiel gibt es aber in keinem der Fälle.

Wir kennen mittlerweile einen ganzen Haufen erdnaher Asteroiden, das 10 000. Exemplar wurde am 18. Juni 2013 entdeckt. Das bedeutet aber auch, dass irgendwo ein Lieferservice für sie existieren muss. Das Sonnensystem ist 4,5 Milliarden Jahre alt, und das wäre mehr als genug Zeit gewesen, um alle erdnahen Asteroiden eines der oben beschriebenen Schicksale erleiden zu lassen. Es kommt aber regelmäßig Nachschub aus dem großen Reservoir zwischen den Bahnen von Mars und Jupiter. Als die Planeten entstanden sind, hat sich zuerst jede Menge Gas und Staub zu diversen großen und kleinen Brocken zusammengeballt. Und die dann zu noch größeren Himmelskörpern, den Planeten. In manchen Bereichen des Sonnensystems ist aber Baumaterial übrig geblieben, und das sind die Asteroiden. Sie sind quasi Bauschutt, und wenn das Sonnensystem ein Neubaugebiet wäre, ist der Asteroidengürtel der Platz, der auch nach Fertigstellung der Häuser noch längere Zeit mit Ziegeln, Brettern und anderem Klump vollgeräumt ist.

Wenn die Asteroiden dort miteinander kollidieren oder wenn die Gravitationskraft des Jupiters sie auf die richtige Weise stört, können sie auf Umlaufbahnen gelangen, die sie zu erdnahen Asteroiden machen. Bevor der Asteroid in Tscheljabinsk kaputte Fenster und Sonnenbrand verursacht hat, hat er also friedlich seine Runden zwischen Mars und Jupiter gezogen. Und war damals mit ziemlicher Sicherheit Teil eines viel größeren Objekts. Das ist dann mit einem anderen Asteroiden kollidiert, und die Bruchstücke haben sich auf neue Pfade begeben. Eines davon ist am 15. Februar 2013 mit der Erde zusammengestoßen.

Und natürlich kann so etwas wie in Tscheljabinsk noch einmal passieren. Da muss man gar nicht groß Diskussionsrunden im Fernsehen ansetzen, um das zu klären. Es gibt wenig, was so fix ist wie Asteroideneinschläge. Die Erde ist in der Vergangenheit von Felsbrocken aus dem All getroffen worden, in der Gegenwart treffen Felsbrocken aus dem All auf sie, und in der Zukunft werden Felsbrocken aus dem All auf sie treffen. Geht auch im Plusquamperfekt Konjunktiv Passiv für Unentschlossene: Die Erde wäre von Felsbrocken aus dem All getroffen worden. Oder im Futur II für die Anhänger apokalyptischer Szenarien: Die Erde wird auch in Zukunft von Felsbrocken aus dem All getroffen worden sein. Welche Schäden diese auf ihr angerichtet haben werden, nun ja, Sie verstehen …

Sie können sich gerne noch ein bisschen weiter grammatikalisch austoben. Es bleibt aber dabei: Asteroiden werden auch in Zukunft mit der Erde zusammenstoßen. Man muss sich aber trotzdem keine akuten Sorgen machen. Apokalyptische Einschläge wie beim Aussterben der Dinosaurier ereignen sich im Schnitt alle paar 100 Millionen Jahre. Ereignisse wie das in Tscheljabinsk finden rein statistisch alle 60 Jahre statt. Kann aber auch schon morgen sein; so ist das mit der Statistik. Zum Glück ist ein Großteil der Erde von Wasser bedeckt, und das, was trocken ist, ist zum Großteil unbewohnt. Das Risiko, dass viele Menschen zu Schaden kommen, ist also gering. Und wenn man Astronom:innen genug Geld gibt, dann können sie übrigens auch etwas gegen Asteroideneinschläge unternehmen. Es gibt Möglichkeiten, kosmische Kollisionen zu verhindern, wie wir ja schon ausführlich in Kapitel 10 von *Warum landen Asteroiden immer in Kratern?* erklärt haben.

Keine Angst haben muss man aber vor Freistetter. Womit nicht Florian Freistetter gemeint ist (vor dem man höchstens Angst haben muss, wenn man Astrologie mit Astronomie verwechselt), sondern (243073) Freistetter. Das ist ein Asteroid, der am 16. April 2007 von André Knöfel entdeckt worden ist. Am 27. Januar 2013 wurde er nach Florian Freistetter benannt – und weil er der 243 073. Asteroid war, der einen offiziellen Namen bekommen hat, heißt er jetzt eben (243073) Freistetter.

Er befindet sich mitten im Asteroidengürtel auf einer Umlaufbahn, die ihn alle 5 Jahre und 7 Monate einmal um die Sonne führt. Der Asteroid hat einen Durchmesser von knapp 7 Kilometern, was bei einem Einschlag auf der Erde locker für ein Massensterben reichen würde. Derzeit ist allerdings nicht damit zu rechnen, dass (243073) Freistetter ins innere Sonnensystem gerät. Asteroiden wie dieser sind sehr stabil und bleiben für Milliarden Jahre dort, wo sie sind. Aber wer weiß, was in ferner Zukunft passiert. Weltuntergang durch Freistetter ist zumindest theoretisch nicht unmöglich.

Small-Talk-Hilfe: Wie man an den Himmel kommt

Wenn Sie Ihren Namen gerne am Himmel verewigt sehen wollen, haben Sie eigentlich nur 2 Chancen. Erstens: Sie entdecken einen Kometen. Denn die werden immer nach den Personen benannt, die sie entdeckt haben. Oder zweitens: Sie versuchen die Menschen zu beeindrucken, die regelmäßig neue Asteroiden entdecken. Die kann man zwar nicht nach sich selbst benennen. Aber wenn man einen gefunden hat, darf man sich aussuchen, welchen Namen er bekommen soll. Und wenn Sie Glück haben, kommen die Asteroidenentdecker:innen vielleicht auf die Idee, das Ding nach Ihnen zu benennen. Draußen im Weltall fliegen weitaus mehr Asteroiden herum, als es Menschen gibt.

Die Science Busters 2013

Kaum war der Weltuntergang überstanden, stand die nächste potenzielle Katastrophe vor der Tür. Am 15. Februar 2013 ist ein Asteroid mit 68 400 km/h auf die Erde zugerast. Ist das Ende der Menschheit besiegelt? So was oder Ähnliches wird zwar von den Boulevardmedien alle Jahre einmal behauptet, wenn ein Asteroid die Erde in 3- bis 10-facher Mondentfernung passiert, aber diesmal war es ernst. Zumindest für Tscheljabinsk. Wie ernst und warum der Einschlag trotzdem noch vergleichsweise glimpflich verlaufen ist, haben Sie vielleicht etwas weiter vorn im wissenschaftlichen Teil der Chronik 2013 schon gelesen.

Die Schlagzeilen des Science-Busters-Jahres finden Sie hier:

- Nächste TV-Staffel, 14 Folgen + Saisonfinale
- Kein Buch
- Zweite Kindershow
- Weihnachtsshow in der Wiener Stadthalle
- Vier Preise in einer Woche

Die Meldungen im Einzelnen.
14 neue Folgen für den ORF.

Plus ein Saisonfinale am Ende der Staffel. So fleißig wir anfänglich waren mit der Erstellung von Bühnenprogrammen, allmählich war das Repertoire ein wenig abgegrast, und gegen Ende der Staffel haben wir extra fürs Fernsehen Nummern erfinden müssen. Eine neue Erfahrung. Zu jeder Ausgabe gibt es auch einen kurzen Text, der zur Ankündigung verwendet und in dem kurz umrissen wird, was das TV-Publikum erwartet. Damals, das können sich heute viele nicht mehr vorstellen, haben viele Menschen tatsächlich noch dann ferngeschaut, wenn das Programm ausgestrahlt worden ist.

Die Speisekarte der dritten Staffel sah so aus (Auswahl):

The Return of una Paloma blanca (21. Mai)

Für viele ist eine Taube das Symbol des Heiligen Geistes, der zu Pfingsten jedes Jahr auf die Erde kommt und mit Feuerzungen dafür sorgt, dass die Menschen plötzlich über extrem gute Fremdsprachenkenntnisse verfügen.

Aber wie sieht es aus naturwissenschaftlicher Sicht damit aus?

Die Science Busters untersuchen, wie Kuscheln und Fliegen zusammenhängen, ob es schon ein Fortschritt ist, wenn Liebhaber von gemäßigten Diktaturen sagen: I am coming home now, und nicht mehr: Heim ins Reich, und aus welcher Höhe der Heilige Geist als Taube auf die Erde herniederkommen müsste, damit er bis unten auch innen gut durch ist?

Mit Indoor-Take-off.

Buche suche, Weide meide (4. Juni)

Anhand von Blitzen lässt sich sehr gut veranschaulichen, welche großen Fortschritte wir Menschen beim Beschreiben unserer Umwelt im Laufe der Zeit gemacht haben. Vor Jahrtausenden war noch Zeus für Blitze verantwortlich, weil man sich das gewaltige Naturschauspiel nicht anders erklären konnte, dann wurden Frauen als Hexen verbrannt, wenn ein Hof nach einem Gewitter in Flammen aufgegangen war. Und heute können wir, wenn wir wollen, sogar ein einzelnes Elektron einsperren und untersuchen.

Die Science Busters erklären, wie man selber einen Blitz bastelt, wie man bei Gewitter am besten einen YouTube-Hit landet und ob man Fische auf dem elektrischen Stuhl hinrichten kann.

Mit DIY-Blitzableiter.

Gedankenlesen durch Schneckenstreicheln (23. April)

Die Show zum streichelweichen Buch. Wie lange man Schnecken streicheln muss, bis sie es sich merken, warum man mit Atheisten für ausgewogene Ernährung bei Kirchenmäusen sorgen kann und weshalb der Bombardierkäfer die Idealbesetzung für den nächsten James Bond wäre.

Spätestens mit dieser Show ist Leben in die Kostüme gekommen. Bis dahin fast durchgehend streng in Rosa, hat sich der MC diesmal in flauschigem Leoparden-Top gezeigt. Als Biene in »Neues von der Klatschmohnwiese«, in »Wie viel Eier hat der Osterhase« als Meister Lampe, und »Bist du schiach – die Physik der Tiefsee« sah den Rumpf als Aquarium verkleidet.

Schon 2012 sind die Schuhe rosa geworden, seither grün, beige, golden oder glitzernd. Rund 25 verschiedene Oberteile hängen mittlerweile im Schrank: unter ihnen ein Federkleid, ein Fell-Oberteil, psychedelische Katzen, eine Kittelschürze mit Gehirnen, ein Coronavirus-Trikot, eine rosa Lederkluft oder ein glänzendes Leibchen geschuppt wie ein Pangolin. Arbeitspanier in der TV-Show »TCM – traditionelle chronische Missverständnisse«, Ausstrahlung September 2021. Ist doch das Pangolin nicht nur einer der möglichen Zwischenwirte auf der Reise des Coronavirus von der Fledermaus zu uns, sondern wird in der TCM auch getrocknet, geröstet, eingeäschert und gebraten in Öl, Butter oder Urin. Es heißt dann zwar nicht Pang-Urin, soll aber gegen Nervosität helfen, gegen hysterisch schreiende Kinder, Taubheit und Frauen, die von Dämonen besessen sind, und es gilt auch als Aphrodisiakum – also als den Sexualtrieb steigernd. Natürlich ist es kompletter Unsinn zu glauben, eine Line gemahlener Pangolin-Schuppen mache geil. Es gibt dafür aber einen großen Markt. Und deshalb ist das Pangolin auch das am meisten illegal gehandelte Säugetier der Welt.

Auch deshalb haben wir in dieser Show einmal mehr darauf hingewiesen, dass es nicht Medizin gibt und wahlweise Komplementärmedizin oder eben traditionelle chinesische Medizin. Je nach Gusto und Brieftasche. Sondern Medizin.

So wird alles genannt, das nachweislich wirkt. Der Rest ist Fantasy und wissenschaftlich nicht der Rede wert.

Früher haben wir das regelmäßig gemacht in unseren Shows. Esoterisches Zeug vorführen im wahrsten Sinn des Wortes: Aurachirurgie live, schamanische Geistheilung on stage, Placebo und Nocebo erklärt, vorgezeigt, wie leicht wir uns ablenken und täuschen lassen, indem Martin Puntigam live auf der Bühne vor den Augen des Publikums auf einmal ein Trikot anderer Farbe anhatte. Orange statt rosa. Was kaum wem aufgefallen ist. Oder über Mondholz gewettert und den vorgeblichen Einfluss des Erdtrabanten auf die Häufigkeit von Geburten. Und so weiter. Das Feld ist leider weit. Und der ganze Schmonzes arbeitet ja im Wesentlichen mit denselben Tricks. Einfach irgendwas behaupten, am besten noch altes, verschollenes Wissen drandichten und Wissenschaftler:innen, die darauf hinweisen, dass es keinerlei vernünftige Erklärung für die angebliche Wirksamkeit der Methode gäbe, als altmodisch und unbeweglich in ihren Ansichten diffamieren.

Esoterik ist ja sehr fad, und irgendwann waren wir damit durch und der Meinung, das hätten wir oft genug gesagt. Das wüssten mittlerweile schon alle und würden mit den Augen rollen, wenn wir schon wieder mit so was antanzen. Und sollten uns wieder interessanteren Dingen zuwenden, nämlich der Wissenschaft. Auch Florian Freistetter hat eine Zeit lang für die österreichische Tageszeitung *Der Standard* eine Kolumne mit dem Titel »So ein Schmarrn« geschrieben und sehr sorgfältig einen pseudowissenschaftlichen Quatsch nach dem anderen abgearbeitet. Und wollte irgendwann nicht mehr. Denn wenn man sich mit dem Quark beschäftigt, ist die Lebenszeit, die man dafür braucht, danach unwiederbringlich weg. Und der Erkenntniswert ist ja wirklich eher gering nach einer gewissen Zeit. Pseudowissenschaftlicher Unsinn ist Unsinn, egal welchen Namen er sich gibt.

Tatsächlich ist es aber so, wenn man die Stundenwiederholungen schwänzt und nachwachsende Generationen nicht rechtzeitig darauf hinweist, am besten mit Humor, welcher Quatsch ihnen gern von ihren Lehrer:innen und Kinderärzt:innen oder Hebammen angeboten und verabreicht wird, dann geht quasi altes Wissen wirklich verloren, nämlich dass Quatsch auch dann Quatsch bleibt, wenn man nicht dauernd davon spricht. Die Kommunikationskanäle entwickeln sich aber weiter, und so wurde und wird in Chatgruppen verschiedener Plattformen der ganze alte, unsinnige Quargel breitgetreten, Menschen damit verunsichert und Geschäfte gemacht. Und der Spaß hat, wie wir wissen, eine nicht unbeträchtliche Menge an Impfgegner:innen hervorgebracht, die sich nicht davor grausen, mit Neonazis durch die Innenstädte zu ziehen. Und Demokratie für Diktatur halten und sich selber für erleuchtet und auserwählte Geheimnisträger der Wahrheit.

Oder betuchtere Menschen, die sich an biodynamisch hergestelltem Wein laben und sich mit Akupunktur das Rauchen abgewöhnen lassen wollen. So viel Platz, wie die beiden Gruppen es gern hätten, ist zwischen ihnen, was die rationale Einschätzung der Welt betrifft, am Ende gar nicht.

Am 9. April 2013 hatte dann eine dieser früheren Shows TV-Premiere. Hier der Ankündigungstext:

Die Globulisierungs-Falle – Schütteln, verdünnen, absahnen (9. April)

Kennen Sie den? »Treffen sich ein belebtes Wasser und ein radiästhetischer Kornkreis in einem Kraftpunkt zur Erstverschlimmerung.« Tusch!

Am 10. April 2013 würde Samuel Hahnemann, der Erfinder der Homöopathie, seinen 158. Geburtstag feiern, und die Science Busters feiern mit!

Die Science Busters schmeißen eine Party zur Hochpotenz, zu essen gibt es Licht, als alkoholische Begleitung wird ein homöopathischer Vollrausch kredenzt.

Shaken, bis der Notarzt kommt resp. der Komplementärmediziner!

Keine Kassen.

Der homöopathische Vollrausch war so was wie der Tophit von Heinz Oberhummer auf der Bühne. Der Ausgangspunkt: Wenn man spät und noch nüchtern auf eine Party kommt, hat man gegenüber den anderen Gästen einen unter Umständen unangenehmen Alkoholisierungsrückstand. Um aufzuholen, muss man entweder sehr schnell hochprozentigen Alkohol trinken, das ist schwer zu kalkulieren, mit etwas Pech ist man dann vielleicht der Allerbetrunkenste und fliegt gleich wieder raus. Man könnte sich stattdessen Alkohol intravenös spritzen, da muss man aber wissen, was man macht. Oder eben homöopathisch nachhelfen.

Dabei wird potenziert, sodass durch Verdünnen und Schütteln aus ganz wenig einer Urtinktur, in dem Fall unseres Bühnenexperiments aus einem Milliliter 94-%igen Inländerrums, eine Hochpotenz mit gewaltiger Wirkkraft werden soll. Und sodass man eigentlich schon aufpassen muss, dass man nicht überdosiert. Zumindest soll das in der Homöopathie laut seinen Erfindern und Epigonen nach der Methode funktionieren. Dass das Quatsch ist, wissen Sie bereits, wir haben es vermutlich schon ein paar Mal erwähnt. Das hält aber viele, teils gut ausgebildete Menschen nicht davon ab, daran zu glauben oder zumindest Geschäfte damit zu machen.

Mit vollem Körpereinsatz hat Heinz Oberhummer daher erklärt, dass schon nach ein paar Verdünnungsschritten statistisch kein einziges Molekül Rum mehr im Wasser vorzufinden ist, während das Volumen, in dem verdünnt wird, schließlich auf das Ausmaß mehrerer Paralleluniversen anschwellen würde. Trotzdem sollte die verschüttete Flüssigkeit als Hochpotenz enorm wirksam sein.

In »Planet B« haben wir die Nummer mit eigens dafür destilliertem Science-Busters-Gin geremixt, um Heinz auch ein wenig in der 15-Jahre-Jubiläumsshow unter uns zu haben und wieder einmal in Erinnerung zu rufen, was für ein grandioser Wissenschaftsvermittler er war.

Das Ende des Jahres ist dann noch einmal ordentlich spektakulär geworden.

Erst haben wir vier Preise in einer Woche gewonnen. Das passiert auch nicht alle Tage. Öffentlich bedankt haben wir uns dafür auf der Preisverleihungsgala des Österreichischen Kabarettpreises. Und zwar wie folgt und nachdem Gunkl, damals noch nicht Mitglied der Science Busters, eine Laudatio auf uns gehalten hatte:

»Vielen Dank, lieber Gunkl.

Vielen Dank für die Auszeichnung. Wir haben natürlich nicht so viel erlebt wie unsere Großelterngeneration (z. B. WK I und II), aber das eben auch noch nicht: vier Preise in einer Woche! ›Wissens-

buch des Jahres‹ (Jurypreis, *Bild der Wissenschaft*), ›Wissensbuch des Jahres‹ (Publikumspreis), den ›Radiopreis für Erwachsenenbildung‹ und jetzt den ›Sonderpreis des Österreichischen Kabarettpreises‹.

Wir freuen uns ure, ersuchen aber von Kranzspenden Abstand zu nehmen. Denn wir machen weiter. Demnächst sogar in der Wiener Stadthalle, mit Versuchen in Groß, XXL, wovor wir entsprechend aufgeregt sind, weil die Stadthalle abzubrennen wäre zwar was, womit man die Enkerl beeindrucken könnte, aber der Versicherungsschaden wäre doch beträchtlich, und dann bekommen wir vielleicht die Undichtigkeit des Stadthallenbades auch noch untergeschoben.«

Das Stadthallenbad, im selben Gebäudekomplex untergebracht wie die Veranstaltungssäle der Wiener Stadthallen, war damals mehrere Jahre zugesperrt, weil nach einer Sanierung, knapp vor der Wiedereröffnung, erhebliche Mängel festgestellt worden sind, die erstens behoben werden mussten, bevor man wieder schwimmen lassen konnte. Und zweitens musste die Behebung der Mängel bezahlt werden. Dass sich so was ziehen kann, kennen Sie vielleicht aus anderen Zusammenhängen.

Die Halle F im Nebengebäude war aber tadellos bespielbar. Und dort haben wir unsere bislang größten Shows gespielt.

Science Busters XXL

Endlich!

So bekommt Weihnachten wieder einen Sinn.

Seit Jahren sind die Science Busters im Rabenhof ausverkauft, sodass man immer nie Karten bekommt, endlich gehen sie XXL!

Wie sich viele Menschen ein Leben ohne Weihnachten nicht vorstellen wollen, so wollen sich viele die Adventszeit ohne Science Busters nicht vorstellen.

Weihrauch, Punsch, flambiertes Wasser und brennende Christbäume, das kennt man bereits in Klein. Diesmal gehen die 3 Wuchtbrummen der Physik einen Schritt weiter. In »Science Busters XXL – Burn, Motherfucker, burn unchained« gibt es das alles in Groß – eine Unterwasserflammenhölle to go, Stadionrock und einen Christbaum, der im Todeskampf im Tannennadelsperrfeuer um sich schießt. Here comes the Boom.

Heinz Oberhummer, Werner Gruber und Martin Puntigam erklären:

- Wie geil macht Weihrauch wirklich?
- Wie gelingt die perfekte Weihnachtsgans?
- Törnt Safran in der Bong besser als im Kuchen?

Alles live, in Farbe und im Rahmen der geltenden Naturgesetze.

Welcher Heiland möchte da nicht gerne jedes Jahr auf einen winzigen Planeten in einem unbedeutenden Sonnensystem am Rande des Universums geboren werden.

Eine extrem besinnliche Wissens-Show der wohl schärfsten Science Boygroup der Milchstraße.

Das klingt nach einem Riesenvergnügen und war es auch. Ein großer Christbaumbrand in einer Konzerthalle, das ganze Haus voller Weihrauch, um zu testen, wie sehr die Menschen vom Geruch erregt werden (sehr, aber nicht, wie oft unterstellt, sexuell). Unterwasserspritzkerzenbeleuchtung im 150-Liter-Aquarium und dazu »Stille Nacht« auf der Blockflöte, mit der Nase gespielt.

Ein Riesenvergnügen war es aber erst, als alles fertig war. Und einige von uns dann auch. Denn an einer so großen Unternehmung sind sehr viele Menschen beteiligt, monatelange Vorbereitungen gehen voraus, und wie so oft bei großen Vorhaben läuft nicht alles nach Plan. Bzw. das, was wir für unseren Plan gehalten haben.

Wir hatten so etwas noch nie gemacht, in den Zuschauerraum passte 5-mal mehr Publikum als sonst bei ausverkauften Shows, allein die Bühne war mehr als doppelt so groß wie die nächstkleinere, die wir gewohnt waren. Da kann man nicht einfach uns 3 Maxerl hinstellen, dahinter eine Leinwand und sagen, geht eh auch im großen Saal. Die Leinwand musste viel größer sein, wir brauchten ein raumfüllendes Bühnenbild, um nicht völlig verloren zu wirken – und damit das Publikum auch mehr sieht als 3 Striche in der Ferne, musste man die Show auch filmen. Dass wir die Show auch mitproduziert haben, hat wenig zu unserer Entspannung beigetragen. Wir haben dadurch nämlich, wie sonst erwünscht, nicht nur vieles mitbestimmten können, sondern auch müssen.

Letztlich hat alles gut funktioniert, fast 5000 Menschen an 2 Tagen haben die Shows gesehen, die Stadthalle ist nicht abgebrannt. Obwohl sich bei der Kollaudierung 2 Feuerwehr- und Brandschutzabteilungen ein wenig in die Haare geraten sind und man gut beobachten konnte, wie Rangordnungsrangeleien in der Wiener Stadtverwaltung aussehen können.

Mithilfe des ORF und der Gebhardt Film und viel Arbeit unserer damaligen Agentin sind 2 ausgesprochen repräsentative Weihnachtsshows entstanden, die das Zeug gehabt hätten, ähnlich wie *Dinner for one* oder die Silvesterfolge von Mundl jedes Jahr vor Weihnachten im Fernsehen gesendet zu werden. Quasi in die Weihnachtstradition des Landes einzugehen und so noch von vielen Generationen beim wissenschaftlichen Zündeln beobachtet zu werden – hätten wir gern gesehen. Aber das Jahr 2014, das sich fast zum erfolgreichsten entwickeln sollte, hat die Weichen dann ganz anders gestellt. Und so muss Weihnachten im ORF weiterhin ohne wissenschaftlichen Beistand auskommen.

So, genug Familienchronik, ab ins Jahr 2014.

KERNFUSION
TO GO

2014 war das 9. wärmste Jahr
seit es Aufzeichnungen gibt.
Es befinden sich 399 ppm CO_2
in der Atmosphäre.

Am 3. März 2014 entdeckten Forscher:innen das Virus *Pithovirus sibericum*. Und zwar in einer Bodenprobe, die in 30 Meter Tiefe aus dem sibirischen Permafrost geholt worden war. Diese Schicht ist 30 000 Jahre alt; als das Virus also das letzte Mal die Erdoberfläche gesehen hat, sind dort noch Mammuts herumgelaufen. *Pithovirus sibericum* ist unter seinesgleichen ebenfalls ein Riese; es hat eine Länge von 1,5 Millionstel Metern, was aus Virensicht durchaus gewaltig ist. Was macht man mit einem uralten Krankheitserreger? Man infiziert Amöben damit! Genau das haben die Forscher:innen getan, und sie waren erfolgreich. Schlechte Nachrichten für die Amöben – und vielleicht auch für uns Menschen. Auch wenn *Pithovirus sibericum* für uns nicht gefährlich ist, kann es durchaus sein, dass aus dem Dank-Klimakrise-bald-nicht-mehr-Permafrost irgendwann auch mal etwas auftaucht, das den Menschen als Wirt den Amöben vorzieht.

Am 30. April 2014 konnte erstmals gemessen werden, wie lange der Tag auf einem extrasolaren Planeten dauert. Und zwar bei Beta Pictoris b, 63 Lichtjahre entfernt und in einer Umlaufbahn um einen jungen, heißen Stern. Der Tag dauert dort nur flotte 8 Stunden; dort kann man also 3-mal öfter auf ein Feierabendbier gehen als hier auf der Erde. Allerdings nur in der Theorie, denn Beta Pictoris b ist ein Gasplanet, mehr als eineinhalbmal so groß wie Jupiter. Absolut unpassend und viel zu weit entfernt als potenzieller »Planet B« zum Auswandern, falls wir das mit der Klimakrise nicht mehr hinbekommen sollten.

Am 19. Mai 2014 wurden Daten veröffentlicht, die mit dem Cryosat-Satelliten der Europäischen Raumfahrtagentur ESA erhoben worden waren. Zwischen 2010 und 2013 hat die Antarktis 169 Milliarden Tonnen Eis pro Jahr verloren. Bzw. nicht verloren – das Eis ist nicht hinters Sofa gerutscht oder aus Versehen im Müll gelandet. Wir wissen genau, wo es ist, nämlich geschmolzen und ins Meer geflossen. Als man zum letzten Mal gemessen hat (zwischen 1992 und 2011), ist pro Jahr nur halb so viel geschmolzen. Das schmelzende Eis der Antarktis hat von 2010 bis 2013 zu einem Anstieg des Meeresspiegels um 0,45 Millimeter geführt. Was vielleicht nicht nach viel klingt, aber viel ist – besonders weil das Polareis dank der fortschreitenden Klimakrise fröhlich weiterschmilzt. Sollte die Antarktis irgendwann komplett abtauen, dann wird der Meeresspiegel um 58 Meter angestiegen sein.

Bei all den schlechten Nachrichten aus diesem Jahr (o. k., die Sache mit Beta Pictoris b ist eigentlich gar keine schlechte Nachricht, vielleicht auch keine gute, aber immerhin eine spannende wissenschaftliche Entdeckung. Damit sie besser zu den anderen passt, tun wir einfach so, als wäre es eine Enttäuschung ...) kommt die Schlagzeile gerade recht, die am 12. Februar 2014 in der Fachzeitschrift *Nature* präsentiert wird: »Laser fusion experiment extracts net energy from fuel«. An der »National Ignition Facility« (NIF), einer wissenschaftlichen Einrichtung, die vom amerikanischen Verteidigungsministerium betrieben wird, konnte durch Kernfusion mehr Energie erzeugt werden, als zuvor in den Fusionsbrennstoff gesteckt wurde.

Endlich! Die Kernfusion produziert Energie – und die Klimakrise ist gelöst? Nicht ganz, wie alle wissen, die schon das entsprechende Kapitel in unserem letzten Buch *Global Warming Party* gelesen haben. Aber wieso dauert das so lange? Und wieso gibt es immer noch keinen klimafreundlichen Strom aus Kernfusion, wo doch andauernd dramatische Durchbrüche verkündet werden?

Alle naslang sitzt irgendein vermeintlicher Experte im Fernseher herum und sagt: Essen ist praktisch fertig, es gibt Fusionküche, ab kommender Woche schlüsselfertig abzuholen.

Und das seit Jahren. Sind das alles nur Deppen, Wichtigtuer und Quasselstrippen? Oder haben wir was übersehen?

(Kleiner Spoiler: Deppen und Wichtigtuer ist leider zumindest keine schlechte Näherung ...)

Aber der Reihe nach. Zeit genug wäre ja eigentlich gewesen, die Kernfusion zur Katalogreife zu bringen. Im Jahr 1934 gelang es dem britischen Physiker Ernest Rutherford und seinem Assistenten, dem Australier Mark Oliphant, Deuterium-Atome zu Helium zu verschmelzen. Deuterium? Ist Wasserstoff, der anstatt des üblichen Protons im Kern zusätzlich noch ein Neutron hat. Deuterium hat immer noch alle Eigenschaften des Wasserstoffs, ist allerdings ein bisschen schwerer. Und wenn man 2 Atomkerne des Deuteriums miteinander verschmilzt, dann kriegt man einen Kern mit 2 Protonen und 2 Neutronen, was nichts anderes ist als Helium. Als 2014 der »Durchbruch« bei der Fusion verkündet wurde, war das Experiment von Rutherford und Oliphant schon 80 Jahre her. Was ist in der Zwischenzeit passiert? Haben die beiden ihre Notizen verloren? Oder so unleserlich geschrieben, dass man das Rad mühsam wieder neu erfinden musste? Oder hat man an der amerikanischen NIF gedacht: Wir lassen sicher keine Leute aus einem anderen Land die Fusion erfinden, wir verwenden doch keinen ausländischen Strom!

Tatsächlich war man 2014 schon deutlich weiter als Oliphant und Rutherford bei ihrem Experiment im Jahr 1934. Aber auch zum 100-jährigen Jubiläum im Jahr 2034 ist eher nicht mit Strom aus Kernfusion zu rechnen – was Oliphant und Rutherford nicht weiter stören wird, die sind seit 2000 beziehungsweise 1937 tot. Den Rest der Menschheit nervt es aber schon ein bisschen. Denn Kernfusion wäre eine super Energiequelle. Quasi unerschöpflich, klimafreundlich, sicher, ohne Potenzial für einen Super-GAU und ohne Atommüll, der für Millionen Jahre strahlt. Mit Kernfusion hätte man ausreichend Energie für alles, was wir in der Zukunft vorhaben; der Einsatz von Kernfusion ist überall möglich, ohne dass man sich dabei von nervigen Diktaturen abhängig machen müsste, die den Finger am Erdölhahn haben. Kernfusion ist klimafreundlich, und das Beste ist: Wir wissen, dass sie zumindest theoretisch funktionieren müsste. Wir sehen, wie die Sterne am Himmel leuchten – und das Milliarden von Jahren lang und nur durch Kernfusion. Oliphant und Rutherford haben uns gezeigt, dass es auch im Labor funktioniert. Und der britische Physiker John Lawson hat 1955 nachgewiesen, dass es möglich ist, Kernfusion künstlich herbeizuführen, und zwar so, dass sie von selbst weiterläuft und dabei Energie freisetzt. Man muss nur die richtigen Bedingungen dafür schaffen.

In den 1950er-Jahren war man noch ein wenig optimistischer. Und für kurze Zeit sah es ganz so aus, als wäre das Problem der Fusion schon gelöst. Und zwar durch – was sonst! – einen Österreicher. Zum Ende des 2. Weltkriegs haben die USA der Welt ja durchaus eindringlich und schrecklich vor Augen geführt, dass sie in der Lage sind, Energie aus der Kraft der Atome zu gewinnen. Nicht durch Kernfusion, sondern durch Kernspaltung. Das haben wir ja auch schon früher erklärt, aber zur Sicherheit eine kurze Stundenwiederholung: In einem Atomkern gibt es Protonen und Neutronen. Die einen sind elektrisch positiv geladen, die anderen gar nicht. Die

Anzahl der Protonen bestimmt die Art des chemischen Elements. Wasserstoff hat immer 1 Proton, Helium immer 2, Kohlenstoff immer 6 Protonen und so weiter. Die Anzahl der Neutronen im Atomkern eines Elements kann variieren, und diese Varianten eines Elements nennt man »Isotope«. Damit die ganzen Protonen und Neutronen nicht auseinanderfliegen, braucht es Energie. Diese Bindungsenergie zwischen den Kernbausteinen ist bei unterschiedlichen Elementen unterschiedlich stark, und das kann man nutzen. Nimmt man sehr leichte Atomkerne, wie die vom Wasserstoff oder vom Helium, und bringt sie dazu, zu einem schwereren Atom zu fusionieren, bleibt am Ende ein wenig Bindungsenergie übrig. Genau das ist aber auch der Fall, wenn man einen sehr schweren Atomkern dazu bringt, sich in zwei leichtere aufzuspalten. Im ersten Fall hat man Kernfusion, im zweiten Kernspaltung. Zweiteres können wir Menschen, Ersteres noch nicht.

Man kann vermutlich tiefsinnig-philosophische Schlüsse aus der Tatsache ziehen, dass es uns Menschen leichter fällt, Atomkerne kaputt zu machen, als neue zusammenzubauen. Aber wenn Sie tiefsinnige Gedanken lesen wollen, hätten Sie sich vermutlich ein Buch von Wittgenstein oder Aristoteles kaufen sollen. Die hätten Ihnen aber auch nichts über Kernfusion erzählt, also seien Sie froh, dass Sie hier gelandet sind.

Die Kernspaltung jedenfalls hat die Menschheit schon in den 1940er-Jahren in großem Maßstab gemeistert. Zuerst unkontrolliert, in Form von Atombomben. Und dann kontrolliert, als Atomkraftwerk zur Energiegewinnung. 1951 gab es aber weder unkontrollierte Kernfusionsbomben noch Kernfusionskraftwerke. Die Welt hat also nicht schlecht geschaut, als am 24. März 1951 die erfolgreiche Durchführung »kontrollierter thermonuklearer Reaktionen« verkündet wurde, für den Einsatz in Kraftwerken und zu friedlichen Zwecken.

Vor allem war die Welt erstaunt, weil es Juan Perón war, der das verkündet hatte, der damalige Präsident von Argentinien. Argentinien? Das ist ohne Zweifel ein schönes Land mit netten Menschen, aber es ist nicht unbedingt für seine Führungsrolle in der Nuklearforschung bekannt. Schon gar nicht in den 1950er-Jahren, als sich Südamerika eher als beliebtes Reiseziel diverser Ex-Nazis hervortat. Bzw. waren sie vermutlich noch immer Nazis, aber eben ohne Land. Sagen wir also: nicht praktizierende Nazis.

Zum Beispiel Kurt Tank, ein deutscher Ingenieur, der trotz seines Namens keine Panzer, sondern Kampfflugzeuge für die deutsche Wehrmacht gebaut hatte. Dieser Job hat ihm nach 1945 bei den Alliierten nicht viele Sympathiepunkte eingebracht, weswegen er seinen Namen änderte und sich 1947 nach Argentinien absetzte. Perón hatte kein Problem mit Nazis, aber durchaus Bedarf an Kampfflugzeugen, die Tank gerne für ihn baute. Und Tank war es auch, der Perón empfahl, noch ein paar seiner ehemaligen Kollegen ins Land zu holen. Unter anderem Ronald Richter.

Den kann man einen Österreicher nennen. Oder nicht. Geboren wurde er jedenfalls 1909 in Tschechien, was damals noch Teil des Habsburgerreiches war. Studiert hat er jedenfalls an der Uni Prag, und zwar Physik. Er beschäftigte sich mit Teilchenphysik und untersuchte eine damals noch nicht verstandene Art von Strahlung. Richter war überzeugt, dass diese »Deltastrahlung« aus dem Inneren der Erde kommt. So gut wie alle anderen Wissenschaftler hielten seine Daten und Schlussfolgerungen allerdings für Quatsch (womit sie auch recht hatten, wie wir heute wissen), was erklärt, wieso er mit seiner Doktorarbeit zu dem Thema durchgefallen ist. Aber es hatte auf jeden Fall dafür gereicht, um während des 2. Weltkriegs ein wenig an Teilchenbeschleunigern rumforschen zu dürfen. Hätte es damals schon Sender wie Servus TV gegeben, hätte man Richter dort vermutlich in deren »Experten«-Diskussionsrunden angetroffen.

Eigentlich wollte Richter nach dem Krieg in die USA auswandern und dort forschen. Dort hatte man aber kein Interesse und ist den Anfragen von Richter so begegnet wie der Ottonormalbürger den GIS- bzw. früher in Deutschland den GEZ-Kontrolleuren: Man tat einfach so, als wäre man nicht zu Hause, und hat auf Nachfragen nicht geantwortet. Also griff Richter auf das Angebot von Kurt Tank zurück, ging 1948 nach Argentinien und traf dort Juan Perón – dem er gleich einmal erklärte, was er so vorhatte in Argentinien. Nämlich eine »kleine Sonne« zu bauen und billige Energie im Überfluss durch Kernfusion zu produzieren. Das fand Perón super; wenn der eine Nazi schon so tolle Flugzeuge bauen kann, dann wird der andere ja wohl auch die Kernfusion zustande bringen!

Auf der Insel Huemul, in einem See im Südwesten von Argentinien, wurde für Richter ein Forschungsinstitut errichtet, wo er seine bedeutsame Arbeit unter ausreichender Geheimhaltung durchführen konnte. Zu-

erst war sein Labor in Cordóba; eigentlich ein idealer Ort für einen Österreicher. Das wusste man damals aber noch nicht, weshalb Sätze wie »I wer
narrisch, wir fallen uns um den Hals, der Kollege Tank, der General Perón,
wir busseln uns ab. Kernfusion für Argentinien durch eine großartige
Erfindung von Richter« erst Jahrzehnte später und leicht abgewandelt
Popularität erlangten. Aber Richter war ein wenig paranoid; als ein Kurz-
schluss einen Brand ausgelöst hatte, war er überzeugt, dass Spione seine
Arbeit sabotieren wollten, und verlangte ein neues Labor in sicherer Umgebung. Deswegen zog er auf die Insel im patagonischen See Nahuel Huapi
um, wo er dann scheinbar erfolgreich das große Problem der Kernfusion
gelöst hat.

Juan Perón war sehr begeistert; immerhin konnte er der Welt verkünden, dass das kleine Argentinien eben mal das globale Energieproblem gelöst hatte. Gern geschehen, keine Ursache – und es muss sich auch niemand Sorgen machen, dass Argentinien das revolutionäre Wissen für
Atomwaffen einsetzt, ganz sicher nicht, auf die Idee würde niemand kommen, also echt jetzt!

Der Rest der Welt war davon nicht ganz so überzeugt. Weder, was die
pazifistischen Anwandlungen von Perón anging, noch, was Richters Arbeit
betraf. Wenn den USA und der UdSSR bisher noch nicht einmal eine unkontrollierte Kernfusion gelungen war, wie sollten das dann bitte ein paar
Typen am Ende der Welt in Argentinien zusammenbringen, die noch dazu
behaupteten, sie könnten den Spaß auch noch steuern und zur Energiegewinnung einsetzen?

Die Medienberichte über Peróns Ankündigung waren mehr als skep-
tisch, und Lyman Spitzer war es auch. Der war gerade auf dem Weg zum
Skiurlaub in Aspen, als er von der angeblichen Kernfusion in Argentinien
erfuhr. Und weil die Sessellifte damals noch langsam waren und Aprés-Ski
auf den Hütten (samt Liedern über nicht einmal leicht bekleidete Fri-
seurinnen mit ungefönten Haaren) ein noch unbekanntes Konzept, hatte
Spitzer Zeit und Ruhe, um über die Sache nachzudenken. Hätte es sich bei
Spitzer einfach nur um irgendeinen dahergelaufenen Wintertouristen gehandelt, dann wäre er wahrscheinlich nicht über »Na so was! Schau an!
Argentinien … wer hätte das gedacht?« hinausgekommen. Aber Spitzer
war Chef des Instituts für Astrophysik an der Universität Princeton und

nicht nur einer der führenden Astronomen der damaligen Zeit, sondern auch ein Experte für Plasmaphysik.

Plasma ist das, was man kriegt, wenn man ein Gas sehr, sehr heiß macht, und sehr heiß ist wirklich sehr heiß, circa 150 Millionen Grad. Kelvin oder Celsius dürfen Sie sich da aussuchen. Und es ist zugleich das, was man verstehen und kontrollieren muss, wenn man Kernfusion betreiben möchte. (Spitzer war übrigens auch derjenige, der 1946 die Idee hatte, man könne doch mal ein großes Teleskop ins All schicken. Bis die Idee umgesetzt wurde, hat es zwar ein bisschen gedauert, aber er konnte noch zuschauen, als 1990, auch dank seiner Arbeit, das Hubble-Weltraumteleskop ins All flog. Das nach ihm benannte Spitzer Space Telescope, das 2003 startete, hat er dann aber nicht mehr miterlebt ...) Zurück zum Plasma: Spitzer hatte ziemlich schnell den bestechenden Verdacht, dass das, was der komische Österreicher in Argentinien verzapfte, Quatsch sein musste. Aber es hat ihn zu eigenen Gedanken über die Kernfusion inspiriert. Lyman kam beim Skifahren darauf, dass man das Plasma durch Magnetfelder kontrollieren müsste – und er hatte auch gleich ein paar Ideen, wie man das anstellen könnte.

In Argentinien lief es für Richter in der Zwischenzeit nicht so rund. Seine Ankündigungen waren zwar immer recht eindrucksvoll, aber wenn er konkret was herzeigen sollte, gab es komischerweise immer Probleme. Auch Perón wurde irgendwann ungeduldig (und 1955 dann sowieso abgesetzt). Eine Kommission hat sich dann mal ganz genau angeschaut, was da auf der Insel Huemul abging, und kam zu dem Ergebnis: Richter hat nicht nur keine Ahnung von Kernfusion, sondern seine Forschungsergebnisse vermutlich auch manipuliert und gefälscht. Richter verließ das Land; was er danach getrieben hat, ist unbekannt. Irgendwann muss er aber nach Argentinien zurückgekehrt sein, denn dort ist er 1991 gestorben. Und das geht nur nach vorheriger Einreise.

Die Kernfusion hat Ronald Richter also nicht erfunden. Aber immerhin hat er Lyman Spitzer dazu inspiriert, das Konzept des »Stellarators« zu entwickeln. Das ist, neben dem »Tokamak«, eine von 2 Methoden, mit denen man sehr heißes Plasma durch Magnetfelder so kontrollieren kann, dass die Atomkerne darin fusionieren (was Sie aber natürlich eh schon wissen, weil das in unserem anderen Buch steht, nämlich *Global Warming*

Party. Falls Sie es nicht wussten, müssen Sie leider hier zu lesen aufhören und den Text im anderen Buch zuerst lesen. Wer die Reihenfolge nicht einhält, wird disqualifiziert. Und es stirbt ein Seemann. Wie wenn man eine Zigarette mit der Kerzenflamme anzündet).

Es gibt aber auch noch eine dritte wichtige Methode, mit der an der Kernfusion getüftelt wird. Die heißt »Trägheitsfusion«, und Sie können jetzt hier gerne selbst einen Witz Ihrer Wahl einsetzen, indem Sie die Stichworte »Faulheit«, »Fernseher«, »Sofa« und »verschmelzen« nach Ihrem Gusto syntaktisch kombinieren. Wir sparen uns das und erklären lieber, dass es dabei um Kernfusion per Laserstrahl geht. Also einfach mit einem gigantischen Laser irgendwo draufheizen, und dann fusionieren die Atome? Im Prinzip ja, in der Praxis ist das aber natürlich sehr viel komplizierter. Wenn man einfach nur irgendwas mit einem Laserstrahl abschießt, dann wird es zwar heiß, doch in der Regel verbrennt oder verdampft es einfach. Wenn ein Laser etwas verdampft, macht es »Puff«, und die Bestandteile des eben noch nicht Verdampften verflüchtigen sich als kleine Wolke in alle Richtungen. Aber die Atome fusionieren nicht, wieso denn auch? Wenn sie das einfach so von sich aus täten, dann hätten wir ja den ganzen Ärger mit der Fusionsforschung nicht.

Atome müssen sehr schnell miteinander zusammenstoßen, um zu fusionieren, und sie müssen das in ausreichend großer Zahl tun. Sehr schnelle Atome sind aber eben auch sehr schnell ganz woanders, als sie eben noch waren. Damit da was fusioniert, muss man das sehr heiße Plasma auf sehr kleinem Raum einsperren, um die Atome zum Kontakt zu zwingen.

Das macht man zum Beispiel so. Man nimmt 192 Laser und feuert sie alle exakt gleichzeitig und aus allen Richtungen auf einen sehr kleinen Container aus Gold. Darin ist eine Kapsel aus Plastik, und darin wiederum ist der Brennstoff für die Fusion, ein gefrorenes Gemisch aus den Wasserstoffisotopen Deuterium und Tritium. Das Gold nimmt die Energie der Laserstrahlen auf und gibt sie als Röntgenstrahlung wieder ab. Die erreicht die Plastikkapsel, woraufhin diese explodiert und die Atome darin schlagartig zusammendrängt. Die Atome kommen einander so nahe, dass sie miteinander fusionieren und Energie abgeben. Es ist quasi das gleiche Prinzip wie bei einer Wasserstoffbombe, nur dass es hier um eine sehr, sehr kleine Wasserstoffbombe geht, deren Explosion nur Sekundenbruchteile dauert und winzigste Mengen an Energie freisetzt. Die Wohnung kann man damit nicht heizen, das Handy aufladen geht auch nicht. Wenn man mit Trägheitsfusion kommerziell Energie erzeugen wollte, müsste man sehr schnell sehr viele solcher Minibomben zünden. Die Laser müssten optimal ausgerichtet sein, zum optimalen Zeitpunkt gezündet werden; es bräuchte die richtige Mischung des Treibstoffs, der auf die richtige Weise in Plastik verpackt werden muss, und das alles müsste dann auch noch in den Goldcontainer. Für jeden Schuss der 192 Laser müsste ein neues »Target« gebaut werden, was nicht billig ist und lange dauert. Aber man hofft, das alles irgendwann so automatisieren zu können, dass die Trägheitsfusion tatsächlich Energie für uns alle liefern kann.

Solche Experimente werden heute an der bereits erwähnten NIF durchgeführt, der nationalen Zündungseinrichtung der USA, an der Wissenschaftler:innen an der kontrollierten Kernfusion herumproben, ohne dass man ein großes Geheimnis daraus machen würde, dass ein guter Teil der Arbeit der Forschung an nuklearen Waffen dient. Bzw. macht man natürlich ein Geheimnis daraus; die Details sind alle höchst vertraulich und unter Verschluss. Aber man verschweigt halt zumindest nicht, dass man dieser Forschung dort nachgeht. Womit wir jetzt endlich bei dem Experiment angekommen sind, das wir zu Beginn dieses Kapitels erwähnt haben. 2014 haben Omar Hurricane (der es trotz seines Namens und der Tatsache, dass er mit einem Riesenlaser in einem quasigeheimen Labor arbeitet, überraschenderweise dennoch nicht zum Bond-Bösewicht gebracht hat) und sein Team bei einem Fusionsexperiment erstmals mehr Energie gewonnen, als zuvor investiert wurde.

Warum müssen wir unseren Strom dann heute immer noch durch das Verbrennen fossiler Stoffe produzieren oder uns mit Atomkraftwerken, Windradgegnern und Umweltgutachten für Staudämme herumschlagen? Da brauchen wir jetzt den Q-Faktor (nein, hat immer noch nichts mit James Bond zu tun). Der beschreibt das Verhältnis von Energie, die man in die Fusion hineinsteckt, zu der Energie, die man wieder rauskriegt. Klingt simpel: Energie rein, Energie raus und fertig.

Aber es ist halt leider nur so lange simpel, bis man anfängt, ein wenig genauer darüber nachzudenken. Es braucht Energie, um das Plasma aufzuheizen. Und wenn die Teilchen im Plasma fusionieren, setzen sie Energie frei, die ebenfalls dazu beiträgt, das Plasma zu erhitzen. Jetzt kann man mit etwas mathematischer Gymnastik die Aufheizung, die von der Fusion stammt, durch die Heizungsenergie, die man von außen hineinsteckt, teilen. Und wenn das Ergebnis kleiner als 1 ist, hat man Pech gehabt. Dann produziert die Fusion zwar Energie, aber weniger, als benötigt wurde, um sie in Gang zu bringen. Und wenn man nun möchte, dass der Fusionsprozess weiterläuft, muss man permanent die Heizung laufen lassen, was bei einem Fusionskraftwerk nicht weniger doof ist als zu Hause in der Wohnung.

Andererseits sollte man aber auch nicht gleich die Sektkorken knallen lassen, wenn man mal ein Q bekommt, das größer als 1 ist. Denn dann wird es erst so richtig kompliziert. Welche Energie steckt man da denn jetzt genau rein? Wie viel Energie kommt wirklich raus? Fangen wir beim hinteren Ende an: Wenn man die bei der Fusion produzierte Energie nutzen kann, um das Plasma zu heizen, ist das gut. Aber man wird es aus diversen physikalischen und technischen Gründen nicht schaffen, die gesamte Energie dafür einzusetzen. Ein bisschen Schwund ist immer. Idealerweise wünscht man sich ein Plasma, das von selbst weiterbrennt. Man wirft die Maschine einmal an, heizt das Plasma auf, die Teilchen im Plasma beginnen mit der Fusion, und weil die dabei erzeugte Energie zum Aufheizen beiträgt, kann man die externe Heizung immer weiter runterdrehen, im besten Fall auf null. Damit das klappt, muss man mindestens 5-mal mehr Energie durch Fusion erzeugen, als man von außen reinsteckt, braucht also ein $Q=5$.

Aber auch damit ist es noch nicht getan. Es geht ja nicht nur um die Energie, die man für die Erhitzung des Plasmas braucht. Man darf nicht nur einfach die Heizungsenergie allein berechnen, sondern muss auch die Energie mit einkalkulieren, die nötig ist, damit die Heizung überhaupt läuft. Im Fall der Laserfusion vom NIF sorgt der Laserstrahl ja dafür, dass der Goldcontainer Röntgenstrahlung erzeugt, die den Brennstoff komprimiert, wodurch der heiß wird. Die Energie, die am Ende dieses Vorgangs zum Aufheizen verwendet wird, ist aber nur ein Bruchteil der Energie, die ganz zu Beginn in die Laser hineinverfrachtet wurde. Ein sehr kleiner Bruchteil sogar. Ebenso dürfen wir die Energie nicht vergessen, die zum Betrieb des Kraftwerks selbst notwendig ist, oder auch die Energie, die man zur Beschaffung der Rohstoffe und Ressourcen braucht.

Man kann den Q-Faktor also auf unterschiedliche Arten definieren; rein wissenschaftlich, ingenieurtechnisch, wirtschaftlich und so weiter. Als das NIF 2014 verkündete, durch Fusion mehr Energie gewonnen zu haben, als man ursprünglich aufgewendet hatte, bezog man sich auf eine rein wissenschaftliche Definition von Q und berücksichtigte nur die Energie, die tatsächlich zur reinen Erhitzung des Plasmas verwendet worden war. Hätte man die Energie für die vielen Laser auch miteinbezogen, dann wäre das Ergebnis ganz anders ausgefallen. Dann hätte man nämlich nur 1 % der Energie, die man reingesteckt hat, auch wieder durch Fusion erhalten. Das aber sieht in einer Pressemitteilung lange nicht so beeindruckend aus, weswegen man sich halt für eine andere Definition von Q entschieden hat.

Bis jetzt hat noch kein Fusionsexperiment tatsächlich im engeren Sinne Energie produziert. Und ob die Trägheitsfusion mit ihren riesigen Lasern der Weg zum Ziel sein wird, ist auch fraglich. Niemand weiß, ob man ausreichend viele Mini-Explosionen hintereinander ablaufen lassen kann, um damit kontinuierlich Strom zu erzeugen. Und ob man überhaupt irgendwann ausreichend viel Energie aus diesen Explosionen gewinnen kann. Oder ob Omar Hurricane seine Energielaser nicht vielleicht doch noch einsetzen wird, um die Welt zu erpressen und Fort Knox auszurauben …

Deswegen wird auch weiter an den anderen Konzepten geforscht, bei denen man heißes Plasma durch Magnetfelder kontrolliert. Der »Joint European Torus« (JET) hat seit 1983 große Fortschritte gemacht, aber noch kein ausreichend großes Q erreicht, um als Kernfusionskraftwerk dienen zu können. Das war aber auch gar nicht der Plan, es geht hier nur um die Erforschung der notwendigen Prozesse. Genauso wie bei den nach der Idee von Lyman Spitzer gebauten Stellaratoren, zum Beispiel dem in Deutschland betriebenen Wendelstein 7-X. Die größten Hoffnungen ruhen zur Zeit aber auf ITER, einem internationalen Projekt, das Frankreich das bisher größte Kernfusionsexperiment bescheren wird. Laut aktuellem Zeitplan soll hier Ende 2025 das erste Mal Plasma durch die Magnetfelder wirbeln und erste Versuche ermöglichen. 10 Jahre später wird man dann, vorausgesetzt, alles läuft wie vorgesehen, auch Versuche mit den Wasserstoffisotopen machen können, die eigentlich für einen Betrieb in einem echten Kernfusionskraftwerk verwendet werden müssen. Was ITER übrigens nicht sein wird. Am Ende soll hier zwar 10-mal mehr Energie produziert werden, als man investiert. Was aber immer noch nicht reicht, wenn man wirtschaftlich sinnvoll arbeiten will. ITER ist ein reines Forschungsprojekt und war nie dazu gedacht, Strom ins Netz einzuspeisen. Das werden erst die Fusionskraftwerke können, die mit dem bei ITER gewonnenen Wissen irgendwann zur Mitte des 21. Jahrhunderts gebaut werden können.

Bis dahin dauert es noch ein wenig. Aber wenn es einmal so weit ist, wird es sich gelohnt haben. Wenn wir eins über die Zukunft sagen können, dann dass wir vermutlich sehr viel mehr Energie brauchen werden als heute. Und je mehr saubere und leicht verfügbare Energie uns zur Verfügung steht, desto besser können wir unsere Zukunft gestalten. Und wenn es einmal so weit ist, kann sich die Welt dafür bei einem Österreicher bedanken. Vielleicht bei Ronald Richter, der zwar selbst nichts auf die Reihe gebracht, aber mit seiner Stümperei zumindest einen echten Wissenschaftler inspiriert hat. Oder bei Mathias Zdarsky, dem österreichischen Erfinder des alpinen Skilaufs, ohne den Lyman Spitzer nicht so viel Zeit zum Nachdenken gehabt hätte.

(Und zur Not nehmen wir halt den Australier Mark Oliphant …)

Small-Talk-Hilfe: Astronomische Seehunde

Kann man Seehunden die Astronomie näherbringen? Das ist vielleicht nicht die dringendste Frage in der Forschung, denn sie heißen ja nicht deswegen Seehunde, weil sie so viel besser sehen könnten als wir Menschen und daher keine Teleskope brauchen würden. Aber es ist eine Frage, die beantwortet wurde – und die Antwort lautet: Ja. Zumindest wenn man unter »Astronomie« die Fähigkeit versteht, sich an konkreten Sternen zu orientieren. Das haben 2 Seehunde in einem schwimmenden Planetarium gelernt. Man hat sie zuerst darauf trainiert, dem Lichtpunkt eines Laserpointers zu folgen, und danach einen realistischen Sternenhimmel an die Kuppel projiziert. Am Ende waren die Tiere in der Lage, auch Sternen am echten Nachthimmel zu folgen. Sie können sich beim nächtlichen Schwimmen im Meer also an den Sternen orientieren. Ob sie das auch tatsächlich tun, weiß allerdings niemand …

Die Science Busters 2014

Das Jahr 2014 hat gemächlich begonnen für die Science Busters, und so, als wolle es sagen: »Meine Lieben, ihr wart sehr fleißig bisher, aber die Mühe hat sich gelohnt. Ab jetzt wird es ruhiger, wenn ihr euch nicht blöd anstellt, vielleicht für viele Jahre. Herzlich willkommen in mir! Ich wünsche allen schöne 365 Tage.« Denn natürlich hat 2014 gewusst, dass es kein Schaltjahr sein wird, ist es doch weder durch 4 noch durch 100 und durch 400 restlos teilbar.

Es begann mit glücklich absolvierten Silvestervorstellungen, 3 an der Zahl, so wie wir das auch heute noch machen. Das Higgs-Teilchen, also das Masseteilchen bzw. die Forscher, die es beschrieben haben und noch am Leben waren, hatten den Nobelpreis für Physik 2013 erhalten. Was wir in Kapitel 2 ausführlich gewürdigt haben.

Und so lauteten die 3 Einstiegsfragen, die Martin Puntigam am Beginn fast jeder Show als Ouvertüre aufdeckt, diesmal zum Jahresausklang:

– Kann man sich das Masseteilchen auch wieder absaugen lassen?
– Mit welchem Sonnenschutzfaktor muss man Kometen einschmieren?
– Und wie feiern Goldfische Weihnachten?

Bis April wurden die restlichen TV-Folgen ausgestrahlt, unter ihnen ein paar der unterhaltsamsten dieser Staffel. In »Neues von der Klatschmohnwiese« hat Heinz Oberhummer gezeigt, dass auch Drohnen sehr gut die Standardtänze der Emsen beherrschen, und zu Kazooklängen den Weg zur üppigsten Blumenwiese geschwänzelt.

Damals sind Ergebnisse publik geworden, dass man Bienen eventuell auch zum Aufspüren von Landminen verwenden könnte. Was ein immenser Vorteil wäre: Bienen sind billig in der Haltung und leicht, also eher nicht in der Lage mit ihrem Körpergewicht eine Explosion auszulösen. Die Idee dahinter war, dass Bienen auf Gerüche trainiert werden können, und man hat versucht, ihnen auf diese Weise beizubringen, den

Geruch von Sprengstoff dem von Nektar vorzuziehen. Das hat tatsächlich einigermaßen gut funktioniert. Aber leider nur in einer Halle und unter isolierten Bedingungen, wo sie keine Auswahl hatten und die Witterungsbedingungen stabil waren. Sobald an der frischen Luft ein wenig Wind aufkam und der den Odor echten Nektars heranwehte, war ihr Interesse an Sprengstoffdüften verflogen. Außerdem, das vergisst man gern, kommen bei Weitem nicht alle Bienen wieder von ihren Ausflügen zurück. Manche verirren sich, manche lassen ihr Leben, weil sie den Menschen, der irrtümlich auf sie draufgestiegen ist, unbedingt stechen haben müssen. Was sie mit dem Verlust von Stachel und Leben bezahlen. Viele werden auch von Wespen, Hornissen oder Vögeln gefressen. Da kann es also sein, dass eine ehrgeizige Biene eine Mine entdeckt hat, aber bevor sie heimkehren und vortanzen kann, wo genau, lernt sie schon die Verdauungssäfte eines Fraßfeindes kennen.

Auf Kokain reagieren Bienen übrigens ähnlich wie Menschen, durch vermehrte Aktivität und schlechtere Selbsteinschätzung. Und beginnen im Rausch zu übertreiben, etwa was Größe und Ausmaß einer Blumenwiese betrifft. Allerdings, das muss man ihnen zugutehalten, nehmen sie die Droge nicht freiwillig zu sich. Wenn nicht ein Mensch auf die Idee kommt, sie festzuhalten und ihr eine kokainhaltige Lösung auf den Rücken zu träufeln, braucht man die jungen Bienen in der Schule und auf Bienstagram nicht mit Aufklärungskampagnen über die Gefahren von Rauschgift behelligen.

Nach *Die Biene Maja* ist dann noch eine weitere erfolgreiche Trickfilmserie (der 1970er-Jahre des 20. Jahrhunderts) in einer unserer Shows auf Wissenschaftlichkeit abgeklopft worden – *Hey, Wickie, hey*. Wir haben uns etwa gefragt, ob man, wie der kleine Häuptlingssohn, unter Wasser am Grund des Meeres spazieren gehen könnte, indem man sich ein Boot über den Kopf stülpt und die Luft daraus atmet, um sich so unentdeckt an ein feindliches Schiff anschleichen zu können. Klingt einleuchtend, Luft sollte im Bootsrumpf genug vorhanden sein, allerdings würde der Auftrieb des von der Luft verdrängten Wassers ungefähr einer halben Tonne entsprechen. Zumindest im Rechenbeispiel der Show. Um sich unter Wasser an irgendwas anschleichen zu können, müsste man also mindestens diese Kraft aufwenden, um das übergestülpte Boot nach unten zu ziehen. Dinge auszurechnen war das eine, weil Heinz Oberhummer im Laufe seiner Karriere nur selten Experimente machen durfte, hat er sich kurzerhand in den gerüschten rosa Badeanzug geworfen und in einem ausreichend großen Planschbecken mit vollem Körpereinsatz demonstriert, dass eine halbe Tonne Luft unmöglich auch nur ein bisschen unter Wasser gedrückt werden kann. Im Gegenteil hat ihm die Schwerkraft mitgeteilt, wie schnell ein Mensch mit rund 75 Kilogramm in einem Planschbecken den Boden erreichen kann, wenn er seitlich an einem Wasserball abrutscht.

Am Ende der Wickie-Show gab's Surströmming. Das ist fermentierter Ostseehering, der im Laufe der Gärung einen beherzten Geruch entwickelt, den man chemisch etwa Buttersäure oder Schwefelwasserstoff nennt. Rund um die Fischdosen ranken sich viele Mythen und Sensationserzählungen. Auf YouTube findet man Menschen, die sich als wagemutig darstellen, den Fisch im Rahmen einer sogenannten Challenge kosten und danach ein Vielfaches dessen, was sie verzehrt haben, kamerawirksam erbrechen. Das ist die eine Seite. Es gibt aber auch Videos von friedlichen Gartenfesten aus Skandinavien, auf denen die ganze Familie entspannt plaudernd eine Surströmmingjause zu sich nimmt. Beginn der Surströmmingsaison ist Mitte August, der Geruch, den die geöffnete Dose verströmt, ist beträchtlich, ein Fest im Freien bietet sich an. Allerdings erbricht niemand, weder Erwachsene noch Kinder, die die Delikatesse ebenfalls mit Genuss verspeisen. Das haben wir natürlich experimentell überprüft, 300 Menschen sind ein gutes Sample für eine Studie, und live auf der Theaterbühne eine Dose geöffnet.

Schwefelwasserstoff ist bekannt für sein Eierschasaroma, die Publikumsreaktionen waren entsprechend und die Stimmung ausgelassen. Bei der Verkostung hat sich allerdings gezeigt, dass der fermentierte Fisch ungefähr so köstlich ist wie ein gut gereifter Rotschimmelkäse, und mit Garnitur und frischem Brot serviert war leicht nachzuvollziehen, was die Schwed:innen an dieser Mahlzeit finden. Im Theater ist nach Ende der Show jedenfalls ein Gutteil des Publikums zum Kosten auf die Bühne gekommen und hat sie nicht enttäuscht wieder verlassen. So ist das mit der Wissenschaft. Auch wenn was stinkt, muss es nicht ekelhaft sein, und nur weil wer sich sehr gebärdet, um viele Klicks zu generieren, bedeutet das oft nicht mehr, als dass er genau das auch vorgehabt hat.

Das restliche Jahr hätte tatsächlich so beschaulich sein können, wie es sich angetragen hatte. Die TV-Sendung ist vorzeitig um vier Folgen verlängert worden, und im darauffolgenden Jahr wollten wir mit einem neuen Buch und einer neuen Show wieder einmal umfangreicher im gesamten deutschsprachigen Raum auf Tour gehen. Ausnahmsweise waren wir früh dran mit Titel und Pressematerial für *Das Universum ist eine Scheißgegend*.

Es gab sogar Pläne, einen rosa Mini-Satelliten ins All zu bringen, der als Science-Busters-Trabant die Erde umkreist und ab und zu Bilder von oben gemacht hätte. Oder einen Science-Busters-Film zu drehen, quasi ein halbdokumentarisches Biopic, die Science Boygroup auf Tour. Und so. Wer 2-mal eine Stadthalle füllt, so dachten wir,

der dürfe doch zumindest Ideen haben.

Aber, Sie ahnen es schon, der Konjunktiv tut nicht umsonst Dienst. Werner Gruber hatte ein Jahr zuvor die Stelle eines Planetariumsdirektors angetreten.

Das war noch kein großes Malheur, eine Zeit lang ließ sich alles unter einen Hut bringen. Und ehrlicherweise haben wir uns nach 7 Jahren eingestehen müssen, dass die beiden Forscherleben der Physiker ausgiebig abgegrast worden waren. Mit der Physik waren wir quasi einmal durch. Schon in Shows wie denen über Biene Maja und Wickie hatten wir ordentlich in der Biologie und Chemie gewildert. Da lag es nahe, Kolleg:innen aus anderen Disziplinen anzusprechen, die dort tatsächlich über ausgiebige Expertise verfügen, um mit ihnen ab und zu eine Show zu spielen. So wurde das Format Science Busters & Friends entwickelt. Und erste Überlegungen angestellt, wen man denn als Erstes ansprechen könnte. In der Poleposition war Florian Freistetter. Ihn kannten wir schon länger, hatten ihn immer wieder in astronomischen Fragen konsultiert, und verstanden haben wir uns auch gut. Auch sein Leben hatte in den Jahren davor eine bedeutende Wendung erfahren, er war aus dem Forschungsbetrieb ausgeschieden und hatte sich als Wissenschaftskommunikator selbstständig und als Blogger einen Namen gemacht. Und außerdem 50 Kilogramm Lebendgewicht verloren. Er hatte also privat und beruflich was zu erzählen und wollte das auch tun. Bis es so weit war, sollte es noch Mai 2015 werden. Davor hat sich die Lage bei den Science Busters ein wenig zugespitzt. Nicht nur nahm der Verwaltungsposten im Planetarium immer mehr Zeit in Anspruch, Werner Gruber entschied sich zudem für eine politische, wenn nicht Karriere, so doch enge öffentliche Zusammenarbeit mit einer politischen Partei. Und zwar alleine, ohne Rücksprache. Und so hingen plötzlich Plakate mit ihm als Werbeträger für die Wiener Wirtschaftskammerwahlen in der Stadt, und die Science Busters wurden als Testimonials in einen Wahlkampf verwickelt. Was unserem Vorhaben, politisch möglichst unabhängig zu bleiben, nicht wirklich entsprochen hat. Es war natürlich nicht ehrenrührig, sich für die Sozialdemokratie zu engagieren, und auch wir anderen hatten welt-

anschaulich gefestigte Ansichten, aber wenn man möchte, dass einem die Menschen auch glauben, was man sagt, ohne dahinter eine Tendenz oder einen Auftraggeber zu vermuten, ob es den nun gibt oder nicht, muss man mit seiner Glaubwürdigkeit sorgsam umgehen.

Und so haben wir uns eines Tages Anfang März 2015 zu dritt im Café Schrödinger in Wien zusammengesetzt und beschlossen, noch bis Jahresende gemeinsam auf der Bühne zu stehen, um danach im Einvernehmen getrennte Wege zu gehen – bis dahin aber Ensemble und Projekt so umzubauen, dass die Science Busters im neuen Lineup und mit dem Fachwissen anderer Disziplinen für die Wissenschaft reiten konnten. Dass das Ganze dann nach einem anfänglichen Physikschwerpunkt gleich eine biologische Schlagseite bekam, war Zufall. Allerdings ein erfreulicher. Die restlichen Zufälle und Vorkommnisse des kommenden Jahres, das man wohl ohne Weiteres als schicksalsschwer bezeichnen kann, waren deutlich weniger erfreulich. Um es freundlich zu formulieren.

20
15

FURZTROCKENE ARCHEETYPEN

2015 war das 9. wärmste Jahr seit es Aufzeichnungen gibt. Es befinden sich 399 ppm CO_2 in der Atmosphäre.

Am 30. Januar 2015 hat eine Auswertung der Daten des Planck-Weltraumteleskops gezeigt, dass die spektakulären Ergebnisse, die Forscher:innen im Vorjahr verkündet hatten, vielleicht doch nicht so spektakulär sind. Damals meinte man Hinweise auf Gravitationswellen entdeckt zu haben, die noch quasi direkt vom Urknall selbst stammten. Genauer gesagt: von der extrem kurzen Phase, die extrem kurz nach dem Urknall selbst stattgefunden hat und bei der das Universum in einem unvorstellbar kurzen Zeitraum unvorstellbar viel größer geworden ist. Das nennt man »kosmische Inflation«, und man geht davon aus, dass es eine solche Phase gegeben haben muss – man hat aber keine Beobachtungsdaten gefunden, die das belegen könnten. Ist ja auch schon lange her, knapp 14 Milliarden Jahre. Aber wenn es die kosmische Inflation gab, dann hat sie im Grunde das ganze Universum zum Wackeln gebracht – und die dabei verursachten Gravitationswellen meinte man beobachtet zu haben. Stattdessen hat sich herausgestellt, dass die Datenauswertung nicht vollständig war und man einfach nur den Einfluss von kosmischem Staub auf die Beobachtungsdaten unterschätzt hat. Tja. Wäre eine coole Sache gewesen, mit Nobelpreisen, neu geschriebenen Lehrbüchern und so weiter. Aber das kann ja noch kommen.

Was am 17. Juni 2015 folgte, war die Ankündigung, dass man vielleicht das erste Mal Sterne der Population III gesehen haben könnte. Das wäre ziemlich aufregend, weil solche Sterne – trotz der III in ihrem Namen – die ersten Sterne im Universum gewesen sein müssen. Der Kosmos hat ja nicht mit Sternen angefangen, sondern mit jeder Menge Energie, aus der sich nach der kosmischen Inflation (von der wir halt noch nicht wissen, ob sie stattgefunden hat oder nicht) Elementarteilchen gebildet haben – die dann zu Atomen wurden, aus denen irgendwann Sterne entstanden. Die allerersten Sterne bestanden nur aus Wasserstoff und Helium, weil: Mehr gab es nach dem Urknall nicht. Andere chemische Elemente mussten erst durch Kernfusion im Inneren der ersten Sterne entstehen. Was auch passiert ist, sodass Sterne der nachfolgenden Generationen auch schon aus mehr als nur Wasserstoff und Helium bestehen konnten. Unsere Sonne ist ein Stern der dritten Generation (die aber in der Astronomie trotzdem »Population I« genannt wird) und enthält vergleichsweise viele andere Elemente. Die allerersten Sterne würde man daher erkennen, weil sie eben nicht über solche verfügen. Und bei der Beobachtung einer Galaxie, die entstand, als das Universum erst 800 Millionen Jahre alt war, hat man Hinweise auf genau solche Sterne gefunden. Aber leider keine eindeutigen, sodass wir den Ursprung der Sterne immer noch nicht erforschen können.

Am 30. Juli 2015 wurden die Ergebnisse der Messungen veröffentlicht, die Philae auf der Oberfläche des Kometen 67P/Tschurjumow-Gerasimenko gemacht hat. Dort ist sie im November 2014 gelandet, nicht ganz so, wie es geplant war. Es gelang nicht, die Sonde auf der Oberfläche zu verankern, weswegen sie ein bisschen hin und her gehüpft ist. Oder, wie man es bei der Raumfahrtagentur ESA optimistisch bezeichnet hat: Die Raumsonde ist nicht nur einmal gelandet, sondern gleich mehrfach. Daten sammeln konnte man aber trotzdem. Und unter anderem nachweisen, dass dort komplexe Moleküle existieren, die vielleicht die Grundlage für die molekularen Bausteine des Lebens bilden könnten. Wenn Kometen wie Tschuri in der Frühzeit des Sonnensystems auf die Erde gefallen sind (was sie sind, siehe das Kapitel zu 2013), dann könnten sie dabei das Zeug mitgebracht haben, aus dem später das Leben entstanden ist. Aber wenn wir das wirklich genau wissen wollen, brauchen wir mehr Daten und müssen noch ein paar weitere Kometen besuchen.

Der Anfang des Universums, der Ursprung der Sterne und der Beginn des Lebens auf der Erde müssen also vorerst noch im Dunkeln bleiben. Aber die Wissenschaft interessiert sich natürlich auch für andere Anfänge. Unseren Anfang zum Beispiel. Also jetzt nicht den von Ihnen persönlich, das können Sie vielleicht mal mit Ihren Eltern besprechen, wenn Sie es wirklich ganz genau wissen wollen. Es geht um den Anfang der Menschen insgesamt bzw. noch genauer: den Anfang der Tiere. Oder, noch ein bisschen genauer, den der Eukaryoten. Und wenn Sie jetzt denken: »Moment, heißt das nicht Eukaryonten?« oder »Bitte was?!«, dann sind Sie wahrscheinlich erstens nicht alleine und zweitens absolut an der richtigen Stelle. Denn am 6. Mai 2015 wurde die Entdeckung der Lokiarchaeen bekannt gegeben, und die haben genau mit diesem Thema zu tun.

Bevor wir zu den Eukaryoten zurückkommen (oder den Eukaryonten, man kann eh beides sagen, da haben Sie schon recht gehabt, aber üblicher ist heute der Begriff ohne »n«), müssen wir uns erst einmal kurz damit beschäftigen, wie man die diversen Lebewesen einteilt. Was gar nicht so einfach ist, wie man glauben möchte. Man kann es sich theoretisch sehr einfach machen, indem man alles nach Wichtigkeit sortiert und die Menschen ganz oben hinstellt. So hat Aristoteles die Sache erledigt; der Mensch war in seiner Einteilung das perfekteste Lebewesen und dahinter schlossen sich der Reihe nach immer primitivere Lebensformen an. Heute kann man privat immer noch gern glauben, dass alle anderen primitiver sind als man selbst, die Biologie hat aber doch ein paar Fortschritte gemacht. 1735 hat der schwedische Naturforscher Carl von Linné sein Werk *Systema Naturae* veröffentlicht und dort alles in 3 »Naturreiche« einsortiert, nämlich in Pflanzen, Tiere und Mineralien.

Gut, Letztgenannte sind definitiv nicht lebendig, Linné wollte sie aber trotzdem nicht ignorieren. Linné hat sich auch die Sache mit der binären Klassifikation ausgedacht, gemäß derer jedes Lebewesen 2 Bezeichnungen erhält, die Art und Gattung bestimmen. *Felis catus* zum Beispiel gehört zur Gattung der Echten Katzen (*Felis*), und die Art *catus* ist nichts anderes als unsere Hauskatze. Wir Menschen sind *Homo sapiens* und so weiter, Sie kennen das ja. Prinzipiell war Linnés System recht übersichtlich. Tiere und Pflanzen, das ist recht anschaulich, und ein Tier kann man ja auch nicht mit einer Pflanze verwechseln, oder? Wenn Sie das glauben, dann sagen Sie doch mal schnell, wo Sie die Pilze hintun würden! Na? Pflanzen? Könnte man glauben, aber nicht alles, was aus dem Boden wächst, ist eine Pflanze. Wenn man sich die Pilze ein wenig genauer anschaut, dann sieht man, dass sie doch ziemlich anders sind. Pilze haben keine Blüten; es kommen auch kaum Bienen vorbei, um sie zu bestäuben; und wenn man das Ganze biologisch ein bisschen ernster nimmt, dann findet man noch mehr Unterschiede, weswegen man die Pilze bei den Pflanzen aussortiert und zu einem eigenen Reich gemacht hat.

»Reich« ist in der Hierarchie der Lebewesen eine übergeordnete Kategorie. Es gibt das Reich der Tiere, das Reich der Pflanzen und das Reich der Pilze. Zuvor, in der 2. Hälfte des 19. Jahrhunderts, hat man aber schon das Reich der Protisten eingeführt. Da hat man alles einsortiert, was definitiv nicht so aussieht wie ein Tier oder eine Pflanze (oder ein Pilz). Bakterien zum Beispiel, die man damals gerade zu verstehen begann. Und den ganzen anderen Kleinkram, den man nur mit dem Mikroskop sehen kann – Amöben, diverse andere Einzeller und so weiter. Als man immer genauer hinschauen konnte, hat man dann festgestellt, dass manche dieser Einzeller einen Zellkern haben und andere nicht. Das fand man auch recht bemerkenswert, weil es schon ein ziemlich relevanter Unterschied ist, ob man den ganzen wichtigen Kram, den man zum Leben braucht (das Erbgut, die Ribosomen, die Mitochondrien und dergleichen mehr), schön ordentlich in einem Kern aufbewahrt oder kreuz und quer durch die Zelle wabern lässt. Denen, die sich für letztere Aufbewahrungsvariante entschieden haben, hat man den Namen Prokaryoten gegeben – und Erstere bezeichnet man als Eukaryoten. Womit wir jetzt schon bei fünf Reichen angekommen sind: Tiere, Pilze, Pflanzen, Prokaryoten und Eukaryoten. Die Bakterien waren jetzt also Prokaryoten, weil sie keinen Zellkern haben, und die diversen anderen Einzeller fasste man als Eukaryoten zusammen. Damit war die Krimskramslade der Protisten ein wenig besser sortiert, die Lage insgesamt aber ein wenig unübersichtlich – und sie ist noch unübersichtlicher geworden, als man bei genauerem Studium der Bakterien herausgefunden hat, dass es da wiederum 2 unterschiedliche Gruppen zu geben scheint. Die hat man dann Archaebakterien und Eubakterien getauft – und die Einteilung des Lebens entsprechend auf 6 Reiche erweitert.

Und da ist dann der amerikanische Mikrobiologe Carl Woese gekommen und hat gesagt: Leute, so geht das nicht mehr weiter, das Durcheinander kann man ja nicht mehr mit anschauen! O.k., das ist nicht überliefert. Aber, und das stimmt jetzt wirklich, er wollte gerne mehr über die Verwandtschaft zwischen den Lebewesen wissen. Wer stammt von wem ab, und welche Art von Lebewesen war als Erstes da. Früher hat man sich bei solchen Fragen an die Bibel gehalten, aber das war spätestens seit der Arbeit von Charles Darwin in der Wissenschaft nicht mehr ganz so en vogue. Man kann auch nicht einfach durch die Gegend reisen und schauen, ob man da irgendwo eine Pflanze oder ein Tier findet, das so wirklich alt ausschaut. Wenn man wissen will, wo der Ursprung des Lebens liegt, braucht man Gentechnik und muss die Erbinformation analysieren. Genau das haben Carl Woese und sein Kollege George Fox getan und dabei festgestellt:

Die Sache mit den Archaebakterien und Eubakterien ist Quatsch. Das sind nicht nur leicht unterschiedliche Versionen von Bakterien – sondern komplett unterschiedliche Lebewesen. Deswegen haben sie die Eubakterien wieder in Bakterien zurückgetauft und die Archaebakterien zu den Archaeen gemacht.

Wie kommt man darauf, dass Archaeen etwas anderes sein sollen als Bakterien? Weil, ausschauen tun sie eigentlich genau gleich. Aber da darf man sich halt nicht täuschen lassen. Bakterien und Archaeen sind einzellige Lebewesen, die haben nicht viel Gestaltungsspielraum. Mit einer Zelle hat man nicht so viele Möglichkeiten, um auszuschauen. Weswegen Einzeller zwar schon unterschiedlich sind, aber im Großen und Ganzen halt trotzdem immer wie Einzeller aussehen, auf jeden Fall, wenn man sie mit anderen Lebewesen vergleicht. Wenn Sie jetzt zum Beispiel eine Giraffe, einen Blauwal und eine Bramble-Cay-Mosaikschwanzratte vor sich sehen, dann erstens: Glückwunsch! Denn eigentlich ist die Bramble-Cay-Mosaikschwanzratte seit 2016 ausgestorben und damit das erste Säugetier, das nachweislich dem menschengemachten Klimawandel zum Opfer gefallen ist. Und zweitens würde es Ihnen vermutlich auch ohne biologisches Studium kein bisschen schwerfallen, die 3 Tiere voneinander zu unterscheiden und zu benennen. Das ist genau genommen ziemlich überraschend, denn Giraffe, Blauwal und Bramble-Cay-Mosaikschwanzratte sind alle 3 Säugetiere und sehr eng miteinander verwandt; sehr viel enger, als Archaeen und Bakterien familiär miteinander verbandelt sind. Das sieht man halt nur von außen nicht. Aber wenn man sich die 3 Tiere auf genetischer Ebene von innen ansehen würde, wäre schnell klar, dass sie sich eigentlich nur sehr wenig unterscheiden. Bei den Mikroorganismen ist das anders; die schauen von außen gleich aus, sind aber inwendig ganz unterschiedliche Wesen; so verschieden wie für uns Giraffe und Blauwal.

Woese und Fox haben das entdeckt, weil sie an der RNA der Lebewesen interessiert waren. Die braucht man – unter anderem – um aus den Informationen, die in der DNA gespeichert sind, die Proteine zu basteln, die die eigentlichen Bausteine des Lebens sind (und die man leider noch auf keinem Kometen gefunden hat). Proteine zu basteln ist eine enorm fundamentale Sache, ohne das kommt das Leben nicht aus, und es gibt tatsächlich keine Lebewesen, in denen man noch keine RNA gefunden hat. Also dachten sich Woese und Fox, dass die RNA vermutlich schon von den frühesten Anfängen an Teil des Lebens gewesen sein muss. Und wer auch immer als Erstes da war, hat diese Fähigkeit dann an den Rest des Lebens weitervererbt. Natürlich gab es im Laufe der Zeit kleine Änderungen, aber je enger die Verwandtschaft ist, desto geringer die Unterschiede.

Die genetischen Unterschiede zwischen einer Giraffe und einem Menschen sind beispielsweise winzig, wenn man sie mit dem genetischen Unterschied zwischen einem Menschen und einem Vogel vergleicht. Tiere wie Mensch, Giraffe und Vogel sind aber genetisch enger miteinander verwandt als mit einer Pflanze. Das heißt, dass der letzte gemeinsame Vorfahre von Mensch und Giraffe viel später entstanden sein muss als der letzte gemeinsame Vorfahre von Menschen und Vögeln. Deswegen klassifizieren wir Menschen und Giraffen auch zusammen zur Klasse der Säugetiere und zählen sie gemeinsam mit Vögeln, Fischen und so weiter zu den Tieren – die Pflanzen lassen wir hier außen vor. Auf den Vorschlag von Woese hin wurden die Reiche der Tiere, Pflanzen, Pilze und Eukaryoten aber schließlich trotzdem aufgelöst. Es gibt jetzt nur noch 3 sogenannte Domänen, die in der Klassifikation über die alten Reiche gesetzt worden sind: Archaeen, Bakterien und Eukaryoten. Eukaryoten sind jetzt einfach alle Lebewesen, die einen Zellkern haben – Pflanzen ebenso wie Pilze oder Tiere. Und bei den Lebewesen ohne Zellkern trennt man zwischen Archaeen und Bakterien. Nur noch 3 Domänen, das ist jetzt schon fast Marie Condo und ähnlich ordentlich wie damals, als es nur Tiere, Pflanzen und Mineralien gab.

Aber worin besteht jetzt wirklich der Unterschied zwischen Bakterien und Archaeen? Und was bedeutet es, dass wir Menschen zu den Eukaryoten gezählt werden? Um die Differenzen verstehen zu können, muss man wirklich ganz genau hinschauen, was aber vielleicht auch nur logisch ist, wenn man bedenkt, dass Bakterien wie Archaeen am Ende des Tages doch ziemlich winzig sind. Aber dann sieht man, dass die Zellwände von Archaeen komplett anders aufgebaut sind als die von Bakterien. Das Gleiche gilt für die RNA-Polymerase, also die Enzyme, mit denen die Proteine produziert werden. Der Stoffwechsel der Archaeen läuft anders ab als bei den Bakterien. Und es gibt noch eine Reihe weiterer Unterschiede, die nicht unbedingt relevant klingen mögen, wenn man keine Ahnung von Mikrobiologie hat, aus den Archaeen aber völlig andere Viecher machen, als es die Bakterien sind. Tatsächlich ähneln sie in vielen Eigenschaften eher den Eukaryoten als den Bakterien. Was bedeutet: Auch wir Menschen sind enger mit den Archaeen verwandt als mit den Bakterien. Beziehungsweise: Wir stammen vermutlich von Archaeen ab. Was uns jetzt aber nicht unbedingt besonders macht, weil das für alle Eukaryoten gilt. Alle Tiere, Pflanzen, Pilze und alle anderen Lebewesen, die Zellkerne haben, dürften nach allem, was wir heute wissen, von Archaeen abstammen. Wenn wir unseren Ursprung verstehen wollen, müssen wir also nachvollziehen können, wie die Archaeen sich vor Milliarden von Jahren zu Eukaryoten entwickelt haben.

Genau hier tauchen jetzt die Lokiarchaeen auf, deren Entdeckung im Jahr 2015 den Anlass zu dieser Geschichte gegeben hat. Und das mit dem Auftauchen ist wörtlich gemeint, denn sie wurden 2300 Meter tief unter Wasser gefunden, ziemlich genau in der Mitte zwischen Grönland, Spitzbergen und Skandinavien. An dieser Stelle befindet sich ein unterirdisches Gebirge, der mittelozeanische Rücken, und dort gibt es sogenannte Schwarze Raucher, also geothermale Quellen, aus denen extrem heißes Wasser aus tiefen geologischen Schichten nach oben dringt und diverse Mineralien und andere nützliche Stoffe aus der Tiefe auf den Meeresboden befördert. Mit diesen Chemikalien können Mikroorganismen jede Menge tolle Sachen anstellen; zusammen mit dem heißen Wasser reicht das den Winzlingen beispielsweise als Energiequelle für ihren Stoffwechsel aus. Deswegen gibt es rund um die Schwarzen Raucher regelrechte Biotope, die man sich wie Oasen in der dunklen kalten Tiefsee vorstellen kann. Und weil dort so viel los ist, schauen auch die Biolog:innen immer wieder mal nach, was es dort zu finden gibt.

In Sedimentproben, die 2010 dort entnommen wurden, konnte Christa Schleper von der Universität Wien mit ihrem Team dann genetische Spuren von bisher unbekannten Archaeen nachweisen. Die Analyse hat gezeigt, dass sie noch sehr viel enger mit den Eukaryoten verwandt sein müssen als die bisher bekannten Arten. Sie haben zwar immer noch keinen Zellkern. Aber viele Gene, die man sonst nicht bei Archaeen, sondern bei Eukaryoten findet, darunter auch genau jene Gene, die zum Einsatz kommen, wenn eine Zelle einen fremden Partikel umfließt und quasi in sich aufnimmt. Und genau so hat man sich die Entstehung der ersten eukaryotischen Zellen vorgestellt.

Der Vorgang wird in der Biologie etwas martialisch als »Versklavung von Cosymbionten« bezeichnet. Beziehungsweise als die E3-Hypothese, was für »Entangle, Engulf, Enslave Hypothesis« steht und auf Deutsch so viel wie »›Umschlingen, umhüllen, versklaven‹-Hypothese« bedeutet. Und das läuft dann so ab: Ein Lokiarchaeon (haben wir schon erwähnt, dass die Einzahl von Archaeen »Archaeon« lautet? Nein? Gut, dann sei das hiermit nachgeholt) trifft irgendwo auf eine bestimmte Bakterienart. Das passt gut, denn unser Lokiarchaeon muss irgendwo den ganzen Wasserstoff loswerden, den es bei seinem Stoffwechsel als Abfallprodukt erzeugt. Da kommt so ein Bakterium ganz recht, denn das kann mit dem Wasserstoff seinen eigenen Stoffwechsel ankurbeln und die eigenen Abfallprodukte mit Dank an das Archaeon zurückgeben. Das läuft super, aber nur solange sich die Bedingungen nicht ändern. Wenn die Umgebung vorher zum Beispiel sauerstoffarm war, jetzt aber plötzlich sehr viel Sauerstoff durch die Gegend wabert, laufen die chemischen Vorgänge unrund.* Dann braucht das Archaeon ein anderes Bakterium, um sein Leben wieder auf die Reihe zu bekommen. Und wie das eben manchmal so ist: Zuerst ist das Bakterium einfach nur ein Arbeitskollege, eh ganz nett und praktisch. Dann aber merkt man, dass die Beziehung doch inniger wird, und ist plötzlich fix zusammen. Genau so soll es laut E3-Hypothese auch unseren beiden Hauptdarstellern gegangen sein: Wenn Archaeon und Bakterium nur losen Kontakt haben, dann klappt das mit der Symbiose zwar. Aber noch besser läuft es, wenn sich die beiden für ein exklusives Beziehungsmodell entscheiden: Wenn das Archaeon das Bakterium regelrecht umschlingt und festhält, dann läuft die Symbiose wie geschmiert. Je enger gekuschelt wird, desto besser.

Aus dem intensiven Kuscheln wird ein Umhüllen und Einverleiben, und irgendwann sind wir dann beim Versklaven angekommen. Das Bakterium

---

* Was vor rund 2,4 Milliarden Jahren tatsächlich der Fall war. Damals kamen andere Mikroorganismen auf die Idee, ihren Stoffwechsel neu zu organisieren, sodass als Abfallprodukt jede Menge Sauerstoff entstand. Mit dem konnte das damalige Leben nicht viel anfangen; im Gegenteil, das Gas war regelrecht giftig. Die allermeisten der damals lebenden Organismen starben aus; nur einige überlebten, und zwar genau die, die rechtzeitig gelernt haben, damit umzugehen.

ist auf einmal kein eigenständiges Lebewesen mehr, sondern nur noch eine Komponente innerhalb der Archaeon-Zelle. So, das besagt zumindest die E3-Hypothese, sind aus den zellkernlosen Archaeen allmählich die komplexen eukaryotischen Zellen entstanden. Die Mitochondrien (und immer wenn man irgendwo »Mitochondrien« schreibt, muss man sofort »sind die Kraftwerke der Zelle« dazusagen) zum Beispiel sind genau solche ehemaligen versklavten Bakterien, und Gleiches gilt für andere Zellbestandteile.

Ob die Dinge sich wirklich so zutrugen, wissen wir nicht mit letzter Sicherheit. Aber im Januar 2020 ist es einer Forschungsgruppe aus Japan erstmals gelungen, Lokiarchaeen im Labor zu züchten. Aus Sedimentproben, die genau von dort stammten, wo man die ersten Lokiarchaeen entdeckt hatte, isolierten und züchteten sie in jahrelanger Arbeit eine ansehnliche Menge von *Prometheoarchaeum syntrophicum*. Das erste Mal hat man ein Lokiarchaeon, das in Gefangenschaft überleben und daher auch im Detail studiert werden kann. Unter dem Mikroskop zeigt es jede Menge lange Tentakel; ideal, um das arglose Bakterium zu umschlingen, zu umhüllen und zu versklaven.

Es ist also alles andere als unwahrscheinlich, dass wir Menschen tatsächlich von den Archaeen abstammen. Sie waren die Ersten, die gelernt haben, wie man komplexe Zellen mit Zellkern und allem Drum und Dran bastelt. Aus ihnen haben sich alle anderen Eukaryoten entwickelt. Tiere, Pflanzen, Pilze und so weiter. Das wäre eh schon Grund genug, sie nicht einfach so zu ignorieren. Aber die Archaeen sind auch sonst schlicht und einfach enorm cool. Sie sind die Extremsportler unter den Mikroorganismen und können Sachen, die sonst niemand kann. Furzen zum Beispiel.

O.k., das können wir Menschen auch. Das können viele Lebewesen. Aber ohne Archaeen wäre so ein Furz nicht dasselbe. Ohne Archaeen wäre in unseren Fürzen kein Methan. Denn Archaeen sind die einzigen bekannten Methanbildner. So nennt man Mikroorganismen, bei deren Stoffwechsel Methan als Abfallprodukt entsteht – und alle, die wir bis jetzt gefunden haben, gehören zu den Archaeen. Die leben, wie Bakterien auch, in uns Menschen (und anderen Tieren), zum Beispiel und vor allem in unserem Darm. Da ist es schön dunkel, da gibt es wenig Sauerstoff, aber viel Zeug, das man zersetzen kann. Und wenn wir dann mal furzen müssen, geben wir das Methan frisch vom Archaeenhof hinaus in die Welt weiter.

Kurze Zwischenfrage: Welches Lebewesen kann sich am schnellsten fortbewegen? O.k., gut, die Frage hätten wir wahrscheinlich an anderer Stelle unterbringen müssen. Weil jetzt werden Sie sicher mit »Archaeen« antworten und hätten natürlich recht. Es gibt Archaeen, die können in einer Sekunde einen halben Millimeter weit schwimmen. Und wenn Sie das nicht beeindruckend finden, dann sind Sie selber schuld. Denn diese Archaeen sind nur gut einen Mikrometer groß, was bedeutet, dass sie in dieser Sekunde das 500-Fache ihrer eigenen Körpergröße zurücklegen. Bei einem Menschen würde das einer Geschwindigkeit von mehr als 3000 km/h entsprechen!

Und wenn so ein Archaeon nicht gerade extrem schnell durch die Gegend flitzt, dann sitzt es oft an einem ziemlich extremen Ort herum. Heiße Quellen zum Beispiel sind für sie kein Problem. *Pyrococcus furiosus* zum Beispiel, was übrigens »rasender Feuerball« bedeutet, fühlt sich erst bei Wassertemperaturen von über 100 °C so richtig wohl. Was nicht nur sehr kurios ist, sondern auch äußerst praktisch für uns. Wir haben uns die DNA-Polymerase von *Pyrococcus* geschnappt, also das Enzym, das dafür zuständig ist, einzelne Moleküle zu einem DNA-Strang zusammenzusetzen. Was wir Menschen in unseren Labors immer wieder machen müssen, wenn wir genetische Analysen durchführen. Denn weil ein einziges DNA-Molekül so winzig ist, müssen wir es erst mal sehr, sehr oft kopieren, bis genug für eine ordentliche Untersuchung da ist.

So ein DNA-Vervielfältigungsverfahren wurde schon 1983 erfunden, war damals aber noch sehr kompliziert, weil die Probe zwischendurch immer wieder erhitzt und dann abgekühlt werden musste. Diese ständigen Temperaturschwankungen hat die ursprünglich verwendete DNA-Polymerase nicht mitgemacht und musste daher immer wieder ersetzt werden, wodurch der ganze Vorgang sehr lange gedauert hat. Die Polymerase der Archaeen aber hält die hohen Temperaturen problemlos aus und arbeitet auch noch deutlich besser als die bisher verwendeten Enzyme. Die »Polymerase-Kettenreaktion« im Labor lief damit viel effizienter ab. Auf Englisch heißt dieser Prozess übrigens »polymerase chain reaction«, oder kurz PCR (wie Sie schon wissen, wenn Sie vorher gut zugehört haben). Ja, genau – diese PCR! Vor ein paar Jahren hätten, abgesehen von den Biolog:-innen, bei dieser Abkürzung vermutlich nur die Mitglieder der Partidul

Comunist Român aufgehorcht. Aber seit dem Ausbruch der Corona-Pandemie hat die Polymerase-Kettenreaktion die rumänische kommunistische Partei an Popularität deutlich überholt. Wenn wir eine Speichelprobe auf das Vorhandensein des Corona-Virus prüfen wollen, dann müssen wir die eventuell vorhandenen DNA-Spuren des Virus erst so weit vervielfältigen, bis die Menge eine gewisse Nachweisgrenze überschritten hat. Dazu braucht es die PCR – und wenn wir das Ergebnis eines PCR-Tests nach nur ein paar Stunden erhalten, dann haben wir das unter anderem den Archaeen zu verdanken.

Archaeen können auch dort leben, wo der pH-Wert extrem hoch oder niedrig ist, also in sehr sauren oder basischen Umgebungen. Sie halten Salzkonzentrationen aus, die alle anderen Lebewesen umbringen (weswegen man sie zum Beispiel auch im Toten Meer findet). Sie ertragen höchste Drücke, kommen ohne Sauerstoff und Licht aus und vieles mehr. Es gibt natürlich auch Archaeen, die ein ganz »normales« Leben fristen, aber wenn man irgendwo Mikroorganismen in einer extremen Umgebung findet, dann kann man sich halbwegs sicher sein, dass man es mit Archaeen zu tun hat.

Und als wenn das nicht alles schon beeindruckend genug wäre, haben wir bis jetzt noch kein Archaeon entdeckt, das uns krank macht. Sie leben zwar, so wie Bakterien, Viren, Pilze und andere Mikroorganismen auch, in unserem Körper. Aber sie schaden uns nicht. Gut, es gibt ein paar Hinweise, dass sie indirekt dazu beitragen, weil ihre Anwesenheit das Wachstum von krankheitserregenden Bakterien fördern kann. Aber die Archaeen selbst tun uns, nach allem, was wir bis jetzt wissen, nichts. Wir haben noch nicht wirklich eine Ahnung, warum das so ist, und es kann natürlich auch sein, dass wir nur noch kein krankheitserregendes Archaeon gefunden oder noch nicht gemerkt haben, wie sie uns vielleicht doch krank machen. Aber vielleicht gehören sie ja wirklich zu den netten Mikroorganismen, was auch recht praktisch ist, denn sonst bräuchten wir entsprechende Medikamente und müssten uns Worte wie »Antiarchaeeikum« oder so was merken.

Die Einteilung der Lebewesen ist noch längst nicht abgeschlossen. Neue Entdeckungen führen immer wieder dazu, dass umsortiert wird, teilweise sogar recht ordentlich. Es gibt auch Biolog:innen, die der Ansicht sind, man sollte die Eukaryoten direkt bei den Archaeen miteinsortieren. Was uns Menschen dann auch zu Archaeen machen würde. Wenn Sie also mal ein Archaeon treffen, seien Sie freundlich: Es gehört zur Familie.

Small-Talk-Hilfe: Rotze aus dem All

Wenn Sie das nächste Mal nach einem Regenschauer durch die Gegend spazieren und ein wenig Hunger kriegen sollten, halten Sie doch mal Ausschau nach Sternenrotz. Oder Teufelsdreck, Hexenkaas oder Zauberbutter. Ist in Wahrheit alles dasselbe, nämlich *Nostoc commune*. Das sind Bakterien, die sich zu großen Kolonien zusammenschließen und durch den Regen zu einer glibberigen Masse aufquellen. Der berühmte Forscher Paracelsus hat das Zeug im 16. Jahrhundert für die Ausscheidungen von Sternen gehalten. Seiner Meinung nach ernährten sich Sterne von Feuer – und wer isst, muss auch aufs Klo gehen. Was prinzipiell richtig, aus astronomischer Sicht aber dann doch eher falsch ist. Essbar ist dafür aber *Nostoc commune*. In Asien wird der Sternenrotz gerne verzehrt, was vermutlich auch daran liegt, dass die Bakterienkolonien dort »Gemüse der himmlischen Unsterblichen« genannt werden.

Die Science Busters 2015

2015 hat natürlich auch pünktlich nach 3 Silvestershows begonnen. Die 3 Einstiegsfragen waren diesmal, falls es Sie interessiert, 3 Wie-Fragen:

– Wie überlistet man Eichhörnchen?
– Wie riechen Kometen?
– Wie schmecken Oberhummer?

Die Antworten in Kurzform: Relativ leicht, eigentlich gar nicht, hätte heißen müssen wonach, und manchmal nach Urin, aber nur wenn sie verliebt sind.

Gern geschehen.

Wonach Kometen riechen, ist deshalb relevant geworden, weil am 12. November 2014 die Landungssonde Philae sich von der Muttersonde Rosetta getrennt und wenig später auf dem Kometen 67P/Tschurjumow-Gerassimenko aufgesetzt hat. Das habe ich im vorigen Kapitel unterschlagen. Brauchen Sie nicht zurückzublättern, ist so. Obwohl es ein Riesenhallo war – und Heinz Oberhummer bei der Schilderung der Vorkommnisse vermutlich mehr Luftsprünge absolviert hat

als in den Jahren davor zusammen.

Die Raumsonde Rosetta der ESA ist mehr als zehn Jahre lang von der Erde zum Kometen Tschurjumow-Gerassimenko, kurz genannt »Tschuri«, geflogen. Für Wiener Ohren, wenn es keine zu jungen Ohren sind, klingt das lustig, international ist das eben so eine Boulevardzeitungsabkürzung. Kann man doof finden, aber besser auch solche Medien beschäftigen sich mit Wissenschaft als etwa mit orchestrierter Ausländerfeindlichkeit. Oder sogenannten Skandalen an Königshäusern. Oder frisch entdecktem Superfood von sehr weit her. Tschuri war zum Zeitpunkt der Sondenlandung über 500 Millionen Kilometer entfernt von der Erde. Hätte man dort Superfood gefunden, wäre das ausnahmsweise eine Meldung wert gewesen.

Am 10. September 2014 hat Rosetta also, nachdem sie zehn Jahre unterwegs war, auf eine Umlaufbahn um den Kometen eingelenkt – und 2 Monate später die Landeeinheit Philae auf der Oberfläche des Kometen abgesetzt. Eine gewaltige Leistung, nicht nur, wenn man bedenkt, was sich in zehn Jahren alles auf der Erde geändert hat.

In seiner ersten Show mit den Science Busters, als Friend, hat Florian Freistetter dann einen Kometen live auf der Bühne gebacken. Nachdem er schon quasi der dritte Autor des Buches *Das Universum ist eine Scheißgegend* war, haben wir eine gemeinsame Show aufgelegt. »Bestialisches Universum«, Premiere am 18. Mai 2015. Gleichzeitig war das auch die letzte Science-Busters-&-Friends-Show. Nachdem wir monatelang darüber nachgedacht hatten, wie wir dieses neue Format konzipieren und programmieren. Es war der Vorabend von Heinz Oberhummers 74. Geburtstag. Natürlich haben wir nach der Show nicht nur Premiere gefeiert. Leider war es der letzte Geburtstag, den wir gemeinsam feiern konnten. Denn von diesem Moment an hat das Jahr der Schicksalsschläge, wenn man so will, Fahrt aufgenommen.

Am 15. Juni ist Harry Rowohlt gestorben. Wie sehr er uns verbunden war, wie gern wir ihn gemocht haben, wissen Sie ja spätestens seit Kapitel 6. Es war also ein sehr trauriger Sommerbeginn.

Noch vor dem Sommer hatten wir unsere neue Show fertig, das war eine Novität. Mehrere Vor-Premieren schon Wochen vor der Uraufführung, das gab's bei uns noch nie. Über den Sommer haben wir Martin Moder und Gunkl und Peter Weinberger gefragt, ob sie uns einmal die Ehre als Friends erweisen würden. Was sie erfreulicherweise gerne gewollt haben würden. Dann hat noch Gerhard Polt ein Vorwort zu unserem neuen Buch beigesteuert, so gut wie alle Shows im Herbst waren bereits vor Saisonbeginn ausverkauft, es standen noch 2 weitere Einspieltermine an, und dann sollte es losgehen.

Dagegen hatte aber leider Werner Grubers Herz was einzuwenden und quittierte auf der Fahrt ins Burgenland, in die Cselleymühle, kurzerhand den Dienst. Mitten auf der Autobahn.

Als Martin Puntigam Ende der 1990er-Jahre in Graz Medizin zu studieren begonnen hatte, standen am Beginn der Ausbildung vier Prüfungen: Biologie, Physik, Chemie und Erste Hilfe. Letztere wurde immer ein wenig belächelt, weil richtig viel lernen musste man dafür nicht, und es war niemand bekannt, der die »Prüfung«, für die es dennoch ein Zeugnis gab, nicht bestanden hätte. Aber, wie sich 25 Jahre später herausgestellt hat, schlecht ist es trotzdem nicht, wenn man sich damit einmal eingehender beschäftigt hat. Außerdem hatten wir in unserer Bühnenshow »James Bond & Co. – Hollywood und die Physik« ausführlich über Herz-Lungenmassage und Defibrillatoren gesprochen und darüber räsoniert, ob man einem Bewusstlosen vor der Beatmung Speisereste und dergleichen aus dem Mund räumen sollte, bevor man loslegt. Grubers Witz dazu lautete: Falls Sie eine Leberkässemmel finden, legen Sie sie auf die Seite als Stärkung für danach, denn Herzmassage ist anstrengend. Und sie ist auch viel wichtiger als das Beatmen – das man eigentlich bleiben lassen kann bei der Ersten Hilfe, um sich stattdessen voll aufs Herz konzentrieren zu können, ohne zuerst darüber nachzudenken, wie oft man zwischen den Massagen denn nun beatmen soll. Das bisschen Sauerstoff, das das Gehirn eines bewusstlosen Menschen braucht, ist noch im Blut vorhanden bzw. kommt auch bei der Herzmassage in die Luftröhre. Wichtig ist, dass Sie möglichst schnell beginnen, auf dem Herzen

herumzureiten. Nur ja nicht zu sachte. Das ist bei Werner Gruber zum Glück gelungen, auch weil nach Beginn der Ersten Hilfe zufällig ein Rettungssanitäter vorbeikam, anhielt und dem störrischen Herzen zeigte, was eine Massage ist. Wer weiß, wie es sonst ausgegangen wäre und ob Werner Gruber das Leben, das er so glücklicherweise hat führen können, auch wirklich hätte weiterführen können.

Auf Tour gehen oder auch nur Premiere spielen war allerdings natürlich nicht möglich. Alle Auftritte wurden bis auf Weiteres abgesagt. Und wenn er nicht mehr erkennbar als er selbst aufgewacht wäre im Spital, dann wäre die Geschichte der Science Busters an dieser Stelle zu Ende gewesen.

In den Science-Busters-Shows äußern sich die Wissenschaftler:innen gern aus Spaß abfällig übers Forschungsgebiet der anderen. So auch Werner Gruber über die Theoretische Physik. Aber wenn die Nominierung zum Nobelpreis zur Sprache kam, ist Werner Gruber ausnahmsweise zur Ehrenrettung seines Kollegen eingeschritten und hat Oberhummer zwar als theoretischen Physiker geschmäht, leider nur von der TU Wien, er sei ein älterer Herr, aber älter würden wir alle, und wollte den Bühnenpartner gerade loben, da wendet Martin Puntigam auf die letzte Bemerkung, wir würden alle älter werden, ein: »Na ja. Ich weiß nicht – Sie?« Und konnte damit beim Publikum punkten, obwohl er selber keine Elfe war.

Werner Gruber wog damals nämlich vermutlich knapp 200 Kilogramm, ganz genau ermittelt wurde das nie, und verraten hat er es auch nicht, aber es handelt sich um eine gute Annäherung. Und dass seine Organe, allen voran das Herz, diesen Körper möglicherweise nicht bis ins Methusalemalter bei Laune halten würden, war zumindest kein extrem abwegiger Gedanke.

Auf der Bühne war das immer ein erfolgreicher Witz, nachdem es dann aber im echten Leben fast so weit war, haben wir den Bühnenwitz schnurstracks in Pension geschickt. Werners Erholung schritt glücklicherweise im Rahmen des Möglichen verhältnismäßig rasch voran, und es war relativ bald abzusehen, dass er sich wieder ganz erholen würde. In Absprache mit ihm haben wir die Premiere um einen Monat verschoben – und dann in der Besetzung Freistetter, Oberhummer, Puntigam gespielt.

Unter diesen dramatischen Umständen wurde Florian Freistetter also vom Friend zum Mitglied der Science Busters. Angedacht war das schon länger, denn Heinz Oberhummer wollte allmählich leiser treten und sich ab und zu von Florian vertreten lassen.

Dass Florian dann für Werner Gruber eingesprungen ist und Heinz nur wenig später viel leiser getreten ist, als sich das alle gewünscht und vorgestellt hätten, war natürlich nicht geplant.

Als Special Guest bei der Uraufführung am 6. Oktober 2015 wirkte noch Maria Hofstätter mit, die auch das Hörbuch zur *Scheißgegend* eingelesen hat. Und zwar in diesem ausgesprochen heißen Sommer 2015, in dem in Wien zu sein wochenlang ein sehr hochtemperiertes Vergnügen war, und das gemeinsam mit Stefan Deisenberger in dessen Studio, in dem übrigens auch die komplette Musik der Science Busters entstanden ist. Von der grandiosen Anfangssequenz mit dem gemorsten »Science« bis zum Schlussmarsch, der nach einer gemeinsamen Show sogar mit den Stimmen der Wiener Sängerknaben gepimpt wurde. Und alle Stücke dazwischen stammen auch von ihm, alle Bits und Clips und Töne und jedes Geräusch, das Sie jemals live oder im Fernsehen in einer unserer Shows gehört haben. Wenn man ihn um neue Musik bittet und so circa sagt, was man bräuchte, muss man nicht zu Hause auf den Fingernägeln kauen, es kommt sicher was retour, was sofort passt. Zumindest war das bislang so.

Auf die geglückte Premiere folgten knapp 20 Termine in Deutschland und Österreich.

Anfang November stand wieder die Verleihung des Österreichischen Kabarettpreises im Terminkalender, diesmal haben ihn aber nicht die Science Busters gewonnen, sondern Martin Puntigam und Matthias Egersdörfer für ihr Duo »Erlösung«. An diesem Abend war Heinz Oberhummer noch fidel und bester Dinge. Ein paar Tage später auf dem Weg nach Hamburg zur Nacht des Wissens kam ein Husten aus seinem Körper, das auf dem Rückflug schon so hartnäckig war und schließlich als Infektion so massiv, dass wir unsere Auftritte erneut absagten. Am 10. November hat Heinz in Baden seinen letzten Auftritt gespielt, am 13. November war er schon auf dem Weg zu einer

Show in Graz, ist aber lieber Richtung Krankenhaus abgebogen. Die Krankheit, die sich schon auf dem Weg der Besserung zu befinden schien, war wieder mit voller Wucht zurückgekehrt.

In Graz sollte erstmals Helmut Jungwirth einen kurzen Auftritt absolvieren und 15 Minuten im Rahmen einer Show bestreiten. Um Bühnenluft zu schnuppern und langsam als Friend der Science Busters eingeführt zu werden. Als Heinz nicht konnte, sind aus den 15 Minuten etwa 100 geworden, also eine ganze Show. Was er bravourös gemeistert hat. Er war natürlich einigermaßen aufgeregt und hat schätzungsweise sein halbes Labor von der Universität ins Theater transferiert, um auf der Bühne nur ja genug Sachen mitzuhaben. (Ein halbes Jahr später sollte Peter Weinberger bei seinem Einstand noch mehr Materialien von seinem Institut ins Theater verfrachten, u. a. einen schweren, gefliesten Labortisch mit allen Anschlüssen. Das gehört wohl beim Bühnendebüt von Uni-Professoren dazu. Elisabeth Oberzaucher, Martin Moder, Ruth Grützbauch und Florian Freistetter sind mit deutlich weniger ausgekommen. Und Gunkl sowieso.)

Am nächsten Tag ging es nach Klagenfurt, und ab da hatte die Scheißgegend-Show mit Florian Freistetter und Helmut Jungwirth eine neue, provisorische Besetzung. Denn dass Heinz nicht mehr zurückkommen würde, hat niemand erwartet. Und doch war es so. Am 24. November ging sein Leben zu Ende, offiziell aufgrund einer Lungenentzündung.

Die Anteilnahme war groß. Es gab aber keine öffentliche Trauerfeier, weil die Familie im kleinen Rahmen unter sich bleiben wollte. Und es gab auch kein Begräbnis. Weil Heinz seinen Körper der Wissenschaft zur Verfügung gestellt hatte. Nicht nur im Leben.

Die Zukunft stand in den Sternen. Im wahrsten Sinn des Wortes.

HEFEBRUDER

*2016 war das 9. wärmste Jahr
seit es Aufzeichnungen gibt.
Es befinden sich 399 ppm CO_2
in der Atmosphäre.*

Der Bundesfachausschuss Entomologie des Naturschutzbundes Deutschlands hat im Jahr 2016 den »Dunkelbraunen Kugelspringer« zum Insekt des Jahres gewählt (die Wahl gilt übrigens auch für Österreich und die Schweiz). Nicht, weil das Tier so eindrucksvoll über dunkelbraune Kugeln springen kann. Oder weil ein Jahr später ein übergewichtiger Neonazi Vizekanzler werden sollte. Es heißt so, weil es aussieht wie eine dunkelbraune Kugel, nur ein paar Millimeter groß. Es gehört zur Art der Springschwänze, die wiederum zu den Sackkieflern gehören, und nein, wir haben uns das nicht ausgedacht; fragen Sie gerne einen Biologen oder eine Biologin Ihrer Wahl. Der Kugelspringer ist winzig, aber wenn Sie mal einen zu Gesicht bekommen, können Sie sich freuen: Er lebt dort, wo der Boden gesund ist.

Sollte man den von der Deutschen Gesellschaft für Protozoologie im Jahr 2016 gewählten Einzeller des Jahres zu Gesicht bekommen, ist die Freude vermutlich weniger groß. Denn diese Ehre ging an *Trichomonas vaginalis*. Der Mikroorganismus kommt als Parasit in den Schleimhäuten des Urogenitaltrakts des Menschen vor und verursacht dort Geschlechtskrankheiten.

Da zieht man sich doch lieber in das vom Bund Deutscher Forstleute für 2016 gekürte »Waldgebiet des Jahres« zurück, nämlich den Küstenwald der Ostseeinsel Usedom. Wenn man außerhalb der Saison hinfährt, stehen die Chancen gut, dass man keine Menschen trifft, die einen mit *Trichomonas vaginalis* bekannt machen können; dafür werden sich dort sicher ein paar Dunkelbraune Kugelspringer finden lassen.

Und nach dem Waldspaziergang kann man sich ein kühles Bier gönnen, das wir unter anderem *Saccharomyces cerevisiae* zu verdanken haben. Cervisia kennen Sie vielleicht auch aus Asterix-Heften, wo der Vorläufer des Bieres entsprechende Wirkung verbreitet. Vom genussvollen Durstlöschen bis zum Kontrollverlust nach Überdosierung. *Saccharomyces cerevisiae* ist ein Hefepilz, der beim Backen eingesetzt wird, aber ebenso bei der Herstellung von Wein, Bier und Sekt. 2016 konnten die Sektkorken aber noch nicht Anfang des Jahres bei der Wahl der Mikrobe des Jahres knallen, denn die Kür entschieden vorerst die Streptomyceten für sich, die uns unter anderem jede Menge wirksame Antibiotika geliefert haben. Seit Jahrzehnten bekommt man vom Arzt nach Verschreibung der Tabletten den Rat, sie nicht mit Alkohol zu kombinieren. Vielleicht haben Sie es aber doch schon ausprobiert und keinerlei Komplikationen erfahren. Angeblich habe das historische Gründe. Weil man kurz nach Einführung mangels ausreichender Studien noch nicht genau gewusst habe, ob sich die beiden Substanzen vertragen, habe man sicherheitshalber vom gemeinsamen Verzehr abgeraten. An sich keine schlechte Taktik, aber müssen wir sie heute nach vielen Jahren Erfahrung damit auch noch beherzigen? Ja und nein. Für Laien stimmt es nach wie vor, aber wenn man sich auskennt, weiß man, welche Antibiotika ungünstig auf Alkohol reagieren und welche nicht. Und bechert nur als Weinbegleitung zu den harmlosen. Wenn Sie nicht wissen, um welche es sich dabei handelt, zählen Sie zu den Laien und sollten während der Therapie abstinent bleiben. Was aber ohnedies keine verkehrte Maßnahme ist im Krankheitsfall.

Zurück aber zur Bierhefe. Ende des Jahres war es dann so weit: großer Bahnhof für den Publikumsliebling *Saccharomyces cerevisiae*. Nobelpreis für Physiologie und Medizin! Tusch!! Beziehungsweise natürlich nicht für die Hefe persönlich; die kann damit wenig anfangen und hat als Einzeller auch Schwierigkeiten, sich die Medaille um den Hals zu hängen oder dem schwedischen König die Hand zu schütteln. Den Preis gab es auch nicht für die Herstellung von Brot, Wein und Bier (was allerdings durchaus verdient wäre). Sondern für den japanischen Wissenschaftler Yoshinori Ohsumi, der sich aber gerne bei der Hefe bedanken kann. Dass er seine Dankesrede begonnen hat mit »I hefe a dream« ist allerdings völlig haltlos.

Saccharomyces bedeutet übersetzt Zuckerhefen, die lateinische Artbezeichnung *cerevisiae* heißt übersetzt »des Bieres«. Die Bekanntschaft Mensch-Hefe wurde vor rund 12 000 Jahren eher zufällig geschlossen. Vermutlich weil sie bunt sind, bekömmlich und das Geschmackserlebnis pimpen, wurden vor dem Verzehr Früchte in den Getreidebrei gegeben. Blinder Passagier waren Wildhefen, die sehr oft auf der Schale von Früchten zu finden sind. Die Hefen haben den Brei vergärt, die Menschen haben bemerkt, dass da was für sie Erfreuliches passiert, und der Grundstein für die Bierproduktion war gelegt. Sehen konnten wir die nur ungefähr einen Tausendstel Millimeter großen Hefezellen damals nicht. Der erste Mensch, dem es gelang, Mikroorganismen mit einem selbst gebauten Mikroskop sichtbar zu machen, war der niederländische Naturforscher Antoni van Leeuwenhoek im 17. Jahrhundert.

Yoshinori Ohsumi hingegen konnte die Hefe nicht nur sehen, er konnte genetisch mit ihr arbeiten, sie fast beliebig vermehren und durch genaue Untersuchung und Analyse erstmals den Mechanismus der »Autophagie« entschlüsseln, einen grundlegenden Prozess zum Abbau und Recycling von Zellbestandteilen. Recycling ist also nicht nur eine sinnvolle Errungenschaft des Menschen, sondern auch ein hochkomplexer molekularer Mechanismus, um Zellmüll aufzuräumen. Wenn wir Nahrung zu uns nehmen, wandelt unser Körper die Nährstoffe nicht nur in Energie um, sondern produziert auch Nebenprodukte und zellulären Müll, mit dem die Zelle nichts mehr anfangen und der mitunter sogar schädlich sein kann. Wie etwa oxidierte Lipide. In unseren Zellen geht's also zu wie in unserem Haushalt, nur dass sich nicht Verpackungsmaterial, Essensreste oder alte Batterien ansammeln, sondern Fette, Aminosäuren und Proteine. Und die müssen auch zur Reststoffsammelstelle.

Darauf haben sich unsere Zellen im Laufe der Evolution gut eingestellt und funktionieren ähnlich wie Fabriken. Die unterschiedlichen Organisationsbereiche von Fabriken sind in unseren Zellen strukturell abgegrenzte Einheiten, so genannte Organellen. Zu diesen zählen z. B. die Mitochondrien (die Kraftwerke der Zelle), die Ribosomen (die Orte der Proteinbildung) oder die Lysosomen. Die fungieren als zelluläre Müllabfuhr. Für die Entdeckung dieser Lysosomen gab es übrigens auch einen Nobelpreis für Physiologie, und zwar für Christian de Duve im Jahr 1974. Von ihm stammt auch der Begriff der Autophagie, was aus dem Griechischen kommt und übersetzt so viel wie »sich selbst verzehren« bedeutet. Sich zu verschlucken ist aber was anderes. Und dieser Mechanismus kann auch nicht analog zum Kannibalismus gesehen werden. Er dient dem Zweck, bei einsetzendem Nahrungsmangel alles zu verdauen und zu Energie zu machen, was entbehrlich oder vielleicht sogar schädlich in der Zelle herumliegt. Ein bisschen wie strenger Lockdown und das Essen wird knapp. Dann schneidet man vielleicht auch nur den Schimmelrand vom Käsestück und verzehrt den Rest.

Die Bandbreite der zu verwertenden Produkte ist groß, von oxidierten Lipiden oder Proteinen über beschädigte Moleküle bis hin zu Organellen. Alles wird gesammelt, von einer Doppelmembran umschlossen und in einem zellulären Müllsack, dem Autophagosom, eingesperrt. Das Autophagosom wandert nun zu den Lysosomen. Diese Zellorganellen werden auch als Magen der Zelle bezeichnet, da sie Enzyme enthalten, die unter anderem Proteine, Nukleinsäuren oder Lipide spalten und abbauen können. Autophagosom und Lysosom fusionieren und bilden einen noch größeren Zell-Mülleimer, das sogenannte Autophagolysosom. (Sie sehen, in der Wissenschaft geht es zwar auch darum, Ihnen das Leben grundsätzlich schöner und einfacher zu machen. Aber bei der Benennung werden Sie nicht gefragt, ob ein Wortungetüm wie Autophagolysosom eine gute Idee ist, wenn man sich als Forscher:in allgemein verständlich machen will ...) Also zurück zum Autophagolysosom: Hat man eins davon, kann das Recycling beginnen – und in den Lysosomen wird alles abgebaut: Moleküle werden in ihre Bausteine zerlegt, die wiederum für den Zusammenbau von neuen Molekülen verwendet werden – und dieser Wiederverwertungsprozess ist so effizient, dass sogar das Baumaterial für die zellulären Mülleimer aus recycelten Membranen von abgebauten Organellen besteht.

Was in den menschlichen Zellen die Lysosomen sind, das sind in der Hefe die Vakuolen – und genau die untersuchte Yoshinori Ohsumi. Er stellte Hefe-Mutanten her, denen vakuoläre Abbauenzyme fehlten, und regte gleichzeitig die Autophagie an, indem er die Zellen fasten ließ. Wobei Fasten mit seinem in Religions- und Wellness-nahen Kreisen guten Ruf eher ein Euphemismus sein dürfte, denn fasten tut man ja nur dann, wenn man weiß, dass es danach wieder was gibt. Der richtige Ausdruck für die erzwungene Aktivität der Hefezellen lautet demnach natürlich hungern. Und Ohsumi war erfolgreich – er sah unter dem Mikroskop genau das, was er sich erhofft hatte. Die Vakuolen waren mit kleinen Vesikeln, den Autophagosomen, gefüllt, die nicht abgebaut worden waren, weil ja die vakuolären Abbauenzyme fehlten. Somit hatte er nicht nur gezeigt, dass auch in der Hefe Autophagie stattfindet, sondern er wusste sogar, welche Gene dafür verantwortlich waren. Denn er musste seinen Hefe-Mutanten nur die defekten Gene zuordnen.

Seine Untersuchungen ergaben, dass mindestens 15 Gene an der Regulation der Autophagie in Hefen beteiligt waren. Mittlerweile wurden mehr als 41 Hefe-ATGs (»autophagy-related genes«) identifiziert. Mithilfe dieser Gene kann man sich nun auf die Suche nach Orthologen machen. Das sind nicht etwa Ornithologen, die zu faul sind, sich ihren eigenen Namen zu merken. Als orthologe Gene bezeichnet man solche Gene eines Organismus, die denen in einem anderen Organismus ausgesprochen ähnlich sind. Man machte sich nun also auf die Suche nach orthologen Genen beim Menschen. Denn: Wenn ich in der Hefe Gene identifizieren konnte, die für die Autophagie verantwortlich sind, kann ich aufgrund der Basenabfolge auch jene Gene finden, die im Menschen dafür verantwortlich sind. Vielleicht. Denn Sie erinnern sich – in mice! Und in yeast ist noch ein bisschen trickier. Aber dennoch bescherten die erfolgreichen Versuche, die genetischen Grundlagen der Autophagie zu entschlüsseln, Yoshinori Ohsumi einen Nobelpreis – und uns einen wahren Boom in der Autophagie-Forschung.

Wenn Sie also Ihrem Körper eine Freude bereiten und ihn von Zellmüll befreien wollen, indem Sie die Autophagie ankurbeln, dann wäre Fasten eine gute Wahl, speziell das »Alternate-day-fasting« oder »Periodische Fasten«. Es wird abwechselnd je einen Tag gefastet und einen Tag ohne Einschränkung gegessen. Wissenschaftliche Studien konnten zeigen, dass nach 15 bis 20 Stunden das Fasten die Autophagie anregt.

Natürlich geht das nicht, seinem Körper eine Freude zu machen. Und der Geist lächelt gütig dazu. Beide sind eine Einheit und heißen zusammen wie Sie. Dass ab und zu länger nichts zu essen angenehm sein kann, weiß man schon länger. Weil man es ausprobiert hat. Freiwillig oder unfreiwillig. Ohne jedoch im Geringsten zu verstehen, was dabei auf molekularer Ebene passiert. Und in klerikalen Kreisen ist das analog zu Jahreszeiten, in denen das Nahrungsmittelangebot noch knapp sein konnte, genutzt worden, um Herrschaftsverhältnisse zu etablieren. Adventzeit und Fastenzeit als Vorübung für Hochfeste, an denen biografisch bedeutende Ereignisse einer Sagengestalt gefeiert wurden.

Auch wenn Ihnen Herrgötter und Messiasse heute egal sein sollten, dieser Mechanismus der hierarchischen Selbstermächtigung lebt heute im Bereich der sogenannten Wellness weiter. Auch dort werden streng autoritär Dinge verlangt und dafür abkassiert, die eigentlich völliger Schwachsinn sind: regelmäßige Einläufe, Schröpfen oder Heilfasten, um den Körper zu »entschlacken«. Detox wird das gern genannt, damit es so klingt, als wäre es zeitgemäß im 21. Jahrhundert.

Sollten Sie sich jedoch dazu entscheiden, Ihren Körper mit Detox-Produkten entgiften oder entschlacken zu wollen, dann werden Sie vergeblich nach wissenschaftlichen Studien suchen, die Sie dazu ermutigen. Dafür ist bislang noch nie ein Nobelpreis vergeben worden, und sollten sich die Vergabekriterien nicht grundlegend in ihr Gegenteil verkehren, wird das auch so bleiben. Der Begriff »Entschlackung« wurde übrigens schon lange vor Yoshinori Ohsumi geprägt, nämlich Anfang des 20. Jahrhunderts vom deutschen Arzt Otto Buchinger. Ende des 19. Jahrhunderts bekamen Industriestädte Kanal- und Abwassersysteme, und in der Medizin wurden Stoffwechsel- und Transportprozesse im menschlichen Körper besser verstanden. Und wie so oft haben schlichtere Gemüter aus der Pseudowissenschaft das genutzt, um ihre ebenso schlichten wie leicht verständlichen, aber eben in der Regel auch falschen und nicht selten gefährlichen Methoden gewinnbringend an den Mann und die Frau zu bringen.

Nicht immer in schlechter Absicht übrigens. Ähnlich wie Samuel Hahnemann, der neben mehreren Selbstversuchen mit Chinarinde, einem der wenigen damals bekannten wirksamen Medikamente, noch viele weitere Experimente fehlinterpretierte und mit der Zeit die Homöopathie erfand. Die, wie Sie spätestens seit Kapitel 7 wissen, aus wissenschaftlicher Sicht kompletter Humbug ist. Aber Medizin, wie wir sie heute kennen, gab es damals noch nicht, viele Wehwehchen und sogar manche ernste Krankheiten verschwinden manchmal von selber wieder, die Selbstheilungskräfte unseres Körpers sind enorm, immerhin ist uns ja mehrere Millionen Jahre lang keine Pharmaindustrie und kein Gesundheitssystem zur Verfügung gestanden. Manchmal hat Hahnemann mit seinen wirkungslosen Mixturen sogar weniger Schaden angerichtet als sogenannte Medicusse mit Aderlassen und anderen noch viel barbarischeren Methoden der damaligen Heilkunde. Eitel war er dem Vernehmen nach auch, und so hat er sich nicht gesagt: »Schade, wäre schön gewesen, wenn ich was Neues, Wirkungsvolles entdeckt hätte, aber leider ist es nur Quatsch«, sondern hat ein Geschäftsmodell samt pseudoreligiösem Überbau entwickelt, von dem Berufschwänzer:innen noch heute profitieren.

Bei Wilhelm Heinrich Schüßler und seinen Salzen, Edward Bach und seinen Blüten, Sigmund Freud und seiner Psychoanalyse oder Franz Anton Mesmer und seinem animalischen Magnetismus und etlichen mehr war es ähnlich. Alle hatten nicht vorrangig Schlechtes im Sinn, waren allerdings nicht in der Lage, den Holzweg, auf dem sie sich befanden, als solchen zu erkennen. Auch weil es sich teilweise um einen sehr lukrativen Holzweg handelte. Freud bediente sich anfangs sogar wissenschaftlicher Methoden und hat sich in frühen Jahren unter anderem damit beschäftigt, die Hoden von Aalen zu suchen. Die Metamorphose von Aalen, wo sie laichen, warum sie derartige Wanderungen auf sich nehmen und wo sie ihre Hoden so lange versteckt halten konnten, war lange unverstanden. Auch Freud hat das Rätsel nicht lösen können und im Jahr 1876 nach ein paar Wochen in Triest aufgegeben, in denen er als 19-jähriger Medizinstudent erfolglos etwa 400 Aale filetiert hatte. Leider, denn wäre er hartnäckiger bei der Suche nach Aalhoden geblieben, hätte er das Rätsel vielleicht lösen können, und der Menschheit wäre die Psychoanalyse und damit auch viel Leid erspart geblieben. Denn ähnlich wie Hahnemann hat er nicht erkannt und anerkennen wollen, dass ihm etwas gelungen ist, was in der Wissenschaft fast genauso wichtig ist wie Durchbrüche in der Forschung. Nämlich zu wissen, was verlässlich nicht funktioniert. Und so gehört Psychoanalyse heute neben Homöopathie, Bachblüten, Schüsslersalzen, Traditioneller Chinesischer Medizin und dergleichen mehr zu den Bizarrerien, die unverständlicherweise noch immer nicht auf dem Misthaufen der Medizingeschichte entsorgt worden sind.

Bei Otto Buchinger war eine schwere Krankheit, an der er litt und für die es keine Therapie gab, Ausschlag für seine Suche nach Heilung. Antibiotika und ein Gesundheitssystem heutiger Prägung waren auch über hundert Jahre nach Hahnemann noch Zukunftsmusik, und so hat er sich einer Fastenkur unterzogen, war erfolgreich, hat Kausalität und Korrelation verwechselt, wie andere vor ihm auch, eine Fastenklinik gegründet und das Heilfasten nach Buchinger geprägt. Dort gilt: dass der Körper von Zeit zu Zeit wie ein Ofen gründlich von seinen Schlacken gereinigt werden müsse, um besser zu ziehen. Schlacken entstehen etwa in Hochöfen bei sehr hoher Temperatur, mehrere Hundert Grad Celsius, sind also Rückstände aus Verbrennungs- und Verarbeitungsprozessen in der Metall-, Öl- und Kohleindustrie. Jedenfalls nicht bei Prozessen und Temperaturen, zu denen der menschliche Körper aus molekularbiologischer Sicht fähig wäre. Somit kann man sich auch nicht entschlacken. Wenn man einen menschlichen Körper in Kontakt mit mehreren Hundert Grad Celsius bringt, dann wird er komplett entschlackt. Man nennt das dann Kremation.

Zwar lernt man in der Schule im Biologieunterricht, dass im Körper Fett zur Energiegewinnung verbrannt wird, aber dabei handelt es sich nicht um eine Verbrennung wie im Kachelofen mit Feuer, sondern um einen Oxidationsprozess, bei dem Elektronen ausgetauscht werden. Auch Fett schmelzen zu lassen, wie das Detox-Produkte gerne versprechen, ist nicht möglich. Also Butter in der heißen Pfanne am Herd, das geht schon, aber nicht Fett in Ihrem Körper.

Was passiert tatsächlich, wenn Sie solche Detox-Produkte verwenden? Woraus bestehen sie? Wenn Sie ins Reformhaus gehen und sich beraten lassen, kann es leicht sein, dass Ihre Ausbeute aus einer Teemischung besteht, aus Fenchel, Kurkuma, Zimt, Birkenblättern, Brennnessel o. Ä. Macht man also im Reformhaus aus Gewürzen, die schon länger in Gläsern lagern und bevor die Motten sich über sie hermachen, Detox-Pulver und Tees? Möglich, aber nicht sehr wahrscheinlich. Und auch nicht nur Pulver und Tees, sondern auch Detox-Kapseln, die beispielsweise den Darm von Schwermetallen entgiften sollen. Wie nimmt man die ein – wie Magnete, die man außen an den Darm hält und die die Schwermetalle zum Hinterausgang begleiten, bis man in der Muschel ein »Bling« hört? Auch nicht. Das Schöne daran, wie in der Esoterik üblich: Was immer Sie machen, solange Sie nur Zuckerkügelchen oder Kräutertees nehmen, können Sie nicht viel falsch machen. Viel richtig unter Umständen halt leider auch nicht.

Wenn Sie Detox-Tees trinken und aufs Essen verzichten, machen Sie nämlich nichts anderes, als auf Nährstoffe zu verzichten, führen also eine schnöde Kalorienreduktion herbei. Daher muss der Körper dann auf Reserven, in diesem Fall auf Fettreserven, zurückgreifen, und Fett wird abgebaut. Das nennt man übrigens fasten. Dass das für den Körper gut ist, ist, wie wir vor Kurzem gelesen haben, wissenschaftlich bewiesen, Stichwort Autophagie und »Periodisches Fasten«. Aber dazu brauchen Sie keine teuren Detox-Tees, das schaffen Sie auch, wenn Sie nur Leitungswasser trinken. Als Geschäftsmodell natürlich ungünstig, denn Fasten ist gratis, erst bei den Detox-Tees kommt die Wertschöpfungskette in Gang.

Wenn Sie eine Methode suchen, mit der Sie Fett schneller, nämlich ein Kilogramm Körperfett innerhalb von zehn Stunden, verbrennen können, dann ist nur eine Methode effizient: der Ironman in Hawaii. 3,86 km schwimmen, 180,2 km radeln und dann einen Marathon laufen, also nochmal 42,195 km. Klingt einfach, hat aber einen kleinen Haken: Sie sollten nicht viel mehr als zehn Stunden dafür brauchen, denn nur dann verbrennen Sie circa 10 000 Kilokalorien – was etwas mehr als einem Kilogramm Fett entspricht.

Nicht, dass wir uns falsch verstehen: Wir nehmen regelmäßig Giftstoffe in gewissen Dosen auf, daran besteht kein Zweifel. Zwar muss der Körper nicht entschlackt werden, aber entgiftet schon. Medikamente, Drogen, Alkohol und Umweltgifte wie Pestizide kommen in unserer modernen Welt fortwährend in unseren Organismus. Aber erstens sind die Dosen in der Regel winzig und für uns unschädlich. Und zweitens hat der menschliche Körper natürlich Möglichkeiten, um mit den Belastungen durch schädliche Substanzen zurande zu kommen. Wir haben einen ausgezeichneten Entgiftungsapparat an Bord. Würden sich laufend Gifte in unserem Körper sammeln, die wir nicht ausscheiden können, wäre das Resultat das vorzeitige Ableben. Das ist nicht nur evolutionär nicht erwünscht. Giftstoffe oder Endprodukte unseres Stoffwechsels werden daher fortwährend über Nieren, Leber, Lunge, Haut und den Darm umgebaut oder ausgeschieden. Solange diese Organe widmungsgemäß funktionieren, nennt man das Gesundsein. Wenn sie ihre Pflicht vernachlässigen, ist man krank und braucht medizinische Betreuung und keine teuren Detoxkuren.

Wem Leber, Niere und Konsorten zu langsam arbeiten, für den hat unser Körper sogar noch ein besonderes Extra eingebaut. Nämlich erbrechen.

Das ist die schnellste Methode, um Giftstoffe wieder aus dem Körper zu entfernen. Das klingt in erster Näherung natürlich nicht nach Wellness, und vielen Menschen graust davor, aber kein Problem: Einfach sagen, ich mach kurz High Speed Detox, schon ist man wieder gesellschaftsfähig und die Sprühpizza ein Wellnessprodukt.

P.S.: Auch für die Hefe gab's im Jahr 2022 ein Happy End: Sie wurde endlich auch persönlich ausgezeichnet und *Saccharomyces cerevisiae* von der

Vereinigung für Allgemeine und Angewandte Mikrobiologie zur Mikrobe des Jahres gewählt. Herzlichen Glückwunsch an dieser Stelle auch von uns.

Smalltalk-Hilfe: Füchse dürfen, Hunde nicht

Haben Sie sich schon einmal überlegt, warum Füchse, Rehe und Hasen in den Wald gacken dürfen, Hundekot aber eingesammelt werden soll? Weil Füchse, Rehe und Hasen kein Hundefutter bekommen. Wegen des hohen Fleischanteils und der ausgeschiedenen Mengen an Phosphor, Stickstoff und Schwermetallen kommt es zur Eutrophierung, also einer übermäßigen Anreicherung von Nährstoffen und der Vergiftung von Gewässern und Böden. Wissenschaftler:innen haben sich auch die Ökobilanz von Hunden angeschaut und alle Szenarien durchgespielt, auch die »pickup rate«, also ob Hundesackerl verwendet werden oder nicht und was das für die Umwelt bedeutet. Klares Ergebnis: Die zusätzliche Umweltbelastung, zu der es durch die Hundesackerl kommt, ist deutlich geringer als der Schaden, der entsteht, wenn der Kot direkt in die Umwelt gelangt. Die geregelte Entsorgung mit Hundegackerlsackerl ist daher ein essenzieller Beitrag, um die Natur zu schonen. Dass Hundekot Dünger wäre und das Liegenlassen im Wald Plastiksackerl spart, ist die klassische Ausrede von all jenen, die zu faul sind, den Dreck ihrer Hunde aufzuheben.

Die Science Busters 2016

Als wir im September 2021 im Theater im Park den 80. Geburtstag von Heinz Oberhummer nachfeierten, gemeinsam mit Giulia Enders, Ronald Mallett, Franz Viehböck und Josef Hader, haben wir den Abend mit der Referenz auf eine alte Nummer begonnen, die uns immer viel Freude bereitet hat. Die Berechnung der Jesusatome, die nicht mit dem Gesalbten in den Himmel aufgestiegen sind.

Die katholische Kirche behauptet ja, Gott sei immer und überall, und das ist zwar insofern sehr wahrscheinlich nicht richtig, weil niemand genau sagen kann, woraus so ein Gott besteht und mit welcher SI-Einheit die Kraft seiner Anwesenheit angegeben werden kann, aber immerhin auch nicht ganz falsch. Das ganze Universum besteht aus Atomen, und die haben nie Urlaub, sondern sind im Lauf der Zeit immer wieder etwas anderes gewesen. Ein Fluss, eine Sternschnuppe, eine Gulaschsuppe, ein Saurier oder eben ein Heiland. Je nachdem, wohin der Zufall sie gelotst hat in den circa 13,8 Milliarden Jahren, die das Universum existiert. Jesus, so wird hartnäckig

behauptet, habe vor rund 2000 Jahren etwa 33 Jahre auf der Erde verbracht. Und vorausgesetzt, das stimmt, so sind laut Erhaltung der Massezahl alle seine Atome noch immer in unserem Universum zu finden. Natürlich mittlerweile in anderer Funktion. Aber man kann ausrechnen, wie viele es sind und was aus ihnen geworden sein könnte.

Zwar ist der 33-jährige Jesus mit Haut und Haaren in den Himmel aufgefahren, und die genaue Adresse kennen wir nicht. Diese letzte Ausgabe von Jesus ist nicht mehr verfügbar. Aber nur ein Gramm der Gesamtmasse verbleibt während der ganzen Lebenszeit im menschlichen Körper. Fast alles andere wird laufend ersetzt und bleibt somit auf der Erde. Während eines Zeitraums von ungefähr zehn Jahren wird etwa das gesamte Skelett erneuert. Das meiste des Zimmermannssohnes aus Nazareth, Atemluft, Hautschuppen, Haare, was er beim Sprechen gespuckt hat, geknipste Fingernägel etc. ist noch in Form von Atomen im Umlauf.

Erst waren sie hauptsächlich in der Gegend von Jerusalem und

Nazareth und dem See Genezareth zu finden, und wo Jesus sonst noch seine Zeit verbracht hat, allmählich haben sie sich jedoch ziemlich gleichmäßig in der Biosphäre verteilt. Also auf der Erde und rund um die Erde. Davon ausgehend befinden sich in jedem heute lebenden Menschen im Mittel mehr als 20 Millionen Atome von Jesus Christus. Wenn sich zwei Menschen treffen, sind das statistisch bereits 40 Millionen. Ob das bereits ausreicht, um sich anbeten zu lassen, muss dahingestellt bleiben.

Heinz hat viele Jahre an der TU gearbeitet, unweit der Theaterbühne im Park. Und zu Beginn der Show, während der Jesusatome-Nummer, haben die Scheinwerfer tatsächlich stroboskopartig zu blitzen begonnen. Ganz so, als ob er uns zublinzeln wollte, dass er noch mit etlichen Atomen in der Gegend sei. Angeblich sei die Software des Lichtpultes abgestürzt, was ab und zu passieren könne, aber entscheiden Sie selbst, welche Erklärung Ihnen besser gefällt.

Das war im Herbst 2021. In der ersten TV-Show nach Heinz' Tod im Jänner 2016 ging es entsprechend beschaulicher zu. Angereist aus den USA war Ronald Mallett, den Heinz zwei Jahre zuvor ken-nengelernt hatte. Eine der großen lebenden Zeitreisefachkräfte unserer Tage. Eigentlich sollte er in einer Fernsehshow neben Heinz über seine Forschung reden und über all das, was er über Zeitreisen herausgefunden hatte. Als Bub hatte Ronald seinen Vater Boyd Mallett förmlich vergöttert, die beiden waren ein Herz und eine Seele. Umso traumatischer, als sein Vater mit nur 33 Jahren plötzlich starb. Ronald schreibt dazu in seiner Autobiografie *The Time Traveller*: »Time stopped for me in the middle of the night on May 22, 1955.« Er war zu dem Zeitpunkt zehn Jahre alt. Mit elf fasste er einen Plan, der sein restliches Leben entscheidend prägen sollte: Er wollte eine Zeitmaschine bauen, um in die Vergangenheit zu reisen und seinen Vater zu warnen, weniger zu rauchen, weniger zu arbeiten und mehr auf sein Herz zu achten. Über viele Umwege ist ihm das auch beinahe gelungen. Die Maschine gibt es zwar bis heute nicht, aber die Theorie der Zeitreisen hat Ron tatsächlich in den Griff bekommen. Und das bedeutet, jede Menge theoretischer Physik zu verstehen, zusammen mit jeder Menge fieser Mathematik. Dass er Mitte Jänner 2016 zu einer Tribute-Show für

Heinz und nicht an seiner Seite zum ersten Mal in einer unserer Shows aufgetreten ist, war so natürlich nicht geplant. »The Time Traveller« war Ausgabe 49 unserer TV-Show, gefolgt von Nummer 50. Die Jubiläumsausgabe war nicht nur ausnahmsweise doppelt so lange wie normal, sondern auch das Fernseh-Debüt von Helmut Jungwirth und Florian Freistetter. Mittlerweile war Ronald Mallett übrigens schon viermal dabei und wird als außerordentliches Mitglied der Science Busters geführt. Quasi als Übersee-Buster.

Februar gab es dann wieder einmal eine Preisverleihung, diesmal allerdings eine besondere. Die Zuerkennung hat Heinz noch miterlebt, die Verleihung des Deutschen Kleinkunstpreises in Mainz dann leider nicht mehr. Besonders war es nicht nur deshalb, weil er als einer der bedeutendsten Kabarettpreise im deutschsprachigen Raum gilt, sondern weil erstmals Wissenschaftler diese Auszeichnung bekamen.

2015 hatte Elisabeth Oberzaucher als erste Österreicherin den IgNobelpreis gewonnen. 2016 kam sie als erste Österreicherin zu den Science Busters.

Der IgNobelpreis ist ihr in Ma-thematik zuerkannt worden und für die Berechnung der Grenzen der männlichen Zeugungsfähigkeit anhand der rund 1200 Kinder des marokkanischen Despoten Moulay Ismail aus dem 17. Jahrhundert. In unserem Buch *Gobal Warming Party* haben wir ausführlich darüber berichtet.

Bei den Science Busters debütierte sie gleich in einer TV-Aufzeichnung. Und spielte Ende April ihre erste Show, die gleichzeitig Werner Grubers letzte war – dessen Zeit bei den Science Busters ging damit zu Ende. Damit war die Ära der Science Boygroup Geschichte und die der Kelly Family der Naturwissenschaften war endgültig angebrochen. Auch Gunkl war in der Staffel dabei und in der letzten Ausgabe die Wiener Sängerknaben, zumindest vier von ihnen, die versucht haben, live auf der Bühne mit der Kraft ihrer Stimmen ein Glas zu zersingen.

Mit Heinz Oberhummer hatten wir nicht nur ein Gründungsmitglied und einen guten Freund verloren, sondern praktisch das gesamte Repertoire. Denn so viele Nummern und Shows wir in den ersten acht Jahren auch entwickelt hatten, sie waren auf die Originalbesetzung zugeschnitten und konnten nicht einfach von den neuen Mitgliedern übernommen werden. Wir mussten uns also nicht nur auf der Bühne aufeinander einstellen und einspielen und uns in der neuen Besetzung dem Publikum präsentieren, sondern auch neues Material erarbeiten.

Im Oktober hatte deshalb eine neue Show Premiere. »Bierstern, ich dich grüße«, bei der wir auf der Bühne Laugenstangerl gebacken und Eisbockbier kalt destilliert und danach natürlich kredenzt haben, um, Sie erinnern sich an die Einleitung, nicht dem Defizitmodell der Wissenschaftskommunikation anheimzufallen und nur im Frontalunterricht zu dozieren, ohne dem Publikum die Möglichkeit zu geben, Rücksprache zu halten. Und ähnlich wie am Schweinsbratenabend hat auch der Duft der Laugenstangerl bei den Zuseher:innen seinen Zweck nicht verfehlt.

Das neue Ensemble sollte aus sieben Mitgliedern bestehen: Martin Puntigam als MC, Florian Freistetter (Astronomie), der Mikrobiologe Helmut Jungwirth, Elisabeth Oberzaucher (Evolutionsbiologie), der Kabarettist Gunkl (der regelmäßig Vorträge am Wiener Planetarium hält und gemeinsam mit dem Astrophysiker Harald Lesch auftritt) und der Chemiker Peter Weinberger. Der, der bei seinem ersten Auftritt sein halbes Institut über den Wiener Naschmarkt transportiert hat. Sie haben richtig gezählt, einer fehlt noch. Anfang November kam noch Martin Moder dazu.

Um zu zeigen, wie groß und vielfältig das Ensemble und die Expertise der Science Busters geworden sind, haben wir das Format »Battle Royal« ins Leben gerufen.

Die Idee: Alle Science Busters sind gleichzeitig auf der Bühne, Gunkl und Martin Puntigam moderieren, und die Wissenschaftler:innen müssen versuchen zu zeigen, dass ihre Disziplin zu einem vorgegebenen Oberthema am besten Auskunft geben kann. Wer das am erfolgreichsten bewerkstelligt, gewinnt.

Das klingt nach einem spannenden Konzept, im 21. Jahrhundert haben solche Challenges ja groß Karriere gemacht, aber in der Praxis war das Ganze dann doch etwas umständlich, und so haben sich Ausgabe 1 und Ausgabe 2 einen Monat später doch deutlich voneinander unterschieden. Abgesehen davon, dass wir schon in Ausgabe 1 entschieden hatten, auf die Siegerehrung zu verzichten, weil uns das zu läppisch erschien – angesichts der behandelten Themen und der gegebenen Antworten war die Frage, wer gewinnt, einfach nicht mehr interessant genug an dem Abend. Zwei Punkte sind aber schon in Ausgabe 1 gut gelungen: das Debüt von Martin Moder (und damit war das Ensemble vorerst komplett). Und die Idee, das Publikum in der Pause schriftlich Fragen stellen zu lassen, die wir dann in Teil 2 live und ohne lange Vorbereitung beantwortet haben. Diese Art der Wissenschaftskommunikation hat einen ganz speziellen Reiz, das merkt man auch an der Stimmung im Raum, an der Spannung, mit der die Antworten aufgenommen werden, weil die Fragen frisch sind und die Fragesteller:innen im Saal sitzen und auch nachhaken können. Als wir nach sechs Ausgaben das Battle-Format wieder pensioniert haben, auch weil es neben den regulären Shows einfach zu aufwendig war, hat es uns um den Teil der Publikumsbeteiligung doch sehr leidgetan. Weshalb wir jahrelang versucht haben, eine Phone-in-Sendung im Radio zu bekommen. Was schließlich und mithilfe einer Pandemie dann 2020 mit »Frag die Science Busters« auf Radio FM4 auch geglückt ist. »Es

war nicht alles schlecht« sollte man aber trotzdem nicht sagen. Denn gut im engeren Sinn war an der Pandemie fast nichts.

In Ausgabe 5 von »Battle Royal« im März 2018 lautete das Oberthema übrigens »Impfen«. Ursula Hollenstein, die fünf Jahre später selber fix zu den Science Busters stoßen sollte, hat alle auf der Bühne live geimpft, und in einer Nummer haben wir Masken ans Publikum ausgeteilt, einen einfachen Mund-Nasenschutz. Alle Menschen im Saal sollten ihn aufsetzen, dann haben wir erklärt, wie sich Grippeviren mit der Zeit verändern, was Herdenimmunität bedeutet und wie man sie herstellt. Und dann durften nur diejenigen die Masken wieder abnehmen, die gegen Grippe geimpft waren. Es waren sehr wenige, wie in unseren Breiten · üblich zwischen 5 und 10 %. Selbst bei unserem wissenschaftsnahen Publikum. Und das nach der Grippesaison 2017/18, die als die »tödlichste« der letzten 30 Jahre in die Geschichte einging. Auf der Bühne hatte natürlich niemand mehr eine Maske auf. Und falls Sie sich das gefragt haben sollten, ja, wir nehmen das als Beleidigung.

Ende November war der erste Jahrestag des Todes von Heinz

Oberhummer. Aber so traurig der Anlass war, wir wollten nicht seinen Todestag begehen, sondern ihn hoch- und seine Begeisterung für Wissenschaft weiterleben lassen – und Menschen auszuzeichnen, die mit derselben vorbildhaften Begeisterung für die Wissenschaft und ihre Verbreitung brennen. Tatsächlich ist es uns gelungen, einen mit 20 000 Euro dotierten Preis für Wissenschaftskommunikation in seinem Namen ins Leben zu rufen. Bereitgestellt wurde das Geld von Institutionen oder Einrichtungen, mit denen Heinz zeitlebens zu tun hatte: der Universität Graz, an der er studiert hat, der TU Wien, an der er gelehrt hat, der Wissenschaftsabteilung der Stadt Wien, der ORF Fernsehunterhaltung und von Radio FM4. Die Auszeichnung wird seither jährlich und international vergeben – und mittlerweile sind auch das Ministerium für Wissenschaft und Forschung sowie die Ministerien für Gesundheit und für Klima mit an Bord.

Der erste Preisträger war niemand Geringerer als James Randi, der weltberühmte Zauberer und Mitbegründer der sogenannten Skeptikerbewegung. Über die Grenzen der USA hinaus bekannt

wurde er u. a. dadurch, dass er die faulen Tricks des Löffelverbiegers Uri Geller entlarvt hat. Und durch die »One Million Dollar Paranormal Challenge« für den Beweis paranormaler Fähigkeiten. Die Challenge bestand darin, angebliche paranormale Fähigkeiten unter kontrollierten Bedingungen unter Beweis zu stellen. Wasseradern aufspüren, Geistheilen, Gedankenlesen, Telekinese, Energieblockaden beheben, Wasser beleben, Kontakt mit Verstorbenen aufnehmen, was immer Scharlatanen eben so einfällt, um leichtgläubigen oder verzweifelten Menschen das Geld aus der Tasche zu ziehen.

Gelänge der Nachweis der Fähigkeiten, würde die Million Dollar umgehend den Besitzer wechseln. »Kontrolliert« bedeutet in dem Fall nicht nur nach wissenschaftlichen Kriterien überprüft, sondern vor den Augen eines der besten Zauberkünstler der Welt. Der alle Taschenspielertricks nicht nur kennt, sondern manche auch selber erfunden hat. Es versteht sich von selbst, dass das Geld nie ausbezahlt werden musste. Als James Randi 2016 den ersten Heinz Oberhummer Award für Wissenschaftskommunikation entgegennahm, erzählte er, dass er die Challenge nach 25 Jahren beendet und das Geld inzwischen einem anderen Zweck zugeeignet hat. Nachdem zu erwarten war, dass auch in den kommenden 25 Jahre niemand mit übernatürlichen Kräften vorstellig werden würde … Mindestens.

Der Oberhummer Award ist übrigens nicht nur mit Geld dotiert, sondern man bekommt auch einen einzigartigen Pokal. Ein Glas voll frisch geerntetem Alpakakot aus dem Hause Oberhummer. Heinz und seine Familie waren bzw. sind leidenschaftliche Alpakazüchter. Und er hatte stets ein Glas Alpakakot mit. Und ließ auch freimütig dran riechen, wenn wer wollte. Aber eher so, wie man das aus dem Wirtshaus kennt, wenn das Gegenüber fragt, ob es kosten dürfe, während es schon mit den Fingern ein Pommes Frites vom Teller stibitzt. So hat man auch seine Frage, ob man riechen wolle, erst vernommen, wenn die Nase bereits Tuchfühlung mit dem geöffneten Glas aufgenommen hatte. Sein Trick bestand in der Behauptung, das Glas sei sein Talisman, um so mit Menschen ins Gespräch zu kommen, denen ein Professor mit Talisman geheuerer war als einer, der ihnen mit Studien kam.

Um ihnen dann aber doch immer von Wissenschaft zu erzählen.

Man kann ohne Weiteres sagen, dass es keinen besseren ersten Preisträger hätte geben können, wenn es den Preis denn schon geben muss. Denn ohne James Randi und sein Engagement für die Skeptikerbewegung wären vermutlich auch die Science Busters nie entstanden. War doch Heinz eine Zeit lang Vorsitzender der Gesellschaft für kritisches Denken, dem österreichischen Ableger der deutschen Gesellschaft zur wissenschaftlichen Untersuchung von Parawissenschaften. Und als solcher eben auch ein großer Fan von James Randi, von dem wir in unseren Shows schon mehrfach erzählt hatten, lange bevor wir ihn unter diesen besonderen Umständen tatsächlich kennengelernt haben.

Dass in Heinz' Namen Menschen aus Nah und Fern zusammenkommen, die seine Begeisterung für Wissenschaft teilen und ein Fest feiern, hätte ihn vermutlich am meisten gefreut, und er wäre einer der eifrigsten Feierer gewesen. Und wer ihn feiern gesehen hat, weiß, dass er sich da ungern das Wasser reichen ließ. Dass sein Tod erst der Anlass dafür war, ist ein bitterer Treppenwitz. Aber gleichzeitig auch ein Erbe, das er durch seinen Enthusiasmus gestiftet hat.

Die erste Preisverleihung aus dem Stadtsaal Wien wurde von Martin Puntigam und Elisabeth Oberzaucher ungewohnt förmlich moderiert, vom ORF **aufgezeichnet** – und wer wissen will, wie es

war, kann den Mitschnitt leicht auf YouTube finden, wenn er Oberhummer Award 2016 ins Suchfenster eingibt. Viel Vergnügen.

Damit war das Jahr allerdings noch nicht ganz durch, drei Dinge sind noch erwähnenswert:

Erstens wurde Helmut Jungwirth Professor für Wissenschaftskommunikation an der Uni Graz. Das war nicht irgendein Ereignis, das es alle paar Monate in dieser Disziplin zu berichten gäbe, sondern es war die erste derartige Professur in Österreich überhaupt. So was hat es davor noch nie gegeben. Natürlich kann man einwenden, dann wird es bis dahin halt auch niemand gebraucht haben. Schließlich ist es bis heute

auch die einzige derartige Professur im Land geblieben. Aber wenn man sich noch einmal vor Augen hält, welche Wissenschaftsleugnung und -feindlichkeit die Pandemie begleitet und wie viele Menschen das ihre Gesundheit und im äußersten Fall auch das Leben gekostet hat, so wäre eine zweite oder dritte Planstelle an anderen Universitäten vermutlich keine radikale Fehlinvestition.

Dass Helmut Jungwirth Professor für Wissenschaftskommunikation werden würde, hatte allerdings bei den Buchmachern keine extrem hohen Quoten. Denn darauf hat er schon auch ein bisschen hingearbeitet. Erstaunlicher war schon, dass Martin Puntigam Universitätslektor geworden ist. Das ist zwar kein unfassbar schwer zu erringender Titel, denn alle, die an deiner Uni was vortragen, sind Lektor:innen. Also insgesamt nicht extrem wenige Menschen. Aber dass ein Kabarettist gemeinsam mit einem Mikrobiologen und einem Astronomen eine Lehrveranstaltung für Wissenschaftskommunikation abhält, kommt zumindest nicht alle Tage vor.

Was es davor auch noch nie gegeben hatte, war, dass ein Kabarettist einen Preis für Wissenschaft bekommt. Genauer gesagt den »Inge-Morath-Preis für Wissenschafts-Publizistik«, Kategorie Sonderpreis. Das war vermutlich die Retourkutsche dafür, dass Wissenschaftler Kleinkunstpreise einheimsten.

Die Laudatio hielt der damalige Vizerektor für Lehre an der Uni Graz, Martin Polaschek, der es wenige Jahre später zum Wissenschaftsminister bringen sollte. Ohne den Namen des Preisträgers zu nennen, hat er seine Rede gehalten, um am Ende Sakko und Hemd abzulegen, unter denen er ein rosa Trikot trug. Womit der Preisträger klar war. So weit hatte es das anfänglich so ungeliebte Leibchen gebracht.

Daran, dass in allen Rektoraten und Forschungseinrichtungen des Landes auch durchgehend Kunststoffnippel getragen werden, wird noch gearbeitet.

WIE MAN IM KRYPTOWINTER HEIZT

*2017 war das 5. wärmste Jahr
seit es Aufzeichnungen gibt.
Es befinden sich 407 ppm CO_2
in der Atmosphäre.*

Am 23. Mai 2017 wurde eine wissenschaftliche Studie veröffentlicht, laut der der Konsum von bis zu 6 Schokoriegeln pro Woche das Risiko von Vorhofflimmern im Herzen um circa 25 % verringert.

Am 12. Juli 2017 verkündeten Wissenschaftler:innen der Uni Harvard, dass es ihnen gelungen sei, ein GIF in der DNA von Bakterien zu speichern. Nicht dass die danach gefragt hätten ... Die elektronischen Daten, die eine Abfolge von 5 Bildern, 36 × 26 Pixel groß, darstellen, wurden in eine Kette von DNA-Bausteinen codiert und mit der CRISPR-Technologie zur Veränderung von genetischem Material in die DNA von Bakterien eingebaut. Die hat das nicht weiter gestört, die haben einfach weiter ihr Bakterienleben gelebt, und später konnte die Information wieder aus der DNA ausgelesen und das animierte Bild rekonstruiert werden. Und was war das für ein GIF? Eine süße Katze? Komisch tanzende Leute? Das seltsame Kind, das vor lauter Aufregung bei seiner Geburtstagsparty eine Schüssel auf den Boden schleudert? Nein, war natürlich alles wissenschaftlich seriös: Es war ein galoppierendes Pferd; eine Hommage an Eadweard Muybridges Bildserie »The Horse in Motion« aus dem Jahr 1878, einem Vorläufer heutiger animierter Bilder.

Am 1. August 2017 veröffentlichten Wissenschaftler:innen das Bild der ersten Blume der Erdgeschichte. Sie war gut 140 Millionen Jahre alt, aber trotzdem nicht verwelkt, weil es natürlich keine echte Blume war. Aus den biologischen Eigenschaften von fast 800 heute existierenden Blumenarten wurde per Computer rekonstruiert, wie die »Ur-Blume«, von der alle anderen abstammen, damals ausgesehen haben muss: überraschenderweise wie eine Blume. Mit weißen Blüten.

Hübsche Blumen, lustige Bilder und gesundheitsfördernder Schokoladenkonsum: Wir leiten des Kapitel deswegen so ein, weil der Rest weniger schön sein wird. Ende 2017 stieg der Kurs von Bitcoin massiv an. Nachdem man jahrelang für einen Bitcoin höchstens ein paar Hundert oder Tausend Dollar bekommen hat, ging der Kurs gegen Ende des Jahres rasant nach oben, erreichte am 29. November 2017 das erste Mal überhaupt die 10 000-Dollar-Marke und ein paar Tage später, am 17. Dezember 2017, mit

19 345 Dollar pro Bitcoin den Höchststand des Jahres. Was daran eine schlechte Nachricht sein soll? Nichts, zumindest nicht für die, die irgendwann früher mal billig Bitcoins gekauft und im Dezember 2017 teuer verkauft haben und damit stinkreich geworden sind.

Für alle anderen (inklusive derer, die das mit dem Verkaufen verpasst haben und zuschauen mussten, wie der Kurs ebenso rasant wieder nach unten ging) ist die Sache mit den Bitcoins nervig bis bedenklich. Bedenklich sind Bitcoins und andere Kryptowährungen wegen ihrer Auswirkungen auf die Umwelt (dazu später mehr). Und nervig sind Bitcoins und andere Kryptowährungen, weil sehr viele Menschen keine Ahnung haben, was Bitcoins und andere Kryptowährungen sind, in den Medien aber andauernd von Bitcoins und anderen Kryptowährungen die Rede ist und man irgendwie das Gefühl hat, man verpasst etwas, wenn man sich da nicht auskennt, sich aber auch nicht dazu aufraffen kann, das Dickicht aus Mathematik, Informatik und Wirtschaftsfuzzi-Gequatsche zu durchdringen.

Aber keine Sorge, dafür gibt es ja uns. Wir erklären das jetzt ein für alle Mal so, dass man es versteht. Los geht's, und zwar mit der Blockchain. Ja, das muss sein, tut uns leid. »Blockchain« ist genau so ein nerviges Wort wie »Bitcoin«. Aber das eine gibt's nicht ohne das andere. Und eigentlich ist es eh ziemlich simpel zu verstehen, was eine Blockchain ist. Auf Deutsch heißt das ja nur »Blockkette«, und um genau das handelt es sich auch. Die Blockchain ist eine Kette aus Blöcken. Aber halt auf dem Computer. Wenn man exakt sein will, dann handelt es sich bei einer Blockchain um eine Distributed-Ledger-Technologie, auf Deutsch: eine dezentral geführte Kontobuchtechnologie – und da muss man sich schon hart anstrengen, nicht sofort vor lauter Langeweile einzuschlafen. Aber wir können nichts dafür, wir haben uns das nicht ausgedacht.

Wozu braucht man eine dezentral geführte Kontobuchtechnologie? Aus den gleichen Gründen, aus denen man überhaupt eine Kontobuchtechnologie braucht, egal, ob die zentral ist oder dezentral. Wenn Sie einer anderen Person einen 10-Euro-Schein in die Hand drücken, ist es noch einfach. Sie haben einen 10er weniger, der andere einen 10er mehr, und je nachdem, ob das jetzt eine legitime finanzielle Transaktion war oder ob man den anderen bestechen wollte, kann man das in einem Kontobuch vermerken oder auch nicht. Weil es sich aber um Bargeld handelt, besteht nach der

Transaktion kein Zweifel darüber, wer das Geld hat und wer nicht. Wenn man Geld aber elektronisch überweist, dann muss irgendwo aufgezeichnet werden, wer wem wann wie viel Geld gegeben hat. Ohne eine solche Aufzeichnung kann man zwar behaupten, man hätte gerade eine Million aufs Konto überwiesen bekommen. Aber wenn das dann nicht auch bei der Bank entsprechend vermerkt ist, wird man damit nicht weit kommen.

Bei einer Bank wird so etwas zentral gespeichert. Das heißt, alle Transaktionen, die mein Konto betreffen, stehen irgendwo auf einem Computer verzeichnet, der der Bank gehört. Solange die gut darauf aufpasst, ist alles o. k. Aber wenn irgendwer mit diesen Daten Unfug treibt, wird es schwierig. Die Bank kann auch einfach sagen: »Hey, wir haben uns überlegt, dass wir jetzt erstens mehr Geld von dir haben wollen, damit wir deine Transaktionen speichern. Und dein Konto sperren wir zweitens übrigens auch; wir finden, da ist zu wenig Geld drauf.« Und Sie können dann wenig machen, weil die Daten ja zentral bei der Bank liegen.

Wenn so etwas dezentral gespeichert wird, dann liegen die Daten überall. Das klingt sehr unordentlich, ist es aber gar nicht. Die Daten über die Transaktionen sind auf jeder Menge Computer überall auf der Welt verteilt. Auf Ihrem, auf unserem, auf allen möglichen Geräten. Alle, die Lust haben, können mitmachen und Teil der großen dezentral geführten Kontobuchtechnologie werden. Und wenn irgendwer mal keine Lust mehr haben sollte und den Rechner abdreht, ist das nicht tragisch, weil ja noch genug andere da sind. Es ist auch kein Problem, wenn ein paar Computer kaputtgehen, gehackt werden oder nach einem Windows-Update den Dienst verweigern. Und es gibt auch niemanden, der oder die einfach sagen könnte: »So, wir drehen dir dein Konto ab«. Weil da niemand ist, dem das alles gehört. Genau das heißt ja »dezentral«.

Schön und gut, werden Sie sich jetzt vielleicht fragen, aber wo ist denn jetzt die Blockchain? Wo ist der Bitcoin? Oder sollte man doch lieber Etherium nehmen? Wann kommen die Investmenttipps, mit denen man so richtig fett reich werden kann? Abwarten … Wir schauen uns jetzt zuerst mal an, wie so ein Block in einer Blockchain aussieht.

Das ist eigentlich nur eine Computerdatei, voll mit Daten. Ein großer Teil der Daten besteht aus Transaktionen. Da steht also drin, wer wem wann wie viel Geld gegeben hat. Wenn Sie zum Beispiel für dieses Buch in

Bitcoin bezahlt haben, dann haben Sie die entsprechende Menge von Ihrem Bitcoin-Konto (so was heißt »Wallet«, ist aber nicht so wichtig) auf das Konto eines Buchgeschäfts überwiesen. Oder anders gesagt: Eine entsprechende Transaktion, in der aufgezeichnet wird, dass von einer Bitcoin-Adresse eine bestimmte Menge Bitcoins an eine andere Bitcoinadresse geschickt wurde, wird in einen Block geschrieben. Zusammen mit jeder Menge anderer Transaktionen, die ständig überall auf der Welt getätigt werden. Und wenn so ein Block »voll« ist, dann wird er an die Blockchain gehängt – und ab da »gilt« die Sache; von dem Moment an sind die Transaktionen quasi tatsächlich passiert. Sie sind Ihr Geld losgeworden, der Buchladen hat es bekommen. Aber wer sagt eigentlich, dass da alles mit rechten Dingen zugeht? Was hindert mich daran, einfach zu behaupten, ich hätte eine gewisse Menge an Bitcoin, die ich dann dem Buchladen gebe? Bitcoins sind ja nur eine Zahl in irgendeinem Computer. Wieso kann ich nicht einfach eine Transaktion in so einen Block schreiben, auch wenn ich keine Bitcoins besitze? Noch dazu, wo es ja keine zentrale Stelle gibt, die alles überprüft?

Jetzt kommen wir zum Kernpunkt von Blockchain und Bitcoin. Man kann natürlich nicht einfach irgendwelche beliebigen Sachen in Blöcke schreiben. Oder man kann schon, aber so ein Block wird dann nicht Teil der Blockchain. Denn bis jetzt haben wir nur über Blöcke geredet, aber nicht über die Kette. Die Blöcke der Blockchain sind nicht unabhängig voneinander. In jedem neuen Block steckt ein kleines bisschen der Informationen aus dem davor erzeugten Block. Der ein kleines bisschen Information aus dem Block davor hat. Und so weiter, bis zurück zum allerersten Block einer Blockchain. Das bedeutet, dass man die Daten eines Blockes nur dann manipulieren kann, wenn man es auch schafft, alle vorherigen Blöcke gleichermaßen zu verfälschen. Was vielleicht noch machbar wäre, wenn die ganzen Informationen irgendwo zentral gespeichert sind, aber eine Blockchain wird ja an jeder Menge Orten gespeichert. Alle, die mitmachen, haben ihre eigene Kopie der kompletten Blockchain. Und wenn Sie jetzt auf einmal mit einem Block daherkommen, in dem drinsteht, dass Ihnen jemand eine Million Bitcoins geschenkt hat, dann werden Sie damit nicht weit kommen. Das liegt daran, wie die Blocks geprüft werden, bevor sie Teil der Blockchain werden.

Und dazu müssen wir kurz noch verstehen, was neben den ganzen Transaktionen sonst noch so in einem Block steht. Schauen wir uns dazu vielleicht Block 731139 der Bitcoin-Blockchain an, der dort seit 18 Uhr 44 am 9. April 2022 dranhängt. In diesem Block sind insgesamt 2595 Transaktionen aufgezeichnet; insgesamt haben Menschen dabei knapp 6163 Bitcoins ausgetauscht, was damals mehr als 260 Millionen Dollar entsprach (bevor Sie fragen: Ja, das ist alles öffentlich einsehbar, im Internet zugänglich, zum Beispiel unter blockchain.com). Das Wichtige an so einem Block ist sein Hash, was nichts mit Drogen zu tun hat, sondern eine sehr lange Zahl ist. Zum Beispiel »00000000000000000000046d2597d9bf522fd4d3d09c0838 51ca8679d2a13313e6« (und ja, wir wissen, dass da auch Buchstaben drin sind, aber das liegt daran, dass diese Zahl im Hexadezimalsystem geschrieben ist, was man mit Zahlen und Buchstaben macht). Diese Zahl ist wichtig, denn sie macht den Block »gültig«, und nur gültige Blöcke dürfen Teil der Blockchain werden. Und wie kriegt man einen gültigen Hash? Durch Raten! Klingt bescheuert, ist aber so.

Das Ganze läuft so: Alle Transaktionen eines potenziell gültigen Blocks werden auf mathematischem Weg zu einer einzigen Zahl zusammengefasst. Das funktioniert mit der Hilfe von etwas, das man wissenschaftlich korrekt eine Merkle-Damgård-Konstruktion mit Davies-Meyer-Kompressionsfunktion nennen kann, aber nicht muss, weil wer will das schon dauernd schreiben? Die Zahl, die dabei rauskommt, ist jedenfalls ein Hash. Aber noch nicht der Hash, der am Ende dem Block zugeordnet wird. Damit man das tun kann, muss der Hash gültig sein.

Es gibt gewisse Regeln, wie ein gültiger Hash aussehen muss – zum Beispiel, dass er mit einer vorgegebenen Menge an Nullen anfängt. Oder anders gesagt: Man weiß, wie der Hash eines gültigen Blockes aussehen muss. Aber das heißt nicht, dass die Zahl, die man aus allen Transaktionen berechnet, auch ein gültiger Hash ist. Das ist sogar ziemlich sicher nicht der Fall. Um das zu ändern, müsste man jetzt die Zahlen ändern, aus denen der Hash berechnet wird. Was man aber definitiv nicht tun sollte, weil das ja genau die Daten der Transaktionen sind und wir hätten ja gerne, dass die *nicht* manipuliert werden. Also gibt es in jedem Block noch eine Extrazahl, die keinen anderen Zweck hat, als beliebig verändert werden zu können. Und genau das macht man dann auch: Man probiert der Reihe nach unterschiedliche Werte für diese Extrazahl aus, schmeißt sie zusammen mit den ganzen Zahlen der Transaktionen in die mathematische Maschinerie, und das so lange, bis am Ende irgendwann mal ein gültiger Hash herauskommt. Dann kann man den ganzen Block, mitsamt seinen Transaktionen, für gültig erklären und an die Blockchain anhängen. Die Extrazahl, mit der das funktioniert hat, wird ebenfalls veröffentlicht – und jetzt können alle anderen, die an der Blockchain mitmachen, anhand der Extrazahl schnell nachrechnen, ob eh alles passt. Müssen sie auch tun, damit wirklich alles seine Ordnung hat. Denn wenn jetzt irgendwer heimlich eine der Zahlen der Transaktionen verändert, dann passt das ja mit der vorher gefundenen Extrazahl nicht mehr zusammen. Nur wenn ausreichend viele Leute unabhängig voneinander zum gleichen Ergebnis gekommen sind, wird der Block gültiger Teil der Blockchain.

In der Blockchain können also Daten manipulationssicher und dezentral gespeichert werden. Bleiben noch 2 Fragen: Wo kommen die Bitcoins her, und warum sollte jemand bei dieser absurden Zahlenraterei mitmachen? Antwort: Bitcoins gibt es, *damit* Leute bei dieser Zahlenraterei mitmachen. Bitcoins sind der Anreiz, der geschaffen wurde, damit Leute sich die Mühe machen, ständig zu prüfen, ob mit der Blockchain noch alles in Ordnung ist. Sobald ein neuer Block in der Blockchain auftaucht, probieren jede Menge »Miner«, die passende Zahl zu erraten. Wer es als Erstes schafft und den Block damit gültig macht, kriegt als Belohnung ein paar Bitcoins (und noch ein kleines Trinkgeld in Form von Transaktionsgebühren aller Überweisungen des Blocks).

Klar, man kann Bitcoins auch einfach im Internet kaufen. Aber das sind Bitcoins, die irgendeine andere Person durch Zahlenraten in der Blockchain gewonnen hat. Neue Bitcoins können nur durch diesen Prozess entstehen, genauso wie »echtes« Geld nur von der Nationalbank gedruckt werden kann. Die Bank kann aber im Prinzip so viel Geld drucken, wie sie möchte – was natürlich nicht immer eine gute Idee ist. Die Menge an Bitcoins ist begrenzt. Es kann niemals mehr als 21 Millionen Bitcoins geben, das wurde von Anfang an so festgelegt. Aktuell ist aber noch nicht mit Bitcoin-Knappheit zu rechnen. Alle 10 Minuten wird ein neuer Block an die Blockchain gehängt, und das System ist so konstruiert, dass das auch so bleibt. Werden also die Computer besser und können die Extrazahl schneller erraten, dann macht man die Sache einfach schwerer, damit man länger suchen muss.

Das ist ein bisschen so, als hätte man früher probieren müssen, mit 2 Würfeln einen 6er-Pasch zu würfeln, um einen Block zu validieren, und im Laufe der Zeit kommen dann immer mehr Würfel dazu. Wenn sich daran nichts ändert, wird es bis zum Jahr 2140 dauern, bis alle 21 Millionen Bitcoins als Belohnung fürs Erraten ausbezahlt worden sind. Denn auch die Höhe der Belohnung wird im Laufe der Zeit immer weniger. Am Ende wird das Rätsel also fast unlösbar schwer, was aber kein Problem ist, weil man eh nix mehr bekommt, wenn man es gelöst hat.

Und eigentlich ist es jetzt schon schwer genug. Stand April 2022 braucht es im Durchschnitt 122 Tausend Milliarden Milliarden Versuche, bis die richtige Zahl erraten ist, damit ein neuer Block an die Blockchain gehängt werden kann. Das rechnet man nicht mehr im Kopf, und mit dem Taschenrechner auch nicht. Das geht nur mit sehr schnellen, speziell konstruierten Computern. Also, es geht schon auch mit normalen PCs, Sie können das gerne auch bei sich zu Hause am Laptop machen. Aber Sie werden damit niemals auch nur einen Bitcoin gewinnen, weil die spezialisierten Bitcoin-Miner immer schneller als Sie sein und die Extrazahl zuerst gefunden haben werden. Man braucht heutzutage schon wirklich viel Computerpower, um erfolgreich Bitcoins schürfen zu können. Das wird meistens von speziellen »Mining-Pools« gemacht, großen Rechenanlagen, die mittlerweile vor allem in China stehen. Und die das brauchen, was man immer braucht, wenn man einen Computer einschaltet: Strom. Womit wir jetzt bei dem sind, was an der ganzen Bitcoin-Sache ein wenig bedenklich ist.

Das ganze System der Bitcoin-Blockchain ist alles andere als energiesparend. Und das nicht aus Versehen, das ist ganz absichtlich so. Eben weil es laut Design im Laufe der Zeit immer schwieriger werden muss, neue Bitcoins zu schaffen, steigt auch der dafür notwendige Stromverbrauch. Im April 2022 hat die Bitcoin-Zahlenraterei mehr Energie verbraucht als alle Kühlschränke in den USA zusammen (und die haben dort große Kühlschränke!). Bitcoin braucht pro Jahr mehr Energie als Norwegen und ungefähr so viel Energie wie Ägypten oder Polen (und wenn Sie das lesen, ist dieser Vergleich mit Sicherheit schon veraltet und Bitcoin wird schon längst sehr viel mehr Energie benötigen). Den Energieverbrauch von Österreich hat Bitcoin schon lange hinter sich gelassen. Natürlich sind Vergleiche dieser Art immer ein wenig schwierig. Hinter einem Land steckt ein ganzes gesellschaftliches und wirtschaftliches System, das seine Energie auf unterschiedlichste Weise verbraucht. Jedes Land ist unterschiedlich. Aber natürlich ist die Frage berechtigt, ob es wirklich notwendig ist, dass so viel Energie für eine digitale Währung verbraten wird. Bitcoin ist zwar die größte der sogenannten Kryptowährungen und die erste, die sich weltweit durchgesetzt hat, aber bei Weitem nicht die einzige. Es gibt noch jede Menge andere, und so gut wie alle basieren auf dem gleichen Prinzip: Neues digitales Geld gibt es nur für die, die ausreichend viel Arbeit mit ihren Computern leisten.

Daraus folgen 2 Fragen: Kann man Bitcoins und andere Kryptowährungen auch ohne großen Energieverbrauch nutzen? Und: Brauchen wir das Zeug überhaupt? Was Ersteres angeht: Das wäre schon möglich. Man müsste sich halt auf eine neue Methode einigen, einen neuen »Konsensalgorithmus«, mit dem alle, die mitmachen wollen, gemeinsam sicherstellen können, dass die Blockchain nicht manipuliert werden kann. Satoshi Nakamoto, der die Idee zum Bitcoin-System veröffentlicht hat, hat dabei eben den »Proof of Work«, also den »Arbeitsnachweis« vorgesehen, wenn man eine Belohnung erhalten will. Satoshi Nakamoto? Kennen Sie nicht? Keine Sorge, den kennt auch sonst niemand. Oder die. Niemand weiß, wer der Typ war, ob er überhaupt ein Typ war oder vielleicht auch eine ganze Gruppe von Menschen. »Satoshi Nakamoto« war der Name, der als Autor eines im November 2008 veröffentlichten Artikels mit dem Titel »Bitcoin: A Peer-to-Peer Electronic Cash System« aufgeführt ist. Und »Satoshi Nakamoto« war es auch, der dann am 3. Januar 2009 den ersten Block in der Blockchain geschaffen hat, also den, mit dem bis heute alle anderen verknüpft sind – und der sich dafür die ersten Bitcoins gutgeschrieben hat. Bis heute ist unbekannt, wer dahintersteckt. Was aber auch egal ist bei einem dezentralen System. Da braucht man keinen Chef; da kann man einfach loslegen, was ab 2009 genug Leute getan haben, um die Blockchain und Bitcoin zum Laufen zu kriegen. Übrigens gab es auch schon lange vor 2008 jede Menge Leute, die probiert haben, eine manipulationssichere, dezentrale digitale Währung zu schaffen. Aber da hat immer das eine oder andere Detail gefehlt. Erst »Satoshi Nakamoto« hat alles auf die richtige

Weise zusammengeführt. Oder halt die falsche, wenn man das Ganze vom Blickwinkel des Energieverbrauchs betrachtet.

Die enormen Mengen an Strom, die Kryptowährungen mittlerweile verbrauchen, interessieren sogar schon den IPCC (siehe Kapitel 15). Also die Einrichtung, die alle paar Jahre den Stand des Wissens zur Klimakrise zusammenfasst. Im 2022 erschienenen dritten Teil des 6. Berichts werden die Kryptowährungen explizit erwähnt. Die Klimaforscher:innen stellen fest und sorgen sich darüber, dass die Kryptowährungen sehr viel Energie benötigen und in Zukunft nicht nur für einen relevanten Teil der globalen CO_2-Emissionen verantwortlich sein könnten, sondern dass die gesamte Bitcoin-Technologie auch die sozialen Ungleichheiten verstärken kann.

Im Prinzip geht es ja nur um Strom, und der ist nur so klimaschädlich wie die Methode, mit der er produziert wird. Wenn die Bitcoin-Miner ausschließlich erneuerbare Energien nutzen würden, wären Bitcoins und Co. auch keine Belastung für die Umwelt. Aber Umweltschutz hat bei einem derart kapitalistischen Unterfangen, wie es Kryptowährungen heutzutage sind, traditionell eher geringe Priorität. Je billiger der Strom ist, der zum Rechnen gebraucht wird, desto mehr Profit macht man, wenn man danach die Bitcoins verkaufen kann.

Denn das ist es, was mit den Dingern im Allgemeinen passiert. Das Wort »Kryptowährung« ist ja ein wenig irreführend. So gut wie niemand verwendet Bitcoins, um damit irgendwo etwas zu kaufen. Man nimmt normales Geld, kauft damit Bitcoins und bemüht sich später darum, diese wieder zu verkaufen, wenn der Kurs gestiegen ist. Oder anders gesagt: Bitcoins sind genauso ein Spekulationsobjekt wie das ganze andere Zeug, das an den Börsen dieser Welt gehandelt wird. Was sie als echte Währung komplett unbrauchbar macht. Wenn ich mir heute mit einem 10-Euro-Schein ein Buch kaufen könnte, morgen mit dem gleichen Schein ein Auto und übermorgen nur noch einen billigen Kaffee am Kiosk: Dann würde unser Währungssystem ziemlich schnell zusammenbrechen.

Die wilden Schwankungen des Bitcoin-Kurses sind aber nicht anders: Man kann mehrere 10 000 Dollar für einen Bitcoin bekommen. Oder auch nur ein paar Hundert. Je nachdem, wie der Kurs gerade steht. Das Ganze ist – so wie alles an den Börsen – genauso wenig vorhersagbar wie das Wetter. Bzw. noch weniger, denn beim Wetter können wir zumindest halbwegs verlässlich ein paar Stunden und Tage in die Zukunft schauen. Kurse wie die des Bitcoins sind dagegen enorm chaotisch; Bitcoin-Spekulation ist ein Glücksspiel (und noch dazu eins, wo man nicht mal die Sicherheit hat, zu wissen, dass am Ende die Bank immer gewinnt, weil es hier keine Bank gibt). Wer Glück hat und beim Kauf und Verkauf von Kryptowährungen reich wird, wird vermutlich der Meinung sein, dass die Dinger eine tolle Erfindung sind. Genauso die, die gerne sehr schnell sehr reich werden möchten. Alle anderen könnten sich aber fragen, ob man ein derart energieintensives Glücksspiel wirklich braucht. Es gibt ja auch noch genug anderes, worauf man wetten kann.

Was nicht heißen soll, dass die ganze Angelegenheit kompletter Quatsch ist. Die Blockchain an sich kann eine sehr spannende Erfindung sein. Denn da muss man ja nicht zwingend Finanztransaktionen hineinschreiben, sondern man kann sie für alle möglichen Informationen verwenden, die man gerne manipulationssicher und dezentral speichern möchte. Man kann sie zum Beispiel nutzen, um Wahlbetrug zu verhindern, logistische Abläufe beim Warentransport zu organisieren oder medizinische Daten in Krankenhäusern effizienter zu verwalten. Behaupten zumindest Leute, die Fans der Blockchain sind. Andere, wie der Kryptografie-Experte Bruce Schneier, sagen dagegen so was: »Jedes Unternehmen, das heute auf die Blockchain setzt, könnte eigentlich auf sie verzichten. Niemand hatte jemals ein Problem, für das die Blockchain eine Lösung ist. Stattdessen nehmen die Leute die Technologie und machen sich auf die Suche nach Problemen.«

Ob und wie eine Blockchain in Zukunft sinnvoll Probleme lösen kann, werden wir also erst noch sehen müssen. Vielleicht kann man mit einer nicht zu energieintensiven Blockchain die Welt ja tatsächlich ein bisschen besser machen. Das kapitalistische Spekulationsspielzeug, das sie jetzt ist, wird das eher nicht tun.

Wie, jetzt wollen Sie auch noch wissen, wie NFTs funktionieren? Nö, das muss jetzt reichen für ein Kapitel. Wollen Sie jetzt wirklich noch was über Prüfsummen, ERC-721-Standards und Fungibilität lesen? Eben! Wenn sich in 15 Jahren noch irgendwer für NFTs interessiert, lesen Sie darüber sicher was in unserem 30-Jahre-Jubelbuch.

Ach ja – das mit der Schokolade ganz vom Anfang hat sich auch als falsch herausgestellt. Wenn Sie Herzkrankheiten vermeiden wollen, dann machen Sie Sport, hören Sie auf zu rauchen und trinken Sie weniger Alkohol. Wenn Sie Schokolade mögen, dann essen Sie gerne was davon. In Maßen ist das überhaupt kein Problem. Herzkrankheiten lassen sich dadurch aber nicht vermeiden.

Small-Talk-Hilfe: Das Universum ist beige

Schon mal überlegt, welche Farbe das Universum als Ganzes hat? Schwarz? Nein, wieso denn auch. Schwarz ist es nur dort, wo nix ist, das eine Farbe haben kann. Tatsächlich ist das Universum beige. Das ist nicht sexy, aber man kann sich halt nicht aussuchen, in welchem Universum man wohnt. Umlackieren geht auch nicht. Wir müssen also mit Beige klarkommen. Mischt man das Licht aller Sterne zusammen, schaut dann, wie groß der Anteil der einzelnen Farben an dieser Mischung ist, stimmt das dann auf die Empfindlichkeit des menschlichen Auges ab und dreht schließlich die Helligkeit des Universums auf Maximum, sodass eine Farbe entsteht, die wir auch tatsächlich sehen könnten: Dann kriegt man ein weißliches Beige, wie Forscher:innen 2002 herausgefunden haben. Und weil Beige wirklich eine doofe Farbe ist, haben sie sie stattdessen »Cosmic Latte« genannt.

Die Science Busters 2017

Was glauben Sie, wie 2017 begonnen hat? Genau.

Danach gab es im Laufe des Jahres 2 Premieren zu vermelden, 2 Preise, ein neues Buch, acht neue TV-Shows und eine Begegnung mit außerirdischem Leben.

Und 2017 war vor allem ein Jahr, in dem wir viel auf Tour waren. Das klingt heute, falls Sie das Buch gleich nach Erscheinen im Herbst 2022 lesen, ein bisschen unwirklich, aber das war damals so. Man hat eine Premiere vorbereitet, dann gespielt und war danach mit der neuen Show unterwegs.

Die erste Premiere Anfang März führte uns in die 7 Königreiche, aber hauptsächlich nach Westeros. Immer wieder haben wir als Science Busters popkulturelle Phänomene aus Film und Fernsehen als Vehikel verwendet, um damit Wissenschaft zu transportieren. »Beam me up, Scotty – die Physik von Star Trek« oder »James Bond & Co. – Hollywood und die Physik« oder »Hey, Wickie, hey«. Das war die Folge mit dem Surströmming, wenn Sie sich olfaktorisch an Kapitel 8 und den fermentierten Fisch erinnern wollen.

2017 war *Game of Thrones* längst die beliebteste Fernsehserie der Welt. Zumindest die am meisten downgeloadete, jedenfalls die am meisten illegal downgeloadete. Die Bücher als Vorlagengeber waren ebenfalls beliebt, aber weil Menschen bekanntlich besser schauen können als lesen, haben wir uns bei der Erstellung unserer neuen Show an der TV-Serie orientiert.

Falls Sie bislang einen großen Bogen ums Spiel um den Eisernen Thron gemacht hatten, hier ein kurzer Abriss: Die Handlung spielt hauptsächlich auf dem Kontinent Westeros, der Thron muss dauernd neu besetzt werden, weil sich die Adeligen der 7 rivalisierenden Königreiche nicht einigen können, wer drauf sitzen darf. Der Thron ist aus Eisen, rostet aber nicht, obwohl der Thronsaal offene Fenster zum Meer hin besitzt. Wer Nirosta vermutet, vermutet falsch, es handelt sich um Valyrischen Stahl. Die ganze Zeit sterben sehr viele Menschen teils sehr grausame Tode, es gibt Zombies, Feuer speiende Drachen, aber keine Insekten. So weit die Meldungen, und nun zum Wetter. Winter is coming! Das war lange die einzige Prognose. Letztlich kam er tatsächlich, gefreut hat sich allerdings niemand darüber. Es gibt auf Westeros nämlich nicht nur keine steinreichen Seilbahnbetreiber, wie bei uns, sondern kein einziges Skigebiet, nicht einmal einen Tellerlift.

Das sind die Voraussetzungen für eine Show auf Basis der TV-Serie, und obwohl Wissenschaft praktisch keine Rolle spielt, sind die Geschichten doch bestens geeignet als Ausgangspunkt für wissenschaftliche Erläuterungen.

Es war die bislang einzige Science-Busters-Show, in der wir zu viert angetreten sind. Kostümiert wie Charaktere der Serie haben wir zu Flöten- und Trommelklängen die Bühne betreten, die erhellt war durch Flammen von Wildfire. Martin Puntigam als Ned Stark, Florian Freistetter als Daenerys, Sturmtochter aus dem Haus Targaryen, Elisabeth Oberzaucher als Drache und Martin Moder als der gefürchtete Dothraki-Fürst Khal Drogo. Alles für die Wissenschaft. Und wir haben die Abwesenheit von Insekten auf Westeros zum Anlass genommen, um über Malaria zu sprechen, zu erklären, wodurch sich diese verheerende Krankheit verbreitet und wie man

ihr möglicherweise mit der Genschere CRISPR beikommen könnte. Dann haben wir untersucht, ob es eine schlüssige astronomische Erklärung für einen Planeten gibt, auf dem immer nur die Sonne scheint, weil der Winter ja erst kommt, schlimmstenfalls nach Jahrzehnten.

Und wir haben die vielen Verstümmelungen zum Anlass genommen zu erörtern, was man eigentlich unter Phantomschmerzen versteht. Dabei handelt es sich gemeinhin ja um ein sehr dankbares Bild. Wenn man nicht gerade selber einen Körperteil verloren hat, nehmen es Menschen gerne als Grundlage für einfache Späße und launige Analogien. Ähnlich wie das Tourette-Syndrom oder Urologie- oder Gynäkologenwitze in zeitgenössischen Kabarett- und Comedydarbietungen. Aber wie so oft werden diese Späße obsolet, wenn man genauer hinschaut und danach ein wenig Bescheid weiß. Und nicht selten beginnt es dann erst interessant zu werden. Denn Phantomschmerzen sind nur manchmal Schmerzen, oft ist es ein Kribbeln, ein Jucken oder eine andere nervöse Sensation, sodass man besser von Phantomempfindungen sprechen sollte. Und sie treten auch nicht immer auf, wenn ein Körperteil verloren geht.

Martin Moder hatte diesbezüglich eine *Game of Thrones*-affine Kindheit, denn auch er hat früh Erfahrungen mit Verstümmelung gemacht. Als Bub fasziniert von Maschinen, hat er eine silbern glänzende im Haus seiner Oma genau inspiziert. Seine Schwester wollte eher wissen, was passiert, wenn man an der Kurbel dreht, aber ungünstigerweise zu einem Moment, in dem Martin Moder seinen Finger in der Maschine hatte. Die sich als Fleischwolf zu erkennen gab. Er behauptet, die Fingerkuppe seines Zeigefingers sei danach weg gewesen, allerdings im Laufe der Zeit nachgewachsen. Nachdem es sich bei Moder keineswegs um ein Axolotl handelt, ist die Erzählung in ihren Details vielleicht mit Vorsicht zu genießen. Andernfalls wurde die molekularbiologische Ausbildung möglicherweise mit dem Hintergedanken gewählt, sich im Labor heimlich eine Fingerkuppe nachzuzüchten.

Die Verkleidung als Khal Drogo war ihm noch vertraut, weil die Belegschaft des gesamten molekularbiologischen Instituts, an dem er seine Masterarbeit schrieb, eine Halloweenparty als Charaktere von *Game of Thrones* kostümiert besucht hatte. In der Hoffnung, den Preis für die beste Verkleidung abzuräumen, ging er als Dothraki-Fürst. So was gibt es also auch auf Institutsfesten hochseriöser Wissenschaftler:innen, die sich beim Feiern gar nicht so anders benehmen als andere Menschen. Und auch sonst im Leben. In der Wissenschaft kennen sie sich in der Regel besser aus als Laien, dafür aber manchmal in der Popkultur nicht so gut. Denn neben Khal Drogo war Moders Chefin als Daenerys zum Fest erschienen, und es war für beide ein wenig unangenehm zu erfahren, in welchem Verhältnis die beiden in der TV-Serie zueinander stehen. Zwangsverheiratet wurde nicht lange nach ihren Bedürfnissen gefragt, wenn es um die Befriedigung der seinigen ging. Dass ihr das nicht gefällt, leuchtet ein, aber glücklicherweise bekommt sie ein Tutorial von einer in Liebesdingen erfahrenen Sklavin, und danach sind die beiden, der gezähmte Fürst und seine junge Gemahlin, ein Herz und eine Seele, und wenn er nicht so früh gestorben wäre, würden sie sich noch heute lieben.

Sex und Tod ziehen sich als Leitmotive durch die Handlung, und wenn Menschen von Rang auf

Westeros ausnahmsweise nicht mit Sex befasst sind, widmen sie sich nicht selten einer Beschäftigung, die man in unseren Breiten eher nicht öffentlich zur Schau stellt, nämlich dem Abschlagen von Köpfen. Gleich zu Beginn zeigt der König des Nordens seinen 3 Söhnen, wie man einem Deserteur der sogenannten Nachtwache sachgerecht den Rumpf vom Kopf befreit. Wenig später wird ihm vorgeführt, dass selbiges auch bei ihm tadellos funktioniert. Anhand der zahlreichen Enthauptungen in der Serie haben wir untersucht, warum Köpfen nicht nur dort, sondern auch in unseren Breiten so lange so beliebt war. Beliebt natürlich eher beim Henker und nicht bei den Hinzurichtenden. Aber es kam auch auf die Umstände an. In England galt es lange Zeit wirklich als große Ehre, den Kopf zu verlieren. Aber nur, wenn man in entsprechendem Habitus geköpft wurde, und zwar aufrecht kniend mit dem Schwert. Das galt als ähnlich ehrenvoll, wie heroisch im Kampf zu fallen, und war dem Hochadel vorbehalten. Wenn man also zwar dachte, eigentlich ein cooler Hund, aber köpfen müssen wir ihn trotzdem, dann wurde diese Methode gewählt.

Grundsätzlich war Köpfen deshalb ab einer gewissen Zeit das Hinrichtungsmittel der Wahl, weil man mit dieser Methode sehr spektakulär beweisen konnte, dass der Hinzurichtende mit großer Wahrscheinlichkeit auch wirklich tot war. Und vor allem auch tot bleibt. Das ist ja bei anderen Hinrichtungsarten wie der Kreuzigung bis heute umstritten. Und dann weiß wieder niemand, ist der Karfreitag jetzt Feiertag oder nicht. Kreuzigen galt noch dazu als besonders brutale Form der Hinrichtung, Enthaupten hingegen eher als human. Die Annahme war, dass, wenn ich jemandem den Kopf abtrenne, der sofort tot sei. Aber es sind immer mehr Zweifel aufgekommen, es gab immer mehr Berichte von Leuten, die behauptet haben, die Köpfe hätten nach dem Abtrennen noch reagiert.

Und deswegen hat man begonnen, das zu untersuchen. Einer der am besten dokumentierten Fälle stammt aus dem Jahr 1905. Da wurde Henri Languille hingerichtet, ein verurteilter Gewaltverbrecher. Bei seiner Enthauptung war als Arzt Dr. Beaurieux anwesend. Und der hat unmittelbar nach dem Abtrennen den Kopf hochgehoben und versucht, mit ihm zu kommunizieren. Stellt sich die Frage, wie man das macht. Da wird es ja kein Protokoll gegeben haben, das vorgibt, was in so einem Fall zu sagen ist. »Kopf hoch« eher nicht. Dr. Beaurieux hat auch zunächst gar nichts gesagt, sondern erst mal nur beobachtet, dass Augen und Mundwinkel 5 bis 6 Sekunden lang chaotisch gezuckt haben. Nach dem Zucken blieben die Augen geschlossen. Die weitere Geschichte geht dann so: Als er den Hingerichteten dann aber mit seinem Namen ansprach, eben mit »Languille«, dann habe der die Augen geöffnet und ihn angeschaut. Irgendwann, nach ein paar Sekunden, habe er die Augen wieder geschlossen, jedoch bei weiterer Namensnennung abermals aufgeschlagen. Dass danach der Spieltrieb mit dem Arzt durchgegangen sei – auf, zu, auf, zu, auf, zu –, ist nicht überliefert.

Allerdings war der Arzt offenbar beeindruckt, dass er nicht in leere Augen geblickt habe, sondern einen lebendigen Blick beobachtete. Laut seinen Notizen habe der Kopf sogar noch etwa 30 Sekunden nach dem Abtrennen vom Rumpf reagiert. Eine halbe Minute klingt nach einer langen Zeit in so einem Fall, und natürlich muss man in Rechnung stellen, dass Wissenschaft vor mehr als 100 Jahren nicht das war, was wir heute unter Wissenschaft verstehen. Laut Zeugenaussagen anderer anwesender Ärzte habe der Kopf nur etwa zehn Sekunden lang reagiert. *Dass* ein abgeschlagener Kopf noch Reaktionen zeigt, ist allerdings grundsätzlich denkbar. Denn solange ein wenig Sauerstoff und andere Nährstoffe vorhanden sind, und die bleiben ja von der Abtrennung unberührt, können noch Denkprozesse stattfinden, Sinneswahrnehmungen, Hören, Sehen. Wie lange das der Fall ist, wissen wir nicht, denn verständlicherweise gibt es beim Menschen keine direkten Daten.

Aber man kann das ja trotzdem untersuchen. Mit sogenannten EEG-Mützen. EEG steht für Elektroenzephalogramm und wird genutzt, um die Gehirnaktivität zu messen. Und da gab es entsprechende Versuche mit Ratten. Um bestimmte Fragen vorwegzunehmen, ja, in manchen Bereichen der Forschung sind Tierversuche nach wie vor nicht wirklich vermeidbar. Vor allem auf dem medizinischen Gebiet. Und wenn man die Versuchstiere am Ende tötet, dann möchte man natürlich, dass das mit

möglichst wenig Leid vonstatten-
geht. Deswegen hat man in der
fraglichen Forschungsarbeit untersucht, ob das Köpfen eine Möglichkeit wäre, eine möglichst schmerz-
freie Methode zu etablieren. Dabei
hat sich gezeigt, dass nach etwa
17 Sekunden eigentlich bei allen
Tieren die Gehirnaktivität auf null
fiel. Bis zu diesem Zeitpunkt wäre
es prinzipiell denkbar, dass noch
irgendwelche Denkprozesse stattfinden könnten.

Aber man muss da genauer sein,
vorsichtiger interpretieren, denn
ein EEG-Signal und Bewusstsein
sind nicht zwangsläufig das Gleiche. Bewusstsein ist nichts, was
entweder vorhanden oder nicht
vorhanden ist, sondern es gibt
Abstufungen. Wenn wir schlafen
und träumen, haben wir auch Bewusstsein, aber nicht so ausge-
prägt, nicht so präsent wie jetzt,
wenn wir im Wachzustand ein
Buch lesen oder hören. Und das
zeigt sich auch im EEG. Die an der
Studie beteiligten Wissenschaft-
ler:innen gehen davon aus, dass
nach vier Sekunden etwa die Hälfte
des Bewusstseins verschwunden
ist. Und dann verschwindet es
immer weiter. Zur Überraschung
aller gab es allerdings später auf
der Zeitachse noch einen größeren

Ausschlag im Enzephalogramm.
Nach etwa 50 Sekunden, als die
Aktivität bereits aus allen Köpfen
verschwunden war, zeigte sich
plötzlich noch einmal ein letztes
Aufflammen der Gehirnaktivität.
Die Forschenden haben das als den
Zeitpunkt interpretiert, zu dem die
Gehirnzellen unwiederbringlich
sterben. Also quasi der finale Zeitpunkt des Todes, sodass sie dementsprechend auch poetisch von
»the wave of death«, der Welle des
Todes, sprachen. Andere Forschen-
de sehen das weniger lyrisch und
gehen davon aus, dass diese Gehirnzellen noch weitergelebt hätten, wenn man ihnen Nährstoffe
und Sauerstoff zugeführt hätte.
Warum?

Wenn man sich Aufbau und
Funktionsweise einer Gehirnzelle
anschaut, also eines Neurons, so
baut es an seiner Oberfläche ein
Membranpotenzial auf, eine elektrische Spannung. Das ist ein aktiver
Prozess, und der benötigt Energie,
denn es müssen geladene Teilchen
durch die Membran durchgepumpt
werden. Und wenn keine Energie
mehr zugeführt wird, weil der Kopf
abgetrennt ist, dann nimmt dieses
Membranpotenzial langsam ab, bis
irgendwann ein Grenzwert erreicht
ist, bei dem es zu einem Depolari-

sieren der Zelle kommt. Und das würde man eben als ein letztes Feuern der Neuronen sehen. So lautet die andere Interpretation.

Das heißt jedoch nicht zwangsläufig, dass die Neuronen zu diesem Zeitpunkt nicht mehr zu retten wären. Wir wissen, dass man Menschen noch Minuten nach dem Tod Gehirnzellen entnehmen kann, die dann in Zellkulturen weiterleben. Das Problem ist, dass man sich eigentlich nicht wirklich darauf einigen kann, wann ein Mensch eigentlich tot ist. Das überrascht doch ein wenig, gerade beim Enthaupten. Dabei geht es ja nicht homöopathisch zu, in dem Sinne, dass es erst nach der Erstverschlimmerung wieder besser werden soll … Die Definition von Totsein hat sich im Laufe der Zeit geändert. Früher galt Atemstillstand als Todeseintritt. Heute weiß man, dass Herz-Lungen-Maschinen Menschen, die nicht mehr selbstständig atmen können, noch sehr lange am Leben halten. Inzwischen gilt jemand als tot, wenn er hirntot ist, aber auch bei Hirntoten kann man den gesamten restlichen Körper weiter am Leben erhalten. Schwangere, bei denen der Hirntod festgestellt wird, können sogar noch Kinder auf die Welt bringen,

die weiterleben. Und vor ein paar Jahren hat man zeigen können, dass man in den Gehirnen von Schweinen noch Stunden nach der Schlachtung Teile von Gehirnaktivität wiederherstellen kann. Heißt das, wenn man ungünstig einkauft, kann es sein, dass der Sauschädel an Silvester einem zu Mitternacht zuzwinkert?

Eher nein. Wenn einem zu Silvester zum Schlagen der Pummerin ein gekochter Sauschädel zuzwinkert, muss man zur Ursachenforschung keine so weiten Wege zurücklegen. Das Problem bei der Frage nach dem Zeitpunkt des Todes ist, dass der Tod nicht, wie wir uns das oft vorstellen, ein einzelner Moment ist. Sondern eigentlich ein langer Prozess. Zum Sterben muss man sich quasi Zeit nehmen.

Irgendwann ist es dann aber doch vorbei, beim Menschen längstens nach ein paar Sekunden. Aber der Herrgott hat sich in den 7 Tagen Schöpfung viele Sachen ausgedacht, damit ihm nicht fad wird, behaupten die einen. Im Rahmen der Evolution sind unglaublich viele und vielfältige Lebensformen entstanden, entgegnen die anderen. Und so gilt als Weltrekordhalter im Kopflos-Existieren die Kakerlake.

Die schafft es bis zu 9 Tage ohne Kopf. Dann verhungert sie. Was sagt sich so eine Kakerlake bis dahin? Egal, ich wollte eh schon länger wieder einmal was für den Körper tun? Bei Kakerlaken befindet sich nur ein kleiner Teil des Nervensystems im Kopf. Das Gehirn ist gewissermaßen im ganzen Körper verteilt. Bei uns Menschen ist das Denken fast komplett in den Kopf outgesourct, sodass ebenjener bei uns eine deutlich größere Rolle spielt. Selbst wenn man von unfreundlichen Menschen gesagt bekommt, man habe nur deshalb einen Kopf auf den Schultern, damit es nicht in den Hals hineinregnet, sollte man trotzdem zuschauen, möglichst alle Körperteile zu behalten. Die Show war erfreulicherweise ein großer Erfolg, und wir haben sie bis zum Ende der TV-Serie laufend adaptiert.

So, das war ein bisschen länger, aber wenn man es mit dem *Lied von Eis und Feuer* zu tun hat, dann liegt das in der Natur der Dinge, wie sollen wir sagen: Hauptsache, Sie haben nicht abgewunken: »Hab ich keinen Kopf dafür«. Valar Morghulis.

Die 2. Premiere folgte im Herbst. Für Science-Busters-Verhältnisse mag das nach wenig klingen, in den Anfängen waren es bekanntlich 5 in 2 Monaten, aber dafür haben wir uns mittlerweile besser darauf vorbereitet. Auch weil der Anlass speziell war: 10 Jahre Science Busters. Wie feiert man so was? Mit einem neuen Buch, da kann man nichts falsch machen. Eine Herausforderung war es doch, auf einmal 7 Autor:innen unter einen Hut zu bringen statt 3 wie bisher. Die wir aber gemeistert haben, wie das Resultat namens *Warum landen Asteroiden immer in Kratern?* beweist, in dem wir nach einem Vorwort von Mark Benecke 33 Spitzenantworten auf die 33 wichtigsten Fragen der Menschheit gegeben haben. Das Hörbuch wurde erstmals und hervorragend gelesen vom Schauspieler Thomas Loibl. Er hat auch den Nachfolger *Global Warming Party* gelesen und wenn nichts mehr dazwischen gekommen ist, auch das Oeuvre, das sie gerade hören oder lesen).

Antworten gab es im Buch jedenfalls unter anderem auf folgende Fragen:

– Warum vergessen wir auf dem Weg von einem Zimmer ins andere, was wir wollten?
– Kann man in einem Schwarzen Loch zu spät kommen?

- Ist der Leib Christi glutenfrei?
- Wie lang ist ein Meter?
- Sind Engel Säugetiere?
- Kommen mehr Gelsen ins Zimmer, wenn das Licht brennt?
- Und wie super ist der Supermond?

Schon in unserer Biershow haben wir anhand des Vollmondbiers einmal mehr erläutert, dass man beim Bierbrauen zwar auf Vollmond warten kann, um meinetwegen ein »Vollmondbier« zu kredenzen. Bei Supermond dann das Supermond-Vollmondbier. Oder bei Blutmond das Blutmond-Vollmondbier. Oder welche Mond-Nicknames auch immer als Clickbait herhalten müssen. Vollmondbier kann gut schmecken, wenn es gut gebraut ist, und weniger gut, wenn nicht. Darüber hinaus kann es nicht mehr als jedes andere Bier auch, nämlich Durst löschen und betrunken machen.

Es ist erstaunlich, wie hartnäckig sich der Quatsch von der besonderen Wirkung des Vollmondes auf uns Menschen hält, obwohl es nicht nur keinen Beleg dafür gibt, sondern jede Menge Fakten und Studien, die das Gegenteil beweisen. Der Mond ist der Mond, er kann schön ausschauen und sich sehr gut beleuchten lassen von der Sonne, und wenn das im richtigen Winkel passiert, nennen wir das Vollmond. Er kann zwar die Gezeiten beeinflussen, aber sein Einfluss auf uns Menschen ist so gering, dass man es kaum messen kann, eigentlich nur berechnen. Auch wenn wir Menschen zu einem guten Teil aus Wasser bestehen, so bestehen wir doch auch aus sehr vielen Zellen. In uns findet kein nennenswerter Zyklus von Ebbe und Flut statt, bei Vollmond kommen nicht mehr Babys auf die Welt, die Bäume geben kein besseres Holz, wenn man sie bei Vollmond fällt, der Haarschnitt gelingt nicht besser und auch sonst fast nichts. Es kann höchstens sein, dass Sie schlechter schlafen, wenn Sie empfindlich darauf reagieren, dass Ihre Jalousien den Raum nicht gut genug abdunkeln. Oder dass Sie, wenn Sie angetrunken den Heimweg vom Wirtshaus antreten, möglicherweise nicht so leicht stolpern, weil der Weg besser beleuchtet wird. Vom Sonnenlicht, das der Mond reflektiert. Wenn Ihnen wer was anderes erzählt, hat er keine Ahnung, wovon er spricht, lügt oder glaubt gern irgendeinen Quatsch, den er einmal gehört hat und den er aus welchen Gründen auch immer charmant findet. Das ist nicht verboten, aber man muss eben wissen, dass es Quatsch ist.

Den 10. Geburtstag haben wir standesgemäß gefeiert. Zum einen haben wir wieder einen großen Kabarettpreis erhalten, den Salzburger Stier. Die Ankündigung, dass wir gewonnen haben, haben wir im Herbst als Geschenk bekommen. Verliehen wurde er erst im Mai des Folgejahres. Wenn Sie wollen, können Sie also jetzt sofort ins nächste Kapitel blättern und prüfen, ob das stimmt.

Mit einer Festtagsausgabe der Show »Warum landen Asteroiden immer in Kratern?« am 23. Oktober im Stadtsaal Wien. Florian Freistetter, Helmut Jungwirth, Martin Puntigam und erstmals dabei Franz Viehböck. Der erste und bislang auch einzige Österreicher, der die Erde in Richtung Weltall verlassen hat. Als Astronaut hat er im Oktober 1991 rund eine Woche auf der Raumstation Mir verbracht. Und war damit die eingangs erwähnte Begegnung mit außerirdischem Leben. Als sich das Ereignis 2021

zum 30. Mal jähren sollte, haben wir mit ihm in unserer TV-Show sein Jubiläum gefeiert. Dazwischen hatten wir noch einen Kurzauftritt auf seiner Geburtstagsfeier, 2 Abende anlässlich 50 Jahre Mondlandung, und immer war es vergnüglich. Nicht auszuschließen also, dass er irgendwann, wenn er als Aufsichtsratsvorsitzender in Pension geht, bei den Science Busters als 10. Ensemblemitglied anheuert.

Der 2. Heinz Oberhummer Award ging Ende November an die Ärztin Giulia Enders, die mit ihrem Buch *Darm mit Charme* Millionen Menschen fürs Verdauungssystem begeistern konnte. Im Laufe des Herbstes wurden 8 neue Fernsehshows aufgezeichnet, die ab 2018 im ORF laufen sollten. Und danach haben wir noch, Moment, irgendwo habe ich es mir aufgeschrieben, wo hab ich's … *(Papierrascheln)* aso, da: danach haben wir noch eine Silvestershow vorbereitet, die im Schauspielhaus Wien vom Stapel laufen sollte, und dann war 2017 auch schon wieder vorbei. (Cheerio, Miss Sophie!)

ICH UND
MEIN HOLZ

*2018 war das 6. wärmste Jahr
seit es Aufzeichnungen gibt.
Es befinden sich 409 ppm CO_2
in der Atmosphäre.*

Am 14. März 2018 hat die Zeit einem großen Mann, der sie in einer kurzen Geschichte für uns alle verständlich erzählt hat, ein Ende gemacht. Zumindest einigermaßen. Denn Stephen Hawkings Buch, das ein bisschen als Beginn der modernen Wissenschaftspopularisierung gelten kann, ist gar nicht so einfach zu verstehen, wie es sein Ruf vorgibt. Die Welt besteht allerdings nicht nur aus Dingen, sondern auch aus Zwischenräumen, also dem, was da eben nicht ist. Und große wissenschaftliche Ereignisse finden nicht nur dann statt, wenn etwas dazukommt, sondern auch, wenn ein Schwergewicht verschwindet, ist das für die Wissenschaft wesentlich. Die Lücke, die Stephen Hawking in der Wissenschaft und vor allem in ihrer Vermittlung hinterlässt, zu füllen wird womöglich nicht sehr leicht sein, aber wer sich aufmacht, das zu tun, leistet Wertvolles.

In einer Höhle in Sibirien hat man Knochen gefunden. Das wäre ja nicht weiter überraschend, weil, was in einer Höhle stirbt, ja zu Fuß nicht mehr herauskommt und in einer Höhle kaum so starke Zugluft herrscht, dass Knochen von dort verweht werden. Allerdings handelt es sich um Menschenknochen, was die Sache interessanter macht. Und zwar sehr alte: 50 000 Jahre. Das Besondere an diesen Fingerknochen, das restliche Skelett glänzt durch Abwesenheit, ist, dass es sich dabei offenbar um die erste nachgewiesene Frucht einer tatsächlich sehr multikulturellen Begegnung handelt. Man konnte aus dem Knochen Genmaterial ziehen, und eine Analyse hat ergeben: Der Fingerknochen stammt von einer Frau, deren Mutter eine Neandertalerin und deren Vater ein Denisova-Mensch war. Man sollte sich davor hüten, »die gute alte Zeit« zu beschwören, aber das, was schon viel früher funktioniert hat, sollten wir heute nicht zum Gegenstand politischer Instrumentalisierung werden lassen.

Am 27. Januar 2018 ist Ingvar Kamprad gestorben. Er hat das Möbelhaus IKEA gegründet. Der danach benannte IKEA-Effekt beschreibt aber nicht, dass man plötzlich automatisch mit allen Menschen per Du ist. Oder dass das Essen immer besser aussieht, als es schmeckt. Sondern dass man einer Erledigung, an der man persönlich mitgewirkt hat, mehr Wertschätzung entgegenbringt. Ein eigenhändig zusammengeschraubtes, vielleicht sogar ein bisschen windschiefes Möbelstück genau aus dem Grund besser findet als ein wirklich schönes, vom Tischler fabriziertes. Salopp formuliert: Wenn ich schon den halben Nachmittag für die Scheiß-Billy-Regale gebraucht habe, dann will ich sie gefälligst auch gernhaben. Der Effekt ist allerdings nicht nur auf DIY-Möbel beschränkt und gilt u. a. als eine der Erklärungen, warum grausame und völlig absurde Verschwörungserzählungen wie QAnon erfolgreich sind.

Holz hat Ingvar Kamprad im Leben reich gemacht, im Tod hat er es gemieden. Er wurde eingeäschert, seine Asche auf dem Familienhof verstreut, und einen Holzpyjama *Ingvar* führt IKEA folglich nicht im Sortiment.

Holz ist als nachwachsender Rohstoff seit Jahrmillionen erfolgreich und beliebt. Holzspielzeug gilt vielen Eltern als wertvoller als solches aus Kunststoff, ihre Kinder sehen das gern umgekehrt, weshalb es oft nur Gesprächsgegenstand unter Erwachsenen bleibt. Holz ist so beliebt, dass manche Menschen dem Wald unsichtbare Heilkräfte gegen nahezu alle bekannten Krankheiten andichten. Und sich nicht davon abhalten lassen, Bäume als Freunde zu umarmen. Holz brennt gut, wir verwenden es, um uns an kalten Tagen zu wärmen, es lässt sich ausgezeichnet zu Möbeln und sogar Häusern verarbeiten, und schon in der griechischen Mythologie musste man dem Fährmann Charon einen Obolus bezahlen, um mit einem Holzboot seinen letzten Weg über die Styx in den Hades erledigen zu können.

Weil wir Holz so früh kennenlernen in unserem Leben, viele Wiegen und Stubenwagen sind aus Holz, und weil viele von uns in Holzsärgen beerdigt werden, gehen wir gemeinhin davon aus, dass alle vom selben reden, wenn sie »Holz« sagen. Aber »Holz« ist wie »Mensch« nur ein Wort für eine Vielzahl an Formen und Eigenschaften. Botanische bis handwerkliche.

Es gibt weltweit ungefähr 60 000 verschiedene Baumarten, die sich in grob 2 Gruppen einteilen lassen, nämlich Nacktsamer und Bedecktsamer – Gymnospermien und Angiospermien. Dieser Klassifikation liegt zugrunde, wie die Samenanlagen gestaltet sind. Bei den Nacktsamern sind sie zum Beispiel in Zapfen eingefasst, wie beim klassischen Tannenzapfen oder »Bockerl«, wie der Volksmund es in einigen Gegenden formuliert. Bei den Bedecktsamern sind die Samen von einem Fruchtknoten umschlossen. Ganz grob ergibt sich dadurch: Nacktsamer sind Nadelbäume, und

Bedecktsamer sind Laubbäume. Weil Natur aber keine Laborsituation ist, kann man diese Einteilung nicht ganz so straff durchziehen, wie man vielleicht gerne würde. Der Ginkgobaum hat Blätter, jedenfalls sehen die so aus, und ist ein Nacktsamer, gehört also irgendwie zu den Nadelhölzern. Und die Welwitschie wird ebenfalls den Nacktsamern zugeordnet, ist also auch irgendwie ein Nadelbaum, hat aber nur 2 dicke, fleischige Blätter, die allerdings meterlang werden können und nie aufhören zu wachsen. Und der Stamm der Welwitschie, sofern man von einem solchen sprechen möchte, wird nicht höher als einen halben Meter, bringt es dafür aber auf bis zu anderthalb Meter Durchmesser. Balsaholz wiederum ist im Englischen ein »Hardwood«, weil es sich um einen Laubbaum handelt und man früher bei der Holzverarbeitung festgestellt hat, dass das Holz von Laubbäumen im Allgemeinen deutlich härter ist als das Holz von Nadelbäumen: also, Eiche ist härter als Fichte ...

Wie hart ein Holz ist, hängt allerdings auch davon ab, wo der Baum wächst. Die mechanischen Eigenschaften werden durch die innere Struktur vorgegeben, und die ist vom Wachstum abhängig. Bäume, die schnell wachsen, sind im Allgemeinen weicher als solche, die nur sehr langsam wachsen. Vor allem in äquatorfernen Gebieten findet man daher die bekannten Jahresringe. Im Sommer, wenn die Erdachse der Sonne zugeneigt ist und dementsprechend viel Sonnenlicht pro Fläche auf die Erde scheint, kann ein Baum gut Fotosynthese betreiben – und wachsen. Holz, das in der Wachstumsphase dazukommt, ist grobporiger und für die hellen Streifen bei den Jahresringen verantwortlich. Im Winter scheint zwar manchmal die beliebte Wintersonne, aber eben, wie von Wolfgang Ambros besungen, nur an manchen Tagen. Für hemmungsloses Wachstum bietet diese Jahreszeit zu wenig Energie, was zu den dunklen Streifen in den Jahresringen führt. Wenn die Wachstumsperiode pro Jahr nur sehr kurz ausfällt, weil der Baum hoch im Norden steht, etwa in Skandinavien, wächst er nur sehr langsam, weil auch im Sommer weniger Strahlung pro Fläche auf die Erde trifft; die Jahresringe werden entsprechend eng und schmal. Und das Holz sehr dicht und hart.

In Nicht-Äquatorferne, also in dessen Nähe, entscheiden sich Bäume gegen Jahresringe. Entscheiden ist vielleicht zu viel gesagt, sie können gar nicht anders, weil es dort keine Jahreszeiten in unserem Sinne gibt. Was diese Hölzer oft sehr hart werden lässt. Nicht, weil sie zu viel Schatten abbekommen, sondern weil es in Äquatornähe für Leben allgemein sehr günstig ist. Und wo viel lebt, etablieren sich auch Pilze und Parasiten. Das ist schön für die Pilze und Parasiten, aber weniger angenehm für die Wirte. In so einem Biotop bestehen auf lange Sicht nur diejenigen, die über Eigenschaften verfügen, die sie Pilz- und Parasitenbefall gegenüber robust machen. Nur die Harten sind der Garten, sagt der Volksmund und hat ausnahmsweise recht. Wenn man gegen Termiten geschützt sein will, dann sollte man seine Möbel aus Ebenholz fertigen lassen und kann den kleinen Rackern dann dabei zusehen, wie sich sich beim Versuch, die Eckbank zu vertilgen, die Kiefer ausrenken. Theoretisch. Praktisch haben auch Termiten im Laufe der Jahrtausende gelernt, eher dort zuzubeißen, wo sich der Biss auch lohnt.

Ebenholz ist vielleicht die bekannteste Sorte ohne Jahresringe. Manchmal weist es gewisse Schattierungen auf, gilt aber gemeinhin als schwarz. Und wenn unter einer ebenholzschwarzen Haupthaarpracht noch ein Schneewittchen angewachsen ist, dann wird, zumindest im Märchen, die Stiefmutter ausgesprochen eifersüchtig auf die nächste Generation.

Wäre Schneewittchen keine Märchen-, sondern eine Anime-Figur, hätten die Gebrüder Grimm ihr Haar vielleicht nicht mit Ebenholz verglichen, sondern mit Amaranth. Dieses Holz ist purpur, so gut wie ohne Zeichnung und derart hart, dass man mit einem kleinen Schnitzmesser nicht viel ausrichten würde. Michel aus Lönneberga, der ja bekanntlich regelmäßig vor seinem cholerischen, gewaltbereiten Vater in den Schuppen fliehen muss und dort, während sich der Blutdruck seines Erziehungsberechtigten wieder auf ein sinnvolles Maß senkt, aus kleinen Holzstücken Figuren schnitzt, hätte seine ganze Kindheit, bis er endlich stärker gewesen wäre als sein Erzeuger und nicht mehr hätte davonlaufen müssen, an einem einzigen Klötzchen fergeln können, ohne je eine Figur zu Ende zu bringen.

Das härteste bekannte Holz ist das sogenannte Lignum Vitae, auch als Pockholz bekannt. Dort, wo es wächst, wird es als »Quebracho« bezeichnet – aus gutem Grund, denn »Quebra hacha« heißt übersetzt »Axtbrecher«. Da lässt sich leicht erahnen, dass so ein Baum nicht von 4 lustigen Holzhackerbuam mit wenigen Schlägen lachend umgehackt wird, während die beiden anderen gut gelaunt daneben schuhplatteln. Ist es doch geschafft, muss der Stamm zum Sägewerk. Weil der Auftrieb im Wasser diese Arbeit erheblich erleichtert, haben Flößer seit jeher als Transportwege gerne Flüsse verwendet. Dabei haben sie früher in unseren Breiten gerne Nixen und andere geisterhafte Gestalten getroffen, die ihnen manchmal hilfreich zur Seite standen, nicht selten aber ihr Unglück befeuerten. Dann steht gern zu lesen, dass der junge Flößer verliebt in die Nixe ihrem Locken nicht widerstehen konnte und ihr auf den Grund des Stromes gefolgt ist und nimmermehr gesehen ward. Tatsächlich konnten sehr viele Flößer früher, auch wenn es günstig für ihre Berufsausübung gewesen wäre, nicht schwimmen. Und ihre deshalb nicht selten tödlichen verlaufenden Arbeitsunfälle wurden in Sagen mit Nixen verewigt, um der Trauer ein bisschen die Trostlosigkeit zu nehmen. Auf Nixen braucht man allerdings nicht zu warten, wenn man einen Stamm Pockholz transportieren möchte, denn das muss zu Land geschehen. Hat Holz nämlich eine Dichte von über einem Gramm pro Kubikzentimeter, schwimmt es nicht mehr. Auch wenn es vielleicht noch so gerne ein Seepferdchenabzeichen hätte. Solche Hölzer nennt man, grob zusammengefasst, Eisenholz. Sie bestehen nicht aus Metall, benehmen sich aber ein bisschen so. Obwohl Pockholz schwer zu schlagen, schwer zu transportieren und schwer zu bearbeiten ist, hat man es früher für bestimmte Sachen gern verwendet. Auch aufgrund seines Ölgehalts eignet es sich zum Bau von Lagerschalen für Achsen, wie man sie zum Beispiel bei Wasserrädern verwendet, weil es sozusagen selbstschmierend ist und sich durch die Härte auch nicht abnutzt. Sehr praktisch, wenn man den Baum einmal gefällt, transportiert und verarbeitet hat. Hätte die Redensart *Ohne Fleiß kein Preis* hierin ihren Ursprung, wäre man nicht verwundert. Auf Segelschiffen hat man es für sogenannte Jungfern verwendet, das sind Vorrichtungen, mit denen Wanten und Stage festgesetzt werden. Und kleine Small-Talk-Hilfe vorab: Dieses Holz wurde sogar beim ersten Atom-U-Boot als Lagerschale für die Achse der Schiffsschraube verwendet.

Die Verarbeitungsschwierigkeiten gelten allerdings nur, wenn Sie den Baum mechanisch aus der Vertikalen entfernen, also mit Axt oder Zugsäge. Eine moderne Motorkettensäge ist von Pockholz nicht sonderlich beeindruckt und zeigt dem ringlosen Racker bei Bedarf gerne, wie man sich einen Weg durch ihn bahnt. Das macht das Arbeiten deutlich einfacher, wenn auch nicht unbedingt sicherer. Als Sicherung hat man daher die Schnittschutzhose erfunden. Dabei handelt es sich um ein Beinkleid, das äußerlich so tut, als wäre es eine normale Arbeits- oder Überhose. Aber unter der Hülle befinden sich mehrere Schichten Kunststofffäden, etwa aus Kevlar, einem Material, das man auch für stichfeste Westen verwendet. Rutscht man nun beim Arbeiten mit der Motorsäge ab, so ist die Hose aber nicht schnittfest, indem die rotierende Kette seitlich abgleitet und so den Nebenmann trifft oder die Hose nicht zu durchdringen vermag, sondern die Fäden wickeln und zwängen sich derart um und in die Kette, dass diese dadurch bewegungsunfähig wird und weder vor noch zurück kann. Die äußere Schicht der Hose wir dadurch schon zerstört, aber danach geht es nicht mehr weiter. Von der Führungsschiene hängen danach zahllose Kevlarfäden runter, was ihr ein wenig das Aussehen eines Weihnachtsmannes verleiht, der sich als Kettensäge verkleidet hat. Oder umgekehrt, ganz wie Sie wollen.

Wie misst man eigentlich die Härte von Holz? Nimmt man Proben und schaut, welche schneller untergeht im Wasser? Nein, das wäre zu ungenau. Es gibt mehrere Prüfverfahren, in der Regel wird eine Stahlkugel mit einem bestimmten Durchmesser bis zur Hälfte ins Holz gedrückt, und je nach der Kraft, die dafür nötig ist, ist das Holz dann eben mehr oder weniger hart.

Aber nicht nur, wenn es uns als massiver Ast oder gar Stamm auf den Kopf fällt, ist Holz nicht ausschließlich freundlich und »Bruder Baum« und »Natur« und »gesund«. Wenn man Holz schleift, dann ist der Schleifstaub giftig. Und zwar nicht nur in dem Sinne, dass er mechanisch die Atemwege belegt, was schon nicht so gut wäre, sondern: Der ist wirklich toxisch. Ein Baum besteht nämlich aus vielen Inhaltsstoffen, auch wenn wir glauben mögen, er besteht nur aus Wasser und Holz. Viele davon sollte man keinesfalls in die Nähe der Lungenbläschen lassen. Von 1985 bis 1998 wurden von der Holz-Berufsgenossenschaft in Deutschland 147 durch Holzstaub bedingte Krebserkrankungen als Berufskrankheit anerkannt. Und es gibt kaum eine Baumart, die da eine Ausnahme darstellt. Allerdings gilt auch hier: Die Dosis macht das Gift. Also, wer einmal im Hobbykeller ein Vogelhäuserl zusammenschraubt oder mit den Kindern unter Zuhilfenahme von Zahnstochern Kastanienmänner bastelt, muss sich keinen Seuchenschutzanzug anziehen.

Im Grunde ist aber jeder Holzstaub mehr oder weniger giftig. Was giftige Bäume angeht, gibt es allerdings einen absoluten Spitzenreiter: Gympie Gympie. Von dem herzigen Namen sollten Sie sich nicht täuschen lassen. Auf Deutsch heißt das Gewächs »Australische Brennnessel«, und auch das klingt noch viel zu nett für das, was einen erwartet, wenn man sich dieser Pflanze auch nur nähert. Sie wächst als Strauch, allerdings bis zu einer stattlichen Höhe von grob 3 Metern. Und die gesamte Pflanze (also nicht nur die Blätter, sondern alles – jeder Ast, der Stamm und, wenn der Blüten trägt, auch die) ist mit sehr feinen Brennhaaren versehen, die das Gift Moroidin enthalten. Und diese Brennhaare sitzen nicht nur einfach auf der Pflanze, vielmehr wirft die Pflanze diese auch unentwegt ab. Insofern muss man den Baum nicht einmal berühren, um sich einen Eindruck davon zu verschaffen, was er einem antun kann. Einfach zu nah daran vorbeigehen genügt für ein wirklich unvergessliches Erlebnis. Diese Brennhaare durchdringen zudem jedes Gewand – sogar Schweißerhandschuhe. Das Gift verursacht schon in kleinsten Dosen unerträgliche Schmerzen. Und in größeren Dosen ist »unerträglich« so wörtlich gemeint, wie es genauer nicht geht. Ein australischer Offizier wurde mit heruntergelassener Hose tot im Wald aufgefunden, weil er sich nach einer feststofflichen Erleuchterung im Gebüsch zur abschließenden Intimhygiene versehentlich ein paar Blätter vom Gympie Gympie durch die Kimme gezogen hat und der einsetzende Schmerz es ihm als die beste Lösung des Problems erscheinen ließ, sich zu erschießen. Schrecklicherweise hätte es auch nichts genützt, wenn man ihn mit Morphium vollgepumpt hätte, denn dieses Gift ist sozusagen schmerzmittelresistent. Dafür hält der Schmerz dann aber monatelang an.

Wer sich also durchaus nicht von der albernen Tätigkeit des Baumumarmens abhalten lassen will, sollte sich zumindest davor ein wenig kundig gemacht haben, ob der zur Liebkosung vorgesehene »Bruder« auch geherzt werden möchte.

Small-Talk-Hilfe: Kann man sich beim Furzen mit Corona anstecken?

Scheinbar eine Frage fürs Bubenzimmer am Schulskikurs, tatsächlich gibt es dazu aber Untersuchungen. Nicht zu Corona, da wissen wir, die Flatulenz ist nicht die Hauptübertragungsroute. Um diese Route musste sich der ehemalige österreichische Bundeskanzler, der so gern und öffentlichkeitswirksam behauptet hat, Routen schließen zu lassen, also nicht kümmern. Aber bei langen Operationen liegen Patient:innen oft mit geöffnetem Brustkorb etliche Zeit am Tisch, und es lässt sich vermutlich nicht immer vermeiden, dass wem vom medizinischen Personal einer auskommt. Nachdem die Darmflora zu großen Teilen aus Bakterien besteht und ein Darmwind als Aerosol immer auch winzige Partikel mitnehmen kann in die Freiheit, wollte man wissen, ob es dabei zu bakteriellen Infektionen kommen kann. Wie designt man eine derartige Studie? Vorne am Finger ziehen lassen, und hinten kommt die Studie raus? Nicht ganz, aber sehr viel anders war es gar nicht. Man ließ Proband:innen in eine Petrischale furzen, also ein flaches Plastikgefäß, befüllt mit einer Nährlösung, auf der Bakterien wachsen können. Und tatsächlich hat sich in den Schalen Bakterienwuchs gezeigt. Die gute Nachricht lautet aber: Wenn man eine Hose anhat, während ein Darmwind seinen Geburtsort verlässt, dann ist man auf der sicheren Seite. Eine Schutzmaske zu tragen gilt also auch in diesem Fall als Mittel der Wahl. Ob wohl die lauten Knatterer für besseren Wuchs in der Petrischale sorgen oder die leisen, butterweichen, wurde übrigens nicht untersucht. Es besteht somit noch etwas Spielraum für Follow-up-Studien.

Die Science Busters 2018

Im Jahr 2018 wurde das Ensemble noch einmal größer. Das neue Mitglied hat allerdings nicht gefragt, ob es mitmachen darf, und wir haben nicht gefragt, ob es überhaupt will, es ist einfach eingemeindet worden. Und plötzlich war die Kelly Family der Naturwissenschaften um 4 Beine zahlreicher.

Eigentlich hätte Helmut Jungwirths Hund Woody bereits 2016 sein Bühnendebüt in einer Fernsehshow feiern sollen. Alles war vorbereitet, Helmut Jungwirth wie immer aus dem Ei gepellt – nicht umsonst hatte er auf der Universität Graz eine Zeit lang den Spitznamen »der schöne Helmut« –, um Woody in der Show »Stench« brillieren zu lassen, in der es um Gestank ging, der Titel legt es nahe. Aus tierschutzrechtlichen Gründen durfte er damals aber nicht auf die Bühne. Weil Haustiere sich oft nicht selber aussuchen können, was sie wann wo machen wollen, gibt es relativ genaue rechtliche Vorgaben. In Woodys Fall ging es dabei jedoch nur um die Einhaltung von Antragsfristen, also nicht um den Schutz des Hundes, sondern eher den des Amtsweges.

Denn ein Hund aus Graz darf nicht mit einer steirischen Bewilligung in Wien auf die Bühne. So ist kurzfristig Brando eingesprungen, ein Hund aus Niederösterreich. Sie sehen, die Unordnung, die auch später während der Pandemie das Datensammeln und Abwägen der richtigen Maßnahmen erschwert hat, ist nicht spontan entstanden.

Dass Woody nicht auf die Bühne durfte, war insofern bemerkenswert, als er und sein Herrl kaum voneinander getrennt waren, seit sie sich kennen, egal ob zu Hause, auf dem Grazer Schlossberg oder an der Universität. Ihn also von seinem Herrl fernzuhalten bedeutete unter Umständen mehr Stress für den Hund, als auf der Bühne aufzutreten. Mittlerweile ist er Routinier und die Bühne sein 2. Wohnzimmer. Seit die Aufzeichnungen unserer TV-Shows ab dem Jahr 2020 an der Universität Graz stattfinden, ist er als Universitätshund immer mit von der Partie, wenn Helmut Jungwirth im Line-up steht.

Der behauptet, dass nicht er sich den Hund ausgesucht hätte, sondern umgekehrt. Wie kann man sich das vorstellen? Woody kommt ins Asyl für Universitätsprofessoren mit Sternzeichen Fashion Victim und sagt: »Den dort hinten im Nadelstreif bitte einpacken als Geschenk«? Eher nein. Es soll sich so zugetragen haben: Der Herr Professor und seine Frau sind mehrfach zum Hundezüchter gefahren, um sich das neue Familienmitglied Woody auszusuchen. Woody ist zwar ein Homophon von Wudy, der Snackwurst aus dem Supermarkt, die war aber nicht die Namensgeberin. Woody heißt Woody, weil die Maserung seines Fells, Stromung genannt, an einen Holzfußboden erinnert. Abschleifen muss man ihn allerdings nie, streicheln reicht in der Regel. Im Stammbaum steht allerdings nicht Woody, sein echter Name lautet Bandido de Lobito Azul. Er hat eine deutsche Mutter und einen ungarischen Vater als Vorfahren, er selber ist Österreicher. Ob er als Ergebnis dieser Mischung zwar Deutsch versteht, aber wie ein Ungar rechts wählen würde, wenn er dürfte, ist nicht bekannt.

Im Typenschein steht übrigens Whippet. Das ist ein kleiner englischer Windhund. Wie diese Art entstanden ist, weiß man nicht ganz genau; bekannt ist immerhin,

dass Berg- und Industriearbeiter diese Hunde im 19. Jahrhundert eingesetzt haben, um den Adeligen das Wild aus den Wäldern zu stehlen. Der Whippet ist sozusagen der Windhund des armen Mannes. Ursprünglich gezüchtet zum Wildern, zum Gesetzesbruch, heute die Zierde eines Universitätsprofessors aus Graz, der aufs Wildern natürlich nicht mehr angewiesen ist. Aber nicht nur Schmuck, sondern Gefährte. Der viel Aufmerksamkeit braucht und bekommt. Das bedeutet nicht einfach nur Gassi gehen, sondern mit einem Hund muss man sich mindestens 2 Stunden am Tag beschäftigen, zum Beispiel Spiele spielen. Das kann er nicht alleine, eine Konsole hinstellen und hoffen, dass er einem einen Charakter von World of Warcraft hochspielt, den man dann teuer verkaufen kann, ist eher nicht zielführend. Die Lebenserwartung von Hunden liegt bei rund 15 Jahren und mehr. Wenn man sich 2 Stunden pro Tag mit ihm beschäftigt, ergibt das in Summe bei 15 Jahren 11 000 Stunden. In Tage umgerechnet fast 460 und in Jahren sogar einen viertel Jahre, die man aktiv mit dem Hund verbringt, und das bei jedem Wetter, während der Arbeit, im Urlaub, immer. Als

Herrl muss man sich eventuell sogar noch mehr bewegen als der Hund und sich bücken, wenn Woody aus Dankbarkeit für die Fürsorge Poodie auf den Gehsteig legt. 2-mal am Tag ist damit zu rechnen, was bedeutet, dass man im Laufe eines Hundelebens circa 11 000-mal mit der Hand in einen warmen Hundehaufen greift. Wärme, die einem nur ein Haustier geben kann.

2018 war es dann so weit mit Woodys Debüt. Und zwar gleich im Fernsehen in unserer Show mit dem schönen Titel »Streichel mich, Du Sau!« – was selbstverständlich wissenschaftliche Gründe hatte. Auf der Theaterbühne war Woody dann ebenfalls auf Tour dabei, als die neue Weihnachtsshow Premiere feierte. »Jesus war ein Fliegenpilz« mit Peter Weinberger und Helmut Jungwirth an der Seite von Martin Puntigam. Und wie schon in der ersten Weihnachtsshow der Science Busters, so wurden auch diesmal wieder ein paar der großen Fragen rund um den Geburtstag des designierten Erlösers beantwortet:

– Welche Weihnachtsbeleuchtung montiert man auf einer Raumstation?
– Wurden Josef und Maria auf dem Weg nach Ägypten gefragt: »Schläft er schon durch?«
– Wie bügelt man Lebkuchen?
– Und ist das neue Testament eigentlich ein Pilzführer?

Also, war Jesus ein Fliegenpilz? Das klingt absurder, als es ist – auch wenn es da und dort auf der Tour Proteste wegen »Gotteslästerung« gegeben hat, was immer das auch sein soll für Atheisten. Wie soll man wen oder was auch immer lästern, von dessen Nichtexistenz man ausgeht, und zwar aus guten Gründen? Dem Vernehmen nach hat sogar ein Pfarrer vom Besuch der Veranstaltung abgeraten. Und in manchen Gegenden bewirkt so was nicht das Gegenteil oder ruft erstauntes Achselzucken hervor, sondern hält die Leute tatsächlich vom Kommen ab. Und das ist eigentlich das wahre Weihnachtswunder im 21. Jahrhundert.

Der Titel der Show geht übrigens zurück auf ein Buch des britischen Sprachforschers John Marco Allegro, eine Kapazität auf seinem Gebiet, der sich unter anderem bei der Entzifferung der Qumran-Rollen einen Namen gemacht hat.

Qumran ist ein Höhlenkomplex am Toten Meer im heutigen Israel,

wo man in den 1950er-Jahren antike Schriftrollen in Tonkrügen und
Kupferbehältern gefunden hat. Das
war auch deshalb eine Sensation,
weil diese Schriftrollen in Altheb-
räisch und Aramäisch verfasst sind.
Letzteres ist mit dem Althebräi-
schen verwandt und gilt gemeinhin
als die Sprache von Jesus Christus.
Wenn wir einmal davon ausgehen,
dass er tatsächlich gelebt hat. Auf
den Rollen sind kaum größere Text-
passagen komplett erhalten, und im
Wesentlichen finden sich darauf
Schriftzeugnisse des Alten Testa-
ments und allerlei Texte zu Ritus
und Gemeinderegeln der Gläu-
bigen wieder. Abgesehen von Alter
und Echtheit der Dokumente
inhaltlich also nicht sehr spektakulär.

Eine Zeit lang hat sich John
Marco Allegro auch mit der Über-
setzung der Texte beschäftigt. Allerdings war er im Team der
Sprachforscher:innen der einzige
Agnostiker. Und nach einigen Jahren des Übersetzens befand er, dass
man die Texte auch anders »lesen«
könne. Seine Hypothese war, dass
das frühe Christentum eigentlich
auf einen Geheimkult rund um
psychoaktive Pilze zurückgehe und
das Neue Testament ein Geheim-
code für diesen schamanistischen

Kult sei. Veröffentlicht hat er seine
Thesen 1970 in dem Buch *The
Sacred Mushroom and the Cross*. Jesus
also ein Hohepriester des narri-
schen Schwammerls und das Neue
Testament die Packungsbeilage?
Noch besser, Jesus selber soll ein
Pilz gewesen sein. Das ist, wie man
sich denken kann, nicht nur in der
akademischen Welt auf wenig
Gegenliebe gestoßen.

Dass ein Erzengel als fliegender
Schwangerschaftstest ausgerechnet auf einen winzigen Planeten
am Rande einer unbedeutenden
Galaxie landet, um die Landung
eines außerirdischen Heiligen
Geistes als Y-Chromosomenspen-
der für einen göttlichen Erlöser der
Menschheit anzukündigen, den
eine Jungfrau gebiert, die selber
auch schon von einer solchen geboren worden ist und die einen
kerngesunden Messias auf die Welt
bringt, der meistens nur er selber
ist, aber manchmal auch sein Vater
und der Heilige Geist gleichzeitig,
je nachdem, wer wann am Kalender schaut – das ist zwar völlig
absurd. Aber das haben wir als
Weihnachtsgeschichte akzeptieren
gelernt und finden nichts dabei,
wenn erwachsene Männer in Klei-
dern dergleichen in der sogenannten Christmette als Frohe Bot-

schaft verkünden. Wenn allerdings ein Fliegenpilz dazukommt, dann geht es manchen zu weit!

Dabei haben psychedelische Pilze in spirituellen Belangen immer eine große Rolle gespielt. Es ist einfach leichter, sich eine Begegnung außerhalb des eigenen Körpers mit dem Universum vorzustellen, wenn sich Psilocybin in der Blutbahn befindet. Und da hat man oft nicht weit gehen müssen. Weltweit gibt es rund 180 Pilzarten, die psychoaktiv aushelfen können. Beim Wirkstoff handelt es sich sehr oft um Psilocybin, in getrockneten Pilzen liegt es bis zu etwa 2 % konzentriert vor und wirkt auf die Serotonin-Rezeptoren des Zentralnervensystems und des Herz-Kreislaufsystems. Ist somit vergleichbar mit LSD. Dass es deshalb so viele Weihnachtsfeiertage gibt, weil der Pilz eine derart billige Rauschdroge war und man sich für einen LSD-Rausch bekanntlich etwas Zeit nehmen sollte, muss dennoch als apokryph gelten.

Der Fliegenpilz stellt da allerdings eine Ausnahme dar, er hat nicht Psilocybin zu bieten, sondern Ibotensäure. Das wird von unserem Körper umgewandelt zu Muscimol. Das kann zwar prinzipiell auch halluzinogen wirken, aber da muss man ein bisschen Glück haben, in den meisten Fällen wird einem einfach nur schlecht.

Aber wie kommt jetzt der Fliegenpilz zum Jesus?

Wenn man sich alte Darstellungen von Heiligen anschaut oder von Jesus selber, dann gehört zum Dresscode ein Heiligenschein. Der ist im Laufe der Jahrhunderte natürlich allerlei Moden unterlegen, aber auf alten Darstellungen findet man auf der Unterseite der Leuchtscheibe Lamellen. Wie auf der Unterseite einer Pilzkappe.

Außerdem symbolisiert der Pilz mythologisch gern einmal gleichzeitig Phallus und Vulva, der Pilzschaft als Phallus penetriert den Hut als Vagina. Daraus entsteht ein Samen, der auf die Erde fällt, wodurch das Leben beginnt. Alte semitische Sprachen muss man sich als sehr bildhafte, metaphorische Sprachen vorstellen, nicht so trocken und deskriptiv wie unsere. Da bleibt natürlich viel Platz für halluzinogene Deutungen. Wenn da etwa jemand von einem brennenden Dornbusch erzählt und behauptet, nach der Sichtung hätten sich Visionen eingestellt, so könnte das durchaus auch bedeuten, er habe irgendein Gras geraucht und danach halluziniert.

Käme man erstklassig ohne Herrgott über die Runden.

Mit Peter Weinberger hat 2 Jahre nach der Umstellung des Ensembles auch das letzte Mitglied umfangreiche Tour-Erfahrung gesammelt. Was immens wichtig war, denn eine Vorlesung und eine Bühnenshow stellen einigermaßen verschiedene Anforderungen an die Vortragenden. Und wenn man sich auf der Science-Busters-Bühne so benimmt wie im Hörsaal, dann büßt das entweder das Publikum oder, wenn der MC einen guten Tag hat, der Vortragende selber. Und wird sich das nächste Mal hüten.

Außer Gunkl waren damit nun alle auf Tour, und das neue Ensemble hatte seine Feuertaufe samt Stundenwiederholungen bestanden. Gunkl musste man das Touren nicht erst beibringen, der hatte sein Seepferdchen darin ja schon vor Jahren erfolgreich abgelegt und war auch längst über den Fahrtenschwimmer hinaus Allrounder.

Vor der Weihnachtsshow hatten wir noch unsere Oktoberfestshow neu aufgelegt. Übrig geblieben von der ersten Ausgabe war lediglich das imposante Glühhendl. Ein mit zwei 100-Watt-Glühbirnen im Styropor-Ofen zubereitetes Grill-hähnchen. Am Anfang der Show kam es in den Ofen, am Ende war es tatsächlich durch und weich und äußerst schmackhaft. Natürlich wird es dann verschenkt ans Publikum – das zuvor unter anderem noch erfahren durfte, wie man ohne Training ein muskulöser Kraftprotz werden kann, dass man mit Infrarotstrahlung nicht nur heizen, sondern auch Attentate verhindern könnte, wie man beim Weitkotzen über den K-Punkt kommt und dass es Lebewesen gibt, die nicht aufs Oktoberfest gehen müssen, weil sie Alkohol mit ihren eigenen Muskeln herstellen können. Wenn Sie jetzt einwenden: Was soll daran speziell sein, solche Lebewesen nennt man Weinbauern? So stimmt das zwar irgendwie, Sie liegen aber trotzdem falsch. Und natürlich muss so oder so niemand jemals auf die Wiesn gehen. Im Gegenteil ist es sogar ausgesprochen schwer, Gründe zu finden, die dafürsprechen.

Weil wir uns so daran gewöhnt haben, hat es auch 2018 zwei Preise gegeben, einen mit Preisgeld und Trophäe, den Salzburger Stier. Den bekommt man wegen Supersein oder so verliehen. Damit hatten wir die beiden großen Kabarett-Preise in der Tasche – Stier und Deutscher

Kleinkunstpreis. Was uns einerseits gefreut hat, zumal Gunkl und Martin Puntigam schon einen als Solisten besaßen, und 3 Salzburger Stiere, das hatte noch nie jemand gewonnen! Andererseits ist es ausgesprochen unüblich, seinen Titel zu verteidigen. Wir haben gefragt, aber das machen die nicht. Was bedeutet, dass die immer sehr schönen Feierlichkeiten rund um die Stierverleihung vermutlich für dieses Science-Busters-Leben vorbei sind.

Der 2. Preis war der Publikumspreis des Österreichischen Kabarettpreises. Das war wieder so einer, wo man selber mithelfen muss. Was insofern allerdings dann schön gewesen sein wird, falls man gewinnt, weil das heißt, es gibt viel Publikum, das uns so gewogen ist, dass es sich die Mühe machte, mitzuvoten.

Und es ist auch was Lustiges passiert. Weil Florian Freistetter nicht nur als Blog-Autor sehr erfolgreich und umtriebig war, sondern auch als Podcaster und als solcher dazu aufgerufen hat, für uns zu stimmen, sind eines Tages auffällig viele Stimmen aus diversen Ausländern eingetroffen, die unsere ohnedies schon bestehende Führung (das haben wir aber da-

mals natürlich nicht gewusst) noch ausgebaut haben. Weil man uns als »denen von der Wissenschaft« und unseren Fans aber allerlei technische Finessen zutraute, wurde uns von den Organisatoren nahegelegt, bitte keine Abstimmungs-Bots mehr für uns voten zu lassen, wir lägen eh schon vorne. Dabei war es nur die Leser- und Zuhörerschaft – entweder tatsächlich aus aller Welt oder mit VPN. Das lässt sich auf die Schnelle nicht so leicht sagen. Jedenfalls haben wir gewonnen, diesmal nur eine Trophäe und kein Geld, es war aber doch ein schöner Preisverleihungsabend.

Auf einen solchen hätten wir uns auch beim dritten Heinz Oberhummer Award gefreut, zumal Adam Savage von den Mythbusters gekommen wäre. An die wir ja unseren Namen angelehnt hatten, wie Sie wissen. Aber – »wäre«, Sie ahnen es schon anhand der Wortwahl – gekommen ist er leider nicht, weil er krank geworden ist. In Kalifornien hat es damals derart lange und viel gebrannt, und die Luft war auch in den Städten so schlecht, dass nicht alle durchgehend gesund geblieben sind. Das vergisst man gern, dass die Klimakrise nicht erst voriges Jahr begonnen hat, sondern schon viel früher.

So ist uns ein vergleichbar schöner Abend wie im Jahr zuvor mit Giulia Enders leider versagt geblieben. Der war aber wirklich ausgesprochen gelungen, wovon man sich noch heute überzeugen kann, denn wir haben damals live gestreamt. Und, und jetzt kommt's, den **Stream** auch online stehen lassen. Weil, wenn's nur live gewesen wäre, dann könnte man heute nichts mehr sehen. Und das wäre jammerschade. Das Glas Alpakakot, das man bekanntlich als Pokal bekommt, hat bei Giulia Enders übrigens einen Ehrenplatz in ihrer Wohnung unter einer Glasglocke.

Der erste Preisträger James Randi hat bei einem späteren Wiedersehen erzählt, wie er das Glas bei der Einreise in die USA am Flughafen durch die strenge Kontrolle gebracht hat. Denn er wollte es unbedingt behalten. Die Einfuhr von Tierexkrementen kann aber heikel sein, auch wenn sie nicht frisch gehalten waren, sondern natürlich getrocknet und haltbar gemacht. Verschmitzt, wie er war, hat er angegeben, es handele sich um Cranberrys, die er auf Flugreisen so gerne nasche, und ob wer kosten wolle? Das wollte niemand, und der Pokal hatte es in die USA geschafft.

So, jetzt muss ich aber Schluss machen, denn für Ende des Jahres müssen wir noch eine Silvestershow vorbereiten. Wir sehen uns 2019. Prosit!

2019

BLACK HOLE PHOTO
OPPORTUNITY

2019 war das 2. wärmste Jahr
seit es Aufzeichnungen gibt.
Es befinden sich 414 ppm CO_2
in der Atmosphäre.

Im Juni 2019 wurde das erste Video eines Riesenkalmars in US-Gewässern veröffentlicht. Diese riesigen Kopffüßer tummeln sich in mehreren Hundert Meter Tiefe und gehören mit ihren etwa 25 Zentimeter großen Augen zu den Besitzern der größten Sehorgane im gesamten Tierreich.

Doch nicht nur Riesenkalmare, auch neue Menschen wurden in diesem Jahr gefunden: eine nigelnagelneue Menschenart, der Homo luzonensis, dessen Knochen man in einer Höhle im namensgebenden Luzon, der größten Insel der Philippinen, entdeckt hatte. Bei Homo luzonensis handelt es sich um einen winzigen, hobbitartigen Menschen, dessen anatomische Merkmale sich stark von denen anderer Arten unterscheiden – und so eine eigene Art rechtfertigen. Das Überraschende an den recht jungen, nur etwa 67 000 Jahre alten Funden war aber vor allem die größere Ähnlichkeit zu viel früheren Arten wie dem Australopithecus, was eine ebenso frühe Auswanderung der Art auf die Insel Luzon nahelegt. Anscheinend waren wir schon wanderlustig, bevor wir überhaupt zum modernen Menschen wurden.

Im April 2019 sollte die israelische Beresheet als erstes privates Raumfahrzeug auf dem Mond landen. Sollte – denn leider war die Landung nicht erfolgreich. Dafür wurde es die erste private Bruchlandung auf dem Mond – immerhin. Auftraggeberin war die Arch Mission Foundation, eine Non-Profit-Organisation, die eine Art Mond-Bibliothek als Back-up der Erde erschaffen wollte. An Bord der Rakete waren neben 30 Millionen Seiten an Information, darunter die gesamte englische Wikipedia, Klassiker der Weltliteratur und eine Sammlung von David Copperfields Zaubertricks – auch menschliche DNA-Samples sowie einige Tausend dehydrierte Bärtierchen. Trotz der Bruchlandung ist es ziemlich wahrscheinlich, dass sowohl die Datenträger als auch die DNA und die Bärtierchen den Absturz überlebt haben bzw. sich zumindest in einem Zustand befinden, in dem sich die Daten wiederherstellen und die Tierchen wieder hydrieren lassen könnten. Das bliebe aber dann zukünftigen Mondbesucher:innen überlassen. Und nein, keine Sorge, die Bärtierchen können alleine – und vor allem ohne Wasser – den Mond nicht bevölkern.

Zeitgleich mit der privaten Mondbruchlandung kam es im April 2019 dann zu der wohl berühmtesten extraterrestrischen Veröffentlichung des Jahres: Einem Team von gut 200 Wissenschaftler:innen war es gelungen, das erste Bild eines echten Schwarzen Lochs zu schießen – und zwar nicht von irgendeinem dahergelaufenen Schwarzen Loch, sondern vom supermassereichen, Milliarden-Sonnenmassen-schweren, hochaktiven Monster in M87. Was sich nach einer ausländischen Autobahn anhört, ist in Wahrheit eine gigantische Riesengalaxie – genauer gesagt, die uns am nächsten gelegene gigantische Riesengalaxie. Falls Sie einmal in eine Riesengalaxie reisen, aber nicht zu lange unterwegs sein möchten, wäre das die erste Wahl. Leider heißt nahe gelegen bei Riesengalaxien nicht viel, sind sie doch alle unfassbar weit von uns entfernt – M87 etwa schlappe 55 Millionen Lichtjahre. Das ist gut 20-mal weiter weg als unsere Nachbargalaxie und fast 400-mal so weit, wie unsere Milchstraße groß ist.

Warum mussten wir dann gerade dieses extrem weit entfernte Schwarze Loch in M87 unter die Lupe unserer Radioteleskope nehmen? Warum dieser Größenwahn, warum haben wir nicht ganz vernünftig zuerst mal in unserem eigenen galaktischen Hinterhof begonnen und ein Schwarzes Loch in der Milchstraße oder unserer Nachbarschaft, der Andromedagalaxie, beobachtet? Wollten wir dem Universum was beweisen?

Nein, in Wirklichkeit war M87 die naheliegendste Wahl. Zuerst musste es natürlich ein supermassereiches Schwarzes Loch sein, denn nur die sind groß genug, dass wir überhaupt eine Chance haben, sie abbilden zu können. Schwarze Löcher sind unfassbar kompakt – genau darum sind sie ja, per Definition, Schwarze Löcher geworden. Sie sind so kompakt, dass ihre Schwerkraft derart stark ist, dass nichts, nicht einmal Licht, die nötige Fluchtgeschwindigkeit erreichen kann, um zu entkommen. Sie sind also nicht nur unsichtbar, sondern für gewöhnlich auch sehr klein. Je mehr Masse ein Schwarzes Loch jedoch hat, desto größer wird der Bereich, innerhalb dessen ihm nichts mehr entkommen kann, der sogenannte Ereignishorizont. (In unserem Buch *Warum landen Asteroiden immer in Kratern?* haben wir sehr ausführlich erläutert, wie Schwarze Löcher funktionieren und ob man in ihnen zu spät kommen kann.) Genau der Ereignishorizont ist es auch, der sich dann als eine Art Schatten auf einem Bild abzeichnet und so das Schwarze Loch erst »sichtbar« macht. Ein Schwarzes Loch von der

Masse der Sonne hätte einen Ereignishorizont von etwa 3 Kilometer Radius. Bei den supermassereichen Schwarzen Löchern, die Millionen oder sogar Milliarden Mal die Masse der Sonne haben, liegt der Ereignishorizont im Bereich von Millionen oder sogar Milliarden von Kilometern. Das ist größenordnungsmäßig der Durchmesser einer Planetenumlaufbahn. Kurz gesagt also: Je mehr Masse das Schwarze Loch hat, desto größer ist sein Ereignishorizont und desto höher die Chance, ein Bild zu bekommen.

Jetzt ist es aber so, dass alle Galaxien, oder zumindest alle Galaxien normaler Größe, ein solches supermassereiches Schwarzes Loch in ihrem Zentrum haben. Warum sich dann nicht einfach gleich das Schwarze Loch im Zentrum unserer Galaxis vornehmen? Wäre doch viel näher. Oder gilt der Prophet im eigenen Land nichts, aber wenn er in einer ausländischen Riesengalaxie Karriere macht, dann sind alle beeindruckt? In dem Fall eher nicht. Das Problem mit unserer Galaxie der Milchstraße besteht darin, dass wir sozusagen mittendrin stecken. Das ist natürlich kein Problem im engeren Sinn, denn irgendwo muss man als Sonnensystem ja sein, wir können uns ja auch nicht einfach in Luft auflösen, und viele andere Möglichkeiten als innerhalb einer Galaxie bieten sich nicht an. Aber deshalb bleibt uns vieles verborgen, was in der Milchstraße vorgeht. Von außen zuschauen ist halt immer leichter. Davon leben auf der Erde ganze Berufsstände – Mediator:innen und Paartherapeut:innen zum Beispiel, und auch bei denen ist der Ereignishorizont unterschiedlich groß.

Aber zurück zu unserer Galaxie. Stellen Sie sich die Milchstraße vor Ihrem geistigen Auge vor: eine große runde Zimtschnecke aus etwa 200 Milliarden Sternen. 200 Milliarden Sterne kann man sich natürlich nicht vorstellen, aber eine Zimtschnecke sollte gehen. Die Sonne befindet sich am Rand eines eher langweiligen äußeren Spiralarms der Milchstraße, auf etwa 2 Dritteln der Entfernung zwischen Zentrum und Rand. Von oben betrachtet sieht es so aus, als wär um uns herum gar nicht so viel los, aber wenn wir die Milchstraße, unser gigantisches galaktisches Sternenfrisbee, von der Seite her betrachten, befinden wir uns genau innerhalb der Scheibe, mitten in dem ganzen Staub- und Gas-Mischmasch, der zwischen den Sternen der Galaxis herumschwebt. Und Staub bringt uns nicht nur zum Niesen, sondern ist uns beim Beobachten der Dinge in der Milchstraße leider auch im Weg. Mit Infrarot- oder Radioteleskopen können wir zwar durch große Teile dieses Staubs hindurchschauen, aber das ganze Material in der galaktischen Scheibe versperrt uns dennoch die Sicht. Das heißt, so paradox es klingt, es ist viel schwieriger, das vergleichsweise nahe Zentrum der Milchstraße zu beobachten als das weit entfernte Zentrum einer fremden Galaxie.

Und was ist mit Andromeda, unserer Nachbargalaxie? Hat die kein Schwarzes Loch, oder sind wir zerstritten mit unseren Nachbarn und durch die neue Thujenhecke kommen unsere Teleskope nicht durch? Nein. Die Andromedagalaxie ist 2,5 Millionen Lichtjahre von uns entfernt. Sie kommt zwar täglich näher, und irgendwann wird sie mit uns kollidieren, aber da kann sie erstens nichts dafür, und das wird zweitens erst in ein paar Milliarden Jahren geschehen. Und drittens ist das nicht das Problem. Soweit sich Galaxien gut miteinander verstehen können, sind wir Buddies. Aber wir sehen sie leider aus einem ziemlich flachen Winkel – und das heißt, dass uns auch hier ein Großteil der galaktischen Scheibe in die Quere kommt und die Sicht verstellt.

Bei M87 ist das anders. M87 ist eine elliptische Galaxie, und die bestehen hauptsächlich aus alten Sternen. Sie sind annähernd kugelförmig und haben keine Scheibe wie Milchstraße und Andromeda, die beide typische Spiralgalaxien sind. Das heißt, elliptische Galaxien enthalten auch nur wenig Staub und Gas – also freie Sicht voraus!

Aber was für den Beobachtungserfolg noch viel wichtiger war, ist Folgendes: Das supermassereiche Schwarze Loch in M87 ist *aktiv*. Es verschluckt gerade gigantische Mengen an Material. Dieses Material, das sich im Zentrum der Galaxie befindet, besteht aus Staub und Gas und zerrissenen Ex-Sternen, die in ihrem unweigerlich spiralförmigen Todestanz mit enormer Geschwindigkeit um das Schwarze Loch herumwirbeln und sich dabei so stark aufheizen, dass sie zu leuchten beginnen. Das einstürzende Material sammelt sich in einer Scheibe um das Schwarze Loch, in der sogenannten Akkretionsscheibe – und die ist es, die wir überhaupt erst sehen können. Wegen der extrem hohen Geschwindigkeiten und der daraus resultierenden extrem hohen Temperaturen strahlt diese Akkretionsscheibe sehr stark im Röntgenlicht. Aber – und das ist die gute Nachricht für uns Abbildungsfanatiker – die Scheibe leuchtet auch sehr hell im Radiobereich, der für uns viel leichter und in besserer Auflösung beobachtbar ist.

Die hohe Temperatur der Akkretionsscheibe führt dazu, dass ihr Material ionisiert wird, also elektrisch geladen ist. Die Elektronen werden aus ihren Atomen herausgerissen, und Protonen und Elektronen können sich frei durch die Gegend bewegen. Die geladenen Teilchen wiederum erzeugen starke Magnetfelder. Und immer wenn sehr schnelle, geladene Teilchen und Magnetfelder zusammenkommen, wird auch jede Menge Radiostrahlung, die sogenannte Synchrotronstrahlung, erzeugt. Diese Radiowellen können wir auf der weit entfernten Erde – im konkreten Fall sprechen wir von 55 Millionen Lichtjahren – dann auffangen und in ein schlagzeilentaugliches Foto verwandeln.

Jetzt fragen Sie sich vielleicht: Radiowellen abbilden? Hört man sich die nicht eigentlich an? Nein, Radiowellen sind auch nur eine Art von elektromagnetischer Strahlung, also Licht. Allerdings haben Radiowellen eine viel größere Wellenlänge, weshalb unsere Augen sie nicht einfangen können. Hätten wir aber zum Beispiel Augen von der Größe einer handelsüblichen Satellitenschüssel, sähe unsere Welt ganz anders aus – und wir natürlich auch.

Um diese großen Radiowellen einzufangen, verwenden Astronom:innen also ebenso große Teleskope, die ein wenig wie überdimensionierte Satellitenschüsseln aussehen. Das Praktische an den Radiowellen ist auch, dass die Oberfläche, mit der man sie einsammelt, nicht so glatt sein muss wie der Spiegel eines Teleskops für sichtbares Licht. Die »Schüsseln« der Radioteleskope sind also quasi ungenaue, raue Spiegel. Genauso praktisch an Radiowellen ist auch, dass sie sich viel leichter überlagern lassen. Und genau dadurch ist es uns überhaupt erst gelungen, ein Bild von einem so absurd weit entfernten und absurd kompakten Objekt wie einem Schwarzen Loch zu machen.

Die Technik des Überlagerns von Lichtwellen nennt man Interferometrie. Und das Großartige an der Interferometrie ist, dass man sich damit ein beinahe beliebig großes Teleskop simulieren kann. Also auch ein imaginäres, erdgroßes Gerät wie das Event Horizon Telescope, kurz EHT, das das berühmte Bild aufgenommen hat. »Wie baut man auf der Erde ein erdgroßes Teleskop, ha?«, werden Sie sich jetzt vielleicht fragen. »Wo genau bitte soll man das hinstellen? Eher auf die Erde? Oder doch auf die … Moment, wie sagt man… Aso, ja, Erde! Ich habe ja schon viel akzeptiert in dem Kapi-

tel: Riesenkalmare, Riesengalaxien, Hobbits, klingt wie Sauron-Astrono-
mie, aber okay. Nur, ein erdgroßes Teleskop auf der Erde, korrigieren Sie
mich, wenn ich falschliege, aber ich glaub, das wäre aufgefallen.« Wir verstehen, dass es ein wenig unglaublich klingt. Aber das Teleskop ist, wie
gesagt imaginär, und der Trick, es zu bauen, ist folgender: Man lässt viele
verschiedene große Teleskope, die auf der ganzen Welt verteilt sind, gleichzeitig das gleiche Objekt beobachten. Im Fall des EHT waren Radioteleskope in Spanien, Chile, Hawaii, Mexiko, Arizona und am Südpol an dem
Teleskop-Netzwerk beteiligt. Und dann überlagert man das Signal all dieser Teleskope ganz exakt, Lichtwelle für Lichtwelle. So lässt sich ein Bild
erzeugen, das die gleiche Auflösung hat wie das eines Riesenteleskops mit
dem Durchmesser der größten Entfernung zwischen den einzelnen Teleskopen. Beim Event Horizon Teleskop bedeutet das also mehr oder weniger
ein Fotoapparat mit dem Durchmesser der Erde.

Damit das auch praktisch funktioniert, müssen die Beobachtungen der
Einzelteleskope mit extrem exakten Zeitstempeln versehen und synchro-
nisiert werden, damit sie sich auch tatsächlich kombinieren lassen. Dazu
werden Atomuhren verwendet, die in 100 Millionen Jahren nur um etwa
eine Sekunde falsch gehen würden. Nach denen können Sie quasi die Uhr
stellen, und zwar sehr lange. Bei dieser Genauigkeit werden natürlich
immense Datenmengen generiert: Die Beobachtungen des EHT liefern
64 Gigabits pro Sekunde, was etwa 8 GB pro Sekunde oder 8 Stunden Net-
flix-Schauen entspricht – jede Sekunde. An den 4 Tagen, an denen das
Schwarze Loch beobachtet wurde, entstanden etwa 5 Petabytes an Beobachtungsdaten, die auf Hunderten Festplatten gespeichert wurden. Diese
Festplatten wurden dann um den Globus verschifft und geflogen und in
den Rechenzentren des MIT in Cambridge, Massachusetts, und des Max-
Planck-Instituts für Radioastronomie in Bonn korreliert – also überlagert
und ausgewertet.

Das hat nicht nur deshalb etwas länger gedauert, weil so gewaltige Datenmengen nicht mehr übers Internet verschickbar sind – mit den 2 GB
Gratisvolumen, das uns im Alltag fast immer reicht, käme man hier nicht
sehr weit. Sondern auch deshalb, weil die Festplatten mit den Beobachtungsdaten vom Südpol erst ausgeflogen werden konnten, nachdem dort
der Winter vorbei war.

Die Auflösung, die das Event Horizon Teleskop damit erreicht, ist phänomenal und entspricht etwa der Größe einer CD in Mondentfernung. Oder der eines Nadelöhrs in Chile von Mitteleuropa aus gesehen. Aus Europa einen Faden in Südamerika einfädeln zu können ist zwar von begrenztem praktischem Nutzen, aber schon ziemlich beeindruckend. Einziger Nachteil: Es ist eben kein echtes, sondern ein simuliertes Bild. Das erste Bild eines Schwarzen Lochs ist also nicht nur unsichtbar, sondern auch simuliert.

Was aber bedeutet das? Dass das Schwarze Loch das Bild trotzdem als Passfoto verwenden kann, obwohl nicht beide Ohren zu sehen sind? Nein. Es ist in etwa so, als hätte ich ein wunderbar klingendes, aber leider kaputtes Piano, auf dem nur einige Tasten funktionieren. Auf dem spiele ich ein Lied, und Sie müssen erkennen, welches es ist. Jedes einzelne Teleskop-Paar meines simulierten Riesenteleskops entspricht einem einzelnen Ton auf der Tastatur des Klaviers. Diese einzelnen Teleskop-Paare nennt man auch Baselines. Jede Baseline gibt mir eine bestimmte räumliche Information über das beobachtete Objekt, genauso wie eine Klaviertaste einen bestimmten Ton erzeugt, der zu dem Lied gehört. Alle Töne zu hören ist natürlich schöner, aber um zu erkennen, um welchen Song es sich handelt, ist oft gar nicht die ganze Melodie nötig. Vor allem dann – und das ist der springende Punkt –, wenn ich weiß, um welche Musikrichtung es sich handelt. Stellen Sie sich vor, Sie sind auf dem Konzert einer Queen-Tribute-Band, dann wird das kaputte Piano wohl eher »Under Pressure« spielen als »Ice Ice Baby«. Genauso braucht es für ein interferometrisches Bild gewisse Hintergrundinformationen, ein Modell mit gewissen Annahmen, um die Wahrscheinlichkeit zu erhöhen, dass mein Bild halbwegs korrekt dargestellt ist. Statt zu sagen »So sieht das Ding wirklich aus«, wäre es also angebrachter, zu sagen: »Die Wahrscheinlichkeit, dass das Ding so aussieht, ist aufgrund gewisser Annahmen sehr hoch.« It's an educated guess. Das Konzept der Wirklichkeit ist in den Extrembereichen des Universums (und das sind die meisten) oft etwas fehl am Platz.

Aber was sieht man nun auf dem berühmten Bild, auch wenn es nur simuliert ist? Wir sehen einen leuchtenden Ring und darin einen grauen Schatten. Und das ist tatsächlich der innerste Teil der Akkretionsscheibe, die Materie, die gerade noch nicht vom Schwarzen Loch verschluckt worden ist. Wir sehen den sogenannten innersten stabilen Orbit der Materie in der Akkretionsscheibe, der etwa dem dreifachen Durchmesser des Ereignishorizonts entspricht.

Aber wir sehen noch einiges mehr. Wir können auch das Material ausmachen, das gerade dabei ist, hinter dem Ereignishorizont zu verschwinden. Auch wenn man dazu sagen muss, dass dieses Material sich in Wirklichkeit nicht unbedingt dort befindet, wo wir es sehen. Den Ereignishorizont kann man sich zwar schon irgendwie wie eine schwarze Kugel vorstellen, aber dann auch wieder nicht. Das Schwarze Loch hockt ja nicht nur einfach im normalen Raum da, sondern krümmt – dank seiner extremen Gravitationswirkung – den Raum, der es umgibt. Das Licht des Materials nahe dem Ereignishorizont kann zwar gerade noch entkommen, aber es fliegt nicht geradlinig aus dem Gebiet heraus, sondern muss der starken Raumkrümmung folgen. Das Licht wickelt sich eigentlich um den Ereignishorizont herum. Genau genommen sehen wir also das Licht dieser Materie, nachdem es schon viele Male um das Schwarze Loch herumgeflogen ist (also das Licht, nicht die Materie). Je näher wir dem Ereignishorizont kommen, desto mehr und mehr wird das Licht gekrümmt. Wir sehen Licht von der Rückseite des Ereignishorizonts, dann wieder von der Vorderseite, von der Rückseite, der Vorderseite und so weiter und so fort. Genauso werden die Photonen auch oberhalb und unterhalb der Akkretionsscheibe um den Ereignishorizont gewickelt. Wir sehen also quasi die hochgeklappte Rückseite der Akkretionsscheibe, die sich aus unserer Sicht *hinter* dem Schwarzen Loch befindet.

Wir sehen auch, dass die eine Seite der Akkretionsscheibe etwas heller leuchtet als die andere – ein Effekt der sich »relativistic beaming« nennt. Nein, machen Sie sich keine Hoffnungen, niemand hat sich zum Schwarzen Loch gebeamt. Beaming bedeutet in dem Fall, dass durch die extrem hohe Geschwindigkeit des Materials mehr Licht in unsere Richtung »gebeamt«, also gestrahlt bzw. gebündelt wird. Ein ähnlicher Effekt entsteht, wenn man bei starkem Regen auf der Autobahn viel zu schnell unterwegs ist und es so aussieht, als käme der Regen immer dichter und dichter und genau auf uns zu. Im Fall der Akkretionsscheibe passiert das Ganze eben nur noch etwas schneller, nämlich relativistisch, also mit annähernd Lichtgeschwindigkeit – und natürlich ohne Regen. Die Akkretionsscheibe dreht sich ja, und darum sehen wir das Licht der Seite, die auf uns zukommt, heller leuchten als das Licht der Seite, die von uns wegfliegt.

Und wie geht es nun nach diesem extragalaktischen Highlight mit dem Event Horizon Teleskop weiter? Kann es das erste, sehr gut gelungene Bild noch mit weiteren sensationellen Aufnahmen toppen? Mittlerweile hat es auch ein anderes aktives, supermassereiches Schwarzes Loch im Zentrum einer anderen Galaxie beobachtet, nämlich das von Centaurus A. Das Bild wurde 2021 veröffentlicht und sieht nicht ganz so spektakulär aus wie das von M87, warum es auch nicht so berühmt ist. Das Los der Zweitgeborenen.

Und dann im April 2022, ziemlich genau fünf Jahre nachdem es vom EHT beobachtet wurde, kam endlich das Bild, auf das wir schon so lange sehnsüchtig gewartet haben, in die Schlagzeilen: eine Aufnahme des Schwarzen Lochs im Zentrum unserer Milchstraße. Wie sieht es aus? Scheitel auf derselben Seite oder Nasenpiercing? Überraschenderweise ganz ähnlich wie M87, wie ein verschwommener leuchtender Donut, obwohl die beiden Schwarzen Löcher physikalisch kaum unterschiedlicher sein könnten. Dass das nächste Bild, nachdem wir Schwarzen Löchern nun gezeigt haben, wie fotogen sie sind, ein Selfie wird, ist allerdings nicht zu erwarten.

Small-Talk-Hilfe: Wie sich Mistkäfer an der Milchstraße orientieren

Nicht nur wir Menschen orientieren uns seit Jahrtausenden am funkelnden Sternenhimmel, anscheinend sind auch Tiere wie der *Scarabaeus satyrus* dazu in der Lage. Ja genau, Mistkäfer können sich anscheinend beim Rollen ihrer Dungkugel an der Milchstraße orientieren. Herausgefunden hat das ein schwedisch-südafrikanisches Team an Wissenschaftler:innen, das die Käfer dafür kurzerhand in ein Planetarium verfrachtet hat. Warum? Dort kann man Sonne, Mond und Sterne beliebig aus- und einschalten. So konnten die verschiedenen Szenarien einfach nachgespielt und überprüft werden. Mit dem Ergebnis, dass es tatsächlich das diffus leuchtende Band der Milchstraße ist, an dem sich die Tierchen orientieren, um so ihren Mist in einer geraden Linie und so schnell wie möglich vor ihren Kontrahenten in Sicherheit zu bringen.

Die Science Busters 2019

»Zum Jahresende kommen auch wir diesmal nicht um *das* große TV-Ereignis des Jahres 2019 herum. Im Frühjahr haben Millionen Menschen gebannt auf die Fernsehgeräte und Handydisplays geschaut und fassungslos mit ansehen können, wie in einer malerischen, mediterranen Gegend die Demontage einer bislang politisch so erfolgreichen Karriere ihren Lauf nahm. Der letzte Akt in einem Drama rund um Gier, Sex, Gewalt und Intrigen, Korruption, feindliche Übernahmen, die Eliminierung der Gegner und jede Menge Schnee. Danach war kein Stein mehr auf dem anderen und der Weg frei für eine neue Regierung.«

In der Silvestershow 2019 haben wir nicht widerstehen können. Es war das Jahr, in dem das sogenannte Ibiza-Video Österreich vor einem weiteren Abgleiten in die Postdemokratie bewahrt hat, und die eingangs zitierte Eröffnung war natürlich ein Elfer ohne Tormann. Um danach nicht von den teilweise verheerenden Verhältnissen der heimischen Innenpolitik zu sprechen, sondern den Vorkommnissen auf Westeros. Denn etwa zur gleichen Zeit ist auch die letzte TV-Staffel von *Game of Thrones* in die Zielgerade eingebogen. Und in Bezug auf die ethisch-moralischen Verhältnisse waren gewisse Ähnlichkeiten nicht von der Hand zu weisen. Allerdings, und das muss man als gewaltigen Vorteil der kleinen Alpenrepublik gegenüber den 7 Königreichen sehen, gab es die Möglichkeit, nach einem Rücktritt und allfälligen Gerichtsverhandlungen am Leben zu bleiben. Und man wurde nicht geköpft. Wir haben uns dem in Westeros so beliebten Zeitvertreib in Kapitel 11 ausführlich gewidmet.

Zwar gab es mit »Game of Thrones reloaded« auch eine Update-Version unserer Show »Winter is Coming«, die auch als Hörbuch im Hörverlag erschienen ist und in der wir den Handlungsverlauf der Serie berücksichtigt und wissenschaftlich beleuchtet haben. Aber der Bühnenhöhepunkt für uns Science Busters war die neue Show anlässlich 50 Jahren Mondlandung.

Im Juli des Jahres feierte Neil Armstrongs kleiner Schritt als erster Mensch auf dem Mond, der einen riesigen Sprung für die Menschheit bedeutete, tatsächlich bereits seinen 50. Geburtstag. Aber es war auch schon wieder 47 Jahre her damals, dass der letzte Mensch einen Fuß auf den Mond gesetzt hatte. Vor 28 Jahren war zu der Zeit zwar der erste und einzige Österreicher im All, allerdings seit über 4,5 Milliarden Jahren noch nie ein Österreicher oder eine Österreicherin auf dem Mond. Wenn das kein Grund zu feiern ist!

Begonnen haben wir den Abend naheliegenderweise mit einem Countdown. Das war aber nicht immer naheliegend, denn im Alltag zählt man in der Regel nicht runter, sondern eher rauf. Sanfte Eltern, die ihren Kindern ein mageres Zeugnis ihrer mit drakonischer Strenge exekutierten pädagogischen Durchsetzungskraft numerisch illustrieren möchten, stellen gern die Aufzählung der Ziffern 1 bis 3 in Aussicht, beginnend mit 1 und die Spanne zwischen 2 und 3 manchmal dehnend, indem sie noch die Quartale erwähnen. Also zweieinhalb, zweieindreiviertel. Nicht selten, um die läppischen Drohungen, die an den Ablauf des Ultimatums geknüpft sind, nicht wahr werden lassen zu müssen. Beispielsweise »Sonst fahr ich

ohne dich los!«. Was Eltern, die einigermaßen alle Tassen im Schrank haben, ohnedies mehr Sorgen bereiten würde als dem widerborstigen Nachwuchs.

In der Raumfahrt ist das anders, aber das hat keine technischen oder wissenschaftlichen Gründe, sondern praktische und ist erstaunlicherweise cineastischen Ursprungs. Und einer Frau zu verdanken.

Lange bevor es die erste Rakete ins Weltall geschafft hat, musste der österreichische Filmregisseur Fritz Lang in seinem Stummfilm *Frau im Mond* eine Lösung finden, wie er seinem Publikum die Spannung vor dem Start einer Rakete illustriert. Und hat sich den Countdown ausgedacht. Der bekanntlich Eingang in die Raumfahrt gefunden hat. Was sich in vielerlei Hinsicht als ausgesprochen praktisch erwies. Denn wenn wir Countdown hören, denken wir an Zehnerzahlenräume. Also von 10 runterzählen, meinetwegen von 20. In Wirklichkeit beginnt ein Countdown für einen Raketenstart normalerweise nicht erst 60 Sekunden vor dem Start, sondern viel länger davor, bis zu 96 Stunden vor dem Launch – weil halt so viele Sachen rechtzeitig getestet und zum richtigen Zeitpunkt getan werden müssen.

96 Stunden sind 345 600 Sekunden, und wenn Sie von 1 bis 345 600 zählen müssen, wird es eher zäh. Und »345 598 – 345 599 – 345 600 – Lift-off!!« klingt lang nicht so dramatisch wie »3 – 2 – 1 – 0!«

Übrigens hat nicht nur ein Österreicher den Countdown erfunden, sondern es waren auch Österreicher als Erste am Mond. Noch vor den Amerikanern, bereits im Jahr 1962. Wissen die wenigsten, aber es gibt Aufzeichnungen.

Die »Austrian Superheroes« waren die Pioniere, gemeinsam mit der »Liga der Deutschen Helden«. So legt es zumindest die wunderbare Superhelden-Comicserie ASH nahe. Wie kann man sich österreichische Superhelden vorstellen? Normalerweise wird man in Österreich höchstens dann berühmt, wenn man im alpinen Skilauf hervorsticht, im Rahmen einer Dauerwerbesendung aus der Stratosphäre springt, als Rechtsextremer mit dem Dienstwagen die Kurve nicht kriegt oder sich bei Wodka Red Bull verplaudert.

Bei den Austrian Superheroes geht es auch anders, an der Spitze der Wiener Wächter steht »Captain Austria«. Ihm zur Seite Lady Heumarkt, eine Wiener Version von

Hulk, oder das Donauweibchen. Ganz föderalistisch stellt jedes Bundesland eigene Superheld:innen. Die vermutlich österreichischste Figur eines Superhelden aber, die man in keinem anderen Superheldenuniversum findet, ist der Bürokrat.

Gemeinsam mit den Kolleg:innen von der »Liga deutscher Helden« fliegen sie zum Mond, um Signalen einer mysteriösen Alien-Station nachzuspüren. Der Chef der deutschen Liga nennt sich auch »Captain«. Unterstützt vom bayerischen Kollegen »Gamsbart«, dem »Münchner Kindl« und dem Roboter der Liga mit dem schönen Namen »Die deutsche Einheit«. Der steuert das Raumschiff zum Mond, wo der deutsche Captain seine Superkraft nutzt, um sich in Stahl zu verwandeln, woraufhin ihn Captain Austria auf die Alienbasis schleudert und diese zerstört. Wenn Sie sich zurückerinnern an die Version der Weihnachtsgeschichte im vorigen Kapitel, die in unseren Breiten das Geschehen seit Jahrhunderten völlig widerspruchsfrei dominiert, dann segelt diese Version der ersten Mondlandung deutlich näher an der Realität. Und erst danach haben Österreicher und Deutsche den Mond schlüsselfertig an die Amerikaner übergeben.

Und an Engländer:innen haben wir auch was übergeben können, nämlich Ende November den dritten Heinz Oberhummer Award an den britischen Podcast »No such thing as a fish«. Natürlich nicht an den Podcast selber, sondern die Menschen, die ihn seit 2014 gestalten, nämlich an James Harkin, Andrew Hunter Murray, Anna Ptaszynski and Dan Schreiber. Die haben anlässlich der Überreichung im Stadtsaal eine fulminante Show gespielt. Es war zufällig auch Ausgabe 300 ihres weltweit erfolgreichen Podcasts, die Ende Dezember dann einem Millionenpublikum von Heinz Oberhummer erzählt hat. »No Such Thing as Swimming in the Sky« kam auch Cody Coyne zu Ohren, Pfarrer in einer Unitariergemeinde in Manchester. Der war vom Titel unseres Buches *Das Universum ist eine Scheißgegend* so begeistert, dass er seine Weihnachtspredigt 2019 mit dem Namen *The Universe ist a ********* darauf aufgebaut hat. Ausnahmsweise können auch wir einmal zustimmen, dass die Wege des Herrn unergründlich sind.

Ende des Jahres kam neben der wöchentlichen Radiokolumne für FM4, die wir schon seit 2007 bestreiten, noch ein weiteres Periodikum dazu. Einmal im Monat schreiben wir für die populärwissenschaftliche Zeitung *Bild der Wissenschaft* einen Aufsatz. Titel der Auftaktfolge: »Nuke Mars!«, nach einem Tweet des Milliardärs Elon Musk, der vorschlug die Trockeneispole des Mars mit Kernwaffenexplosionen zu überziehen, um dem Nachbarplaneten eine Atmosphäre zu verschaffen. Auf der Erde gäbe es genug Kernwaffen, die wäre man los und der Mars lebenswerter, so seine Logik. Eine von vielen nicht so guten Ideen, die er neben ein paar deutlich besseren auch formuliert hat – und nicht nur deshalb nicht durchführbar, weil man solchen wie ihm ungern eine Ladung Kernwaffen überlassen würde, um sie mit einer Rakete zum Mars zu transportieren. Wie wir in unserem Buch *Global Warming Party* ausgeführt haben. So kann man den Mars nicht zum Planeten B machen. Der ist nicht in unserer Reichweite, wir müssen schon schauen, dass wir weiterhin auf der Erde leben können. Das war auch der Tenor des großen Open Air am Wiener Heldenplatz anlässlich des Weltklimastreiktages Ende September, auf dem wir wieder einmal gemeinsam mit den Wiener Sängerknaben auf einer Bühne gestanden sind, um gemeinsam den Partykracher von Martin Moders Jugendband zu spielen, »Das Ozonloch«. Vom Auftritt auf dem Heldenplatz steht uns leider kein Mitschnitt zur Verfügung, aber das Video des Top-Hits haben wir schon in unserem letzten Buch mit QR-Codes verlinkt, als sich noch niemand richtig vorstellen konnte, dass QR-Codes wirklich einmal sinnvoll werden könnten im Alltag.

Und machen es hier gern noch einmal.

Augen schließen, die hellen Stimmen der Sängerknaben in Ihrem Kopf einfach drüberlegen und genießen.

Für unsere TV-Sendung war es allerdings kein so genussvolles Jahr. Nachdem es eigentlich schon eine Zusage gegeben hatte für die nächste Staffel und auch unser Tourplan darauf abgestimmt war, bekamen wir doch eine Absage und mitgeteilt, dass es diese Sendung in der Form nicht mehr geben werde, wir uns aber gern ein neues Format ausdenken könnten, gratis, um in

ein paar Monaten mit dem neuen Konzept vorzusprechen für eine mögliche weitere Zusammenarbeit. Wir haben schon schlechtere Angebote bekommen. Aber sehr viele waren es nicht. Dass sich alles doch noch zum Guten gewendet hat, können Sie aber sehen, wenn Sie ausnahmsweise schon ein bisschen vorblättern ins Jahr 2021, in dem wir mit einer großen Jubiläumsausgabe 100-mal Wissenschaft im rosa Trikot feiern konnten. Sogar doppelt so lange wie normal.

Geendet hat das Jahr zwar wieder mit einer Silvestershow, aber es war die letzte für ein paar Jahre, denn die Vorboten der Pandemie lagen schon in der Luft. Wenn Sie das Wortspiel erlauben und großzügig übersehen möchten, dass Vorboten das In-der-Luft-Liegen gar nicht beherrschen.

Dass MC Martin Puntigam die Pandemie schon Monate früher vorhergesehen hat, ist ein nicht haltbares Gerücht. Im Herbst feierte aus Anlass seines 30-jährigen Bühnenjubiläums sein Soloprogramm »Glückskatze« Premiere. Und im Rahmen einer fein ziselierten Verschwörungstheorie hat er darin unter anderem angekündigt, dass die Staatenlenker und internationalen Institutionen eine mittlere Katastrophe vorbereiten würden. Damit die Menschheit angesichts der Klimakrise endlich in die Gänge käme. Vorgesehen war das Opfer von mehreren Millionen Menschenleben, damit die anderen endlich einsähen, dass es so nicht weitergehen könne und gravierende Änderungen notwendig seien, um die Bewohnbarkeit des Planeten zu erhalten. Ein vergleichbar kleiner Einschnitt, um das große Ganze zu retten. Veranschaulicht anhand früherer Überschätzungen des Bibers.

»Operation Biber« sollte die ganze Unternehmung laut der Verschwörungserzählung heißen, Ultima Ratio und natürlich ein Akronym: »Balanced immune backfire for earth recovery« – Biber. Natürlich wurde, wie bei jedem besseren Akronym in der Astronomie, alles weggelassen, was nicht zum neuen Wort passte. Das eigentlich eben ein Backronym darstellte, im Nachhinein zurechtgezimmert. Denn eigentlich sei der Name an die frühere Überschätzung des Bibers angelehnt. Ein Regierungsberater mit humanistischer Ausbildung zeichnete dafür verantwortlich. Denn seit der Antike bis in die späte Neuzeit gab es

die Meinung, der Biber sei genauso schlau wie wir Menschen. Vor allem als man nach Entdeckung der sogenannten Neuen Welt der Dammbauten gewahr wurde. Ein Säugetier, das sich auf einem anderen Kontinent ähnlich günstig entwickelt hat wie wir. Er könne Gesellschaften bilden, gewaltige Bauvorhaben hierarchisch organisieren, Riesendämme herstellen, da gäbe es Regierungen, Stände, Zünfte, genauso wie bei uns Menschen! Aber früher habe man Hochachtung gehabt, geglaubt, der Biber könne denken und abwägen. Davon gibt es sogar Holzschnitte aus dem 17. Jahrhundert, auf denen sieht man:

Ein Biber, von einem Jäger als konkurrierende Spezies verfolgt, überlegt kurz: Will der Jäger wirklich, dass ich sterbe? Nein! Er will nur meine Hoden. Deshalb beißt er sich freiwillig die Hoden ab und legt sie dem Jäger hin und haut ab. Weil er weiß, der Jäger ist nur daran interessiert und er könne so als restlicher Biber weiterleben.

Für unsere Ohren absurd. Heute wissen wir, man muss ihn unter Naturschutz stellen, darf ihn nicht einfach aufessen, wenn man möchte, und wenn man einem eingesperrten Biber im Käfig mit dem

Lautsprecher Geräusche von fließendem Wasser vorspielt, dann will er sofort einen Damm bauen, weil er einen Fluss rauschen hört. In Wirklichkeit also Deppen. Menschen waren ja in früheren Jahrhunderten nicht zwangsläufig doofer, wie also sind sie auf diese Ideen gekommen?

Natürlich haben sich auch früher schon Geschichten voller absurder Lügen besser verkauft. Das hat sich bis heute nicht geändert, wie man an vielen Boulevardzeitungen sehen kann. Für katholische Würdenträger war das ein schönes Bild, auf Sexualität zu verzichten, für ein höheres Ziel. Wie so oft hat auch ein Übersetzungsfehler eine gewisse Rolle gespielt. Biber heißt auf Lateinisch Castor. Und das ist übersetzt worden als der Kastrierte. Vor allem auch deswegen, weil man die Hoden beim Biber nicht sieht, ist das Missverständnis entstanden. Man kann ihn drehen und wenden, wie man will, keine Hoden. Sie sind nämlich innen verbaut. Als Wärmedämmung bei Tauchgängen. Und anders wäre es auch viel zu gefährlich bei dem Lebenswandel. Wenn sie, wie bei uns, außen baumeln würden, während er gut gelaunt über einen Damm springt, wie leicht könnten

sie sich ungünstig in einer Astgabel verfangen. Zurück zum Mythos: Vor allem deshalb, weil man beim Biber keine Hoden sieht, hat man sich lange erzählt, dass er sie opfert. Auf sie verzichtet. Dann könne er zwar keine Nachkommen mehr zeugen, aber noch was bauen helfen für die nachfolgenden Generationen. Ein gezieltes Opfer, um das große Ganze zu retten. Deshalb »Operation Biber«, zur Rettung der Menschheit. Deshalb eine mittlere Katastrophe, die unmittelbar bevorstünde. Und weiter versteigt sich die Verschwörungserzählung im Solo »Glückskatze« noch zu einem Lob auf Viren. Mit deren Hilfe man die Menschheit retten und in die Zukunft bringen könne.

Das war im Herbst 2019, wenige Monate später waren Pandemie und Lockdown.

Hatte der pinke MC mehr gewusst als andere?

Natürlich nicht.

Die »mittlere Katastrophe« für notwendig befunden hat nicht irgendein rechter, wohlstandsverwahrloster Impfgegner in seiner

Telegram-Gruppe, sondern ein emeritierter Universitätsprofessor. Bereits 2017. Öffentlich. Kaum widersprochen. Die These: Tschernobyl und Fukushima hätten sich so günstig auf Veränderungen ausgewirkt, so was bräuchte man öfter. Viele Todesopfer, ja, leider, aber auf der anderen Seite: Fortschritt! Also bedauerlicherweise notwendig.

Das ist natürlich eine intellektuelle Bankrotterklärung erstens Ranges. Und erstklassiger Rohstoff für ein Kabarettsolo. Bereits Anfang des Jahres hatte die Weltgesundheitsorganisation WHO einmal mehr eine **Liste** mit den zehn größten Bedrohungen für die Menschheit veröffentlicht. Die Gold-

medaille gab es damals schon für den Klimawandel mit seinem Hit Luftverschmutzung feat. Herzkreislauf- und Atemwegserkrankungen. Aber schon auf Platz 3: die Grippe-Pandemie. Also nicht Grippewelle, schon gar keine »normale«, sondern wirklich Pandemie, wie Anfang des 20. Jahrhunderts. Die Frage war auch nicht, ob, sondern nur, wann und wie schwer. Auf Platz 6 reihte die WHO noch Ebola und andere Hochrisikokrankheitserreger wie Zika, SARS und im Talon eine Seuche X als Platzhalter für einen noch unbekannten pathogenen Publikumsliebling ein, der das Zeug zu einer Pandemie hätte.

Heute wissen wir ja leider zu gut, was da im Talon gelegen ist. Und auch, dass 2-mal *Happy Birthday* zu singen nicht bedeuten muss, dass wer Geburtstag hat.

2020

WIRD TCM
DIE WELT RETTEN?

*2020 war das 2. wärmste Jahr
seit es Aufzeichnungen gibt.
Es befinden sich 414 ppm CO_2
in der Atmosphäre.*

Auch das Jahr 2020 hat einige spannende wissenschaftliche Neuigkeiten gebracht, auch wenn eigentlich sämtliche Nachrichten nur von der Corona-Krise voll waren. So wollen wir keinesfalls die großartige Leistung der Entwicklung von Covid-19-Impfstoffen schmälern. Das renommierte Wissenschaftsjournal *Science* hat diese Entwicklung ohnehin zum wissenschaftlichen Durchbruch des Jahres 2020 gekürt. Aber im medialen Windschatten dieser hervorragenden Leistungen lieferten auch andere Wissenschaftsdisziplinen beeindruckende neue Erkenntnisse.

Die Physik zum Beispiel. Wer hätte gedacht, dass einmal der Gestank von faulen Eiern – nämlich Schwefelwasserstoff H_2S – in einer 1:1-Mischung mit dem aus dem Erdgas bekannten Methan CH_4 und reinem Wasserstoff H_2 den Durchbruch in der Supraleitfähigkeitsforschung bringen würde? Tatsächlich kann man diese 3 Gase in ultraharten Diamantstempelzellen auf unfassbar hohe Drücke komprimieren, sodass dabei ein kristalliner Festkörper entsteht, der bei der beachtlich hohen Temperatur von +15 °C supraleitend ist, also verlustfrei Strom leitet! Bisher kannte man dieses Phänomen nur bei deutlich tieferen Temperaturen von circa -100 °C und darunter. Jetzt steht die Forschung in der Festkörperphysik »nur« mehr vor dem Problem, wie man eine vergleichbare Eigenschaft ohne etwa 2,6-millionenfachen Atmosphärendruck hinbekommt …

2020 wurden mit Radioteleskopen die oberen Atmosphärenschichten der Venus untersucht. Dabei entdeckten Forscher:innen das dem Ammoniak NH_3 analoge Monophosphan PH_3. Jetzt könnte man natürlich mit der Schulter zucken und sich mitleidig mit den Astronom:innen freuen, dass sie auch mal ein bisschen mit dem Chemiebaukasten spielen dürfen. Allerdings verschlägt es einem bei genauerer Betrachtung einigermaßen die Sprache. Es gibt nämlich derzeit keine logische Erklärung für die Existenz dieses Gasmoleküls – außer anhand chemischer Reaktionen, wie sie in einer belebten Natur vorkommen. Ist da etwa ein indirekter Beweis dafür gelungen, dass es auf der Venus extraterrestrisches Leben gab? Die Autor:innen der Studie betonen, dass ihr Fund noch kein Beweis sei, sondern nur einen Hinweis darauf liefere, dass es offenbar bisher noch nicht verstandene chemische Vorgänge auf der Venus gab oder gibt. Wie sehr sie recht gehabt haben, erfahren Sie 2021.

In der Molekularbiologie machte man sich die Fortschritte auf dem Gebiet der künstlichen Intelligenz (KI) zunutze, um eine der härtesten Nüsse der Disziplin zu knacken: die räumliche Struktur von Proteinen. So gibt es etwa einen Wettbewerb, bei dem es um die Vorhersage der dreidimensionalen Struktur von Proteinen aufgrund ihrer Aminosäure-Sequenz geht. Das ist deswegen so interessant, weil die dreidimensionale Faltung und Struktur eines Proteins letztlich die Eigenschaften und Wirkung dieser Stoffe begründen und oft nur ganz wenige der möglichen Faltungen tatsächlich biologisch aktiv sind. Dieser CASP genannte Wettbewerb (Critical Assessment of Protein Structure Prediction) besteht darin, dass eine Jury verschiedene gegeneinander antretende Algorithmen anhand dessen bewertet, wie gut diese nur aufgrund der Abfolge von Aminosäuren die tatsächliche – durch diverse Faltungen entstehende – dreidimensionale Struktur von Proteinen vorhersagen können. Die experimentell bestimmte dreidimensionale Struktur der Proteine ist dabei nur der Jury vorher bekannt. Und im Jahr 2020 konnte nun erstmalig der Siegeralgorithmus – eine KI-Software der Google-Tochter DeepMind namens AlphaFold – in 2 Dritteln der Fälle die Struktur mit derselben Genauigkeit vorhersagen, wie es bislang nur durch aufwendigste Laborexperimente gelungen ist.

Und weil auch im Kerngeschäft der Wissenschaft über die Stoffumwandlungen, der Synthesechemie, viel passierte in diesem Jahr, darf 2020 auch unser Buch ausnahmsweise mit 4 Bulletpoints beginnen. Sehr oft basieren neue chemische Erkenntnisse auf einer unerwarteten Reaktion, an deren Beginn gar nicht so selten eine Mischung aus glücklichem Zufall und großem chemischen Allgemeinwissen steht. Ist so eine Entdeckung erst einmal gemacht, so versuchen Chemiker:innen durch gezielte und systematische Variationen der verschiedensten Reaktionsbedingungen – also zum Beispiel von Reaktionstemperaturen, Reaktionsdrücken, verwendeten Lösungsmitteln und Stoffkonzentrationen der beteiligten Reaktionspartner – diese Synthese einer neuen Verbindung zu optimieren. Es ist schnell einsichtig, dass die Anzahl der möglichen Kombinationen der zuvor erwähnten Reaktionsbedingungen die Anzahl der Versuchsdurchführungen enorm explodieren lässt ... Also die Anzahl an Versuchen explodiert, nicht die Reaktion. Hoffentlich. Diese Arbeit ist dann zumeist weniger kreativ und eher eintönig, sodass eine neue Entwicklung des Jahres 2020 Hoffnung macht: der mobile Roboterchemiker! Für simple Mischungsaufgaben gab es ja schon früher eher einfach konstruierte Syntheseroboter, die automatisch pipettieren, mischen, rühren und erhitzen konnten. Aber wenn das Aufgabenspektrum im chemischen Labor komplexer wird, wie zum Beispiel bei der Untersuchung und Optimierung von Reaktionen der Fotokatalyse zur Wasserstoffherstellung aus Wasser, dann freut man sich, dass ein Roboterchemiker keinen Feierabend kennt und autonom während einer Zeitspanne von 8 Tagen 688 Versuche unter Variation von 10 Einflussgrößen auf die Reaktionsbedingungen durchführen kann.

Das führt uns nun zur Frage: Welche großen Aufgaben hat die Chemie in Zukunft zu erledigen, für die sie Roboterhilfe gebrauchen könnte? Zum Beispiel die effiziente Energiespeicherung. Doch ausnahmsweise wollen wir uns hier nicht mit der naheliegenden Speicherung elektrischer Energie in wiederaufladbaren Batterien – korrekterweise Akkumulatoren genannt – beschäftigen, sondern einen Blick auf die Speicherung von Wärme werfen. Immerhin ist Raumheizung (und -kühlung) bzw. Warmwasserbereitstellung in Haushalten der größte Brocken am Energiekuchen privater Haushalte. Aber auch insgesamt betrachtet stellt der Energiebedarf für industrielle Prozesswärme etwa ein Drittel des jährlichen Gesamtprimärenergieverbrauches in Österreich dar. In anderen Industriestaaten sind die Zahlen vergleichbar. Viele industrielle Prozesse liefern nach Nutzung der Prozesswärme jedoch enorme Mengen von Abwärme, die nach wie vor kaum sinnvoll genutzt werden. Also zum Beispiel durch Wärmespeicherung, um den Primärenergiebedarf zu reduzieren. Jetzt fragen Sie sich sicher, was das mit Chemie zu tun hat? Ganz einfach: Es gibt grundsätzlich 3 Möglichkeiten, Wärme zu speichern.

Erstens durch Aufwärmen eines Wärmespeichermediums. Das kann im einfachsten Fall Wasser sein, das in einem Tank über einen Wärmetauscher erhitzt wird und bei Bedarf die Wärme wieder an den Wärmetauscher abgibt. Diese einfache technische Lösung ist aber durch den Siedepunkt von Wasser bei 100 °C begrenzt und funktioniert nur bei sehr guter thermischer Isolierung des Wasserbehälters. Und wenn man die gespeicherte Wärme über einen längeren Zeitraum aufbewahren möchte, dann hat man trotz bestmöglicher thermischer Isolierung trotzdem irgendwann keine Wärme mehr übrig. Das kennen Sie von der Thermoskanne. Oder der Wärmflasche, bei der mangelhafte Isolierung ja zur Job-Description zählt.

Bei Möglichkeit 2 nutzt man sogenannte Phasenübergänge, also das Schmelzen eines Feststoffes oder das Erstarren einer Flüssigkeit. Bekanntlich benötigt man zum Schmelzen von Wassereis Wärmeenergie. Man muss Energie aufbringen, um das Eis zu flüssigem Wasser zu schmelzen. Umgekehrt wird genau diese Wärmemenge aber wieder frei, wenn das flüssige Wasser zu Eis erstarrt. Hier hilft uns der erste Hauptsatz der Wärmelehre, dass Energie nie erzeugt werden oder verloren gehen kann, sondern immer nur von einer Erscheinungsform in eine andere umgewandelt wird. Wenn man also einen reversiblen Prozess eines Phasenüberganges hernimmt, wie das gerade beschriebene Schmelzen von Eis zu flüssigem Wasser oder umgekehrt das Erstarren von flüssigem Wasser zu Eis, dann wird in jeder Richtung immer dieselbe Wärmemenge umgesetzt. Einmal muss ich diese in das System einbringen, und bei der Umkehr des Vorganges wird genau dieselbe Wärmemenge wieder frei. Jetzt geht das natürlich grundsätzlich mit allen möglichen Verbindungen, nicht nur mit Wasser. Wenn man diese Materialien dann ausschließlich zum Zweck der Wärmespeicherung und -wiederfreisetzung verwendet, dann nennt man diese auch Phasenwechselmaterialien, auf Englisch »Phase Change Materials«: PCMs. Der Vorteil zum Wärmespeichern in einem thermisch isolierten Wassertank besteht darin, dass die Wärmemenge im Phasenübergang reversibel gespeichert wird und es dabei keine Verluste gibt. Und die Wärmemenge pro Kilogramm oder Kubikmeter Material ist deutlich höher, man hat also eine höhere Speicherkapazität bei kleinerem Platzbedarf.

Sieger im Rennen um die höchste Wärmespeicherkapazität ist jedoch Methode Nummer 3 – TCM. »Na, bumsti«, denken Sie jetzt vielleicht. »Bislang hatte ich den Eindruck, die Science Busters haben alle Tassen im Schrank, und jetzt das?« Da entgegnen wir: »Nicht so schnell mit den jungen Pferden, Eile mit Weile, vom Hudeln kommen die Kinder.« Und das kommt so:

TCM steht in einem wissenschaftlich sinnvollen Kontext natürlich nicht für »traditionelle chinesische Medizin«, sondern für »thermochemische Energiespeichermaterialien« – und ist im Unterschied zu Erstgenannter tatsächlich uralt und seriös. Das Wirkprinzip von TCMs ist nämlich seit der Antike bekannt. Ein prominentes Beispiel ist das Kalkbrennen und Kalklöschen. Was hat das mit Wärmespeicherung zu tun? Sehr viel. Der Rohstoff Kalk, chemisch exakt Calciumcarbonat genannt, wird in der Hitze beim Kalkbrennen zum gebrannten Kalk, also Calciumoxid, wobei Kohlendioxid freigesetzt wird. Wenn dieser gebrannte Kalk nun mit Wasser umgesetzt (man sagt auch gelöscht) wird, dann entsteht der gelöschte Kalk, chemisch Calciumhydroxid genannt. Nach der Verarbeitung des Löschkalks im Bauwesen nimmt dieser nun mit der Zeit wieder Kohlendioxid aus der Luft auf und härtet zum Kalkmörtel aus. Verallgemeinert kann man sagen, dass das Wirkprinzip der TCMs auf einer umkehrbaren Reaktion eines Feststoffes zu einem anderen Feststoff unter Freisetzung eines Gases beruht. Diese Gasfreisetzung kostet Wärmeenergie. Wenn man nun die Rückreaktion durchführt und das Gas wieder absorbiert, dann wird – Sie haben es bereits erraten – genau dieselbe Wärmemenge wieder frei, die zuvor zur Gasfreisetzung notwendig war.

Das verwendete Gas muss nicht Kohlendioxid sein, es könnte sich theoretisch um jedes beliebige Gas handeln, doch die bekanntesten Feststoffreaktionen als TCMs laufen mit Luftfeuchtigkeit (also Wasserdampf), Luftsauerstoff oder auch Ammoniak ab. Im Prinzip sind auch Reaktionen von mehr oder weniger konzentrierten wässrigen Lösungen mit Wasser, also Flüssig-Flüssig-Reaktionen mit Wasserdampf, möglich.

Eine exotische Anwendung dieses Prinzips konnte man Ende des 19. Jahrhunderts kurz in Gestalt der Natronlokomotive bestaunen, bei der der Heißdampf für den Antrieb nicht durch Kohleverfeuerung zur Wasserverdampfung hergestellt wurde, sondern heiße konzentrierte Natronlauge schrittweise verdünnt wurde, sodass man die dadurch entstehende Hitze zur Dampferzeugung verwenden konnte. Allerdings ist man über ein paar wenige Versuchsloks nie hinausgekommen. Um die TCMs praktisch zur Nutzung von Industrieabwärme einsetzen zu können, sind noch viele Optimierungsaufgaben zu lösen. Vielleicht hilft ja im einen oder anderen Fall auch hier in Zukunft ein Roboterchemiker. Aber die Lösung der Probleme ist nur eine Frage der Zeit, und dann müssen Sie endlich nicht mehr die Augen verdrehen, wenn jemand erzählt, TCM sei erstklassige Wissenschaft und sogar ein wesentlicher Beitrag zum Klimaschutz.

Small-Talk-Hilfe: Ammoniak, Chlor und Schwimmbäder

Wussten Sie schon, dass 40 Menschen, die schwitzen (und vor dem Baden nicht duschen gehen) genauso viel Harnstoff ins Schwimmbadwasser bringen wie eine Person, die ins Becken uriniert? Dieser Harnstoff ist es dann auch, der sich zu Ammoniak umwandelt – wer kennt nicht den stechenden Geruch in versifften WC-Anlagen? Die Reaktionsprodukte dieses Ammoniaks mit den zur Wasserdesinfektion verwendeten Chlorverbindungen riechen dann so penetrant, dass wir sagen »Heute riecht es aber wieder stark nach Chlor«. Was wir riechen ist aber nicht Chlor, sondern die Duftmarken, die bei der Vernichtung von Harnstoffen durch chorhaltige Desinfektionsmittel im Schwimmbadwasser zurückbleiben. Dass man chemisch sichtbar machen könnte, wenn wer ins Becken pinkelt, um so den Übeltäter oder die Übeltäterin durch Verfärbung vor allen bloßzustellen, ist übrigens ein Mythos. Also, es ginge schon, über die Änderung der pH-Wertmessung. Aber man müsste den Indikator, den man dazu benötigt, in derart hoher und dann gesundheitsschädlicher Dosis ins Wasser einbringen, dass sich das bisschen Urin dagegen vergleichsweise völlig harmlos ausnimmt.

Die Science Busters 2020

Happy birthday to you, happy birthday to you, happy birthday, dear Science Busters, happy birthday to you.

oder wahlweise:

Happy birthday to you, Marmelade im Schuh, Aprikose in der Hose und Ketchup dazu.

Und danach gelten die Hände als ausreichend keimfrei. Händewaschen – das Comeback des Jahrhunderts. Wer hätte das gedacht. Wir kennen es seit ewig, auch aus gereimten Ratschlägen »nach dem Stuhlgang, vor dem Essen Händewaschen nicht vergessen«, und auf einmal ist es im Jahr 2020 wieder ein Popstar. Noch beliebter als Desinfektion. Die eigentlich in unserer so sehr an Shopping gewöhnten Gesellschaft die besseren Voraussetzungen gehabt hätte, denn zum Desinfizieren muss man sich extra Gear einkaufen, Gear ist in dem Fall sächlich, also das Gear man dem sozialen Umfeld stolz präsentieren kann, während Händewaschen – das können echt alle …

In unserer Show »Corona spezial« haben wir untersucht, was cooler ist – Desinfizieren oder Händewaschen? Spoiler: beides circa gleich cool. Und was ist besser? Mit Seife die Hände zu waschen hilft immer und gegen alle Erreger; Desinfektionsmittel, und da sprechen wir von hochprozentigem Alkohol, wirkt nur gegen manche Erreger, und auch nur, wenn die Hände in entsprechendem Zustand sind.

Was kann man sich unter einem entsprechenden Zustand vorstellen? Auf den Packungen mancher Desinfektionsmittel steht zu lesen: tötet 99,9 % aller Keime. Das klingt beeindruckend und ist auch nicht gelogen, allerdings beziehen sich diese Angaben auf den Erreger in Zellkultur. Das bedeutet, nur im Labor unter bestimmten Bedingungen radiert das Desinfektionsmittel fast alle Mikroorganismen aus. In freier Wildbahn schaut die Sache anders aus. Schmutzige oder vor allem fettige Hände sind ein anderer Gegner als eine Petrischale. Wenn man gerade mit beiden Händen in einem Grillhendl war und sie nach Verzehr des Geflügels fettig und gewürzt sind, man die Finger vielleicht noch abschleckt, dann sinkt die Desinfektionswirkung erheblich. Es gibt also auch unabhängig vom Coronavirus gute Gründe, sich hie und da die Hände zu waschen, und das erfolgreiche Vertilgen eines Grillhuhns ohne Besteck wäre so einer.

Händewaschen kennen wir schon sehr lange und erledigen es routiniert. Wir wissen, wir müssen erst die Hände mit Wasser abspülen, dann ordentlich einseifen, aufschäumen, Fingerspitzen in der Handfläche reiben, Daumen extra beachten und danach alles abduschen. Aber was genau macht die Seife eigentlich, wenn sie ihrer Arbeit nachgeht?

Beginnen wir mit den Seifenmolekülen. Die sehen ein wenig wie ein Kochlöffel aus und gelten als amphiphil. Das bedeutet »auf beiden Seiten liebend«. Seife hat einen wasserliebenden Kopf und einen fettliebenden Schwanz, wenn man so will. Dass es sich dabei um einen molekularbiologischen Dreierziegel handelt und die Stellungsvorlieben damit schon eingegrenzt seien, ist wissenschaftlich aber nicht haltbar.

Beim Coronavirus handelt es sich um ein sogenanntes behülltes Virus. Und das ist quasi Glück im Unglück. Denn diese Fettmembran, die das Virus umgibt, gilt auch als seine Achillesferse. Wenn Seifen-molekülen mit dem Virus in Berührung kommen, dann kann sich die Seife mit dem fettliebenden Schwanz darin anlagern – und dadurch löst sich diese Membran auf. Seife zerstört das Virus. Und Bonus: Wenn Seifenmoleküle in Kontakt mit Wasser kommen, lagern sie sich aneinander und formen eine Kugel. Sie schließen Schmutz, Virenteilchen oder auch ganze Viren ein, die so abgewaschen werden können. Seife macht das Virus kaputt und wäscht die Reste weg. Wie im Vergnügungspark in den großen Kunststoffbällen, in denen man drinnen steht, sich vergnügt und irgendwann auf der Wasserrutsche abfährt. Deshalb muss man auch so lange waschen, damit die Seife genug Zeit hat, gründlich zu zerstören und einzupacken. Aus diesem Grund muss man auch erst mit Wasser spülen und danach einseifen und nicht, wie man es oft beobachten kann, erst Seife auf die Hände geben, um sie dann mit Wasser gleich wieder abzuwaschen. Das ist im Wesentlichen nichts anderes als Seifenverschwendung.

Desinfektionsmittel zerstören ebenfalls die Zellmembran von Keimen, dieser Arbeitsschritt ist ähnlich – aber in der Fettmembran stecken Proteine. Etwa das Spike-Protein. Spike heißt Spitze und war früher vor allem in Kombination mit Reifen bekannt. Das Spike-Protein, also das Eiweiß, das in der Pandemie Karriere gemacht hat, braucht das Virus bekanntlich, um an unsere Zellen zu binden. Nur so kann es sie infizieren und sich fortpflanzen. Damit so ein Protein seine Funktion aber ausüben kann, muss es speziell gefaltet sein. Hier kommt das Desinfektionsmittel ins Spiel, denn Alkohol bringt Proteine dazu, sich zu entfalten. Das ist für sie nicht gut, denn dadurch verlieren sie ihre Funktionstüchtigkeit. In der Welt der Proteine sagen die Eltern zu den Kindern nicht: Such dir einen Beruf, in dem du dich entfalten kannst.

Wie das aussieht, wenn Proteine entfaltet werden, kennen die meisten von uns. Etwa vom Spiegelei-braten. Im Rohzustand ist das Ei flüssig, wird es erhitzt, entfalten sich die Proteine, und es wird fest. Das kommt daher, dass die gefalteten Proteine im rohen Ei weniger Platz brauchen und gut aneinander vorbeischwimmen können. Sobald sie sich entfalten, nehmen sie mehr Raum ein und verheddern sich. Das kann man sich ein bisschen wie die Eröffnung des Wiener Opernballs

vorstellen: Am Anfang bei der Fächerpolonaise geht alles geord-net zu, leicht können die Tanzpaare einander passieren. Aber kaum heißt es »Alles Walzer«, geht es heiß her, und das Parkett ist sofort verstopft. Dass das an den zahlrei-chen Eierschädeln liegt, die die Veranstaltung bereichern, lässt sich allerdings wissenschaftlich nicht bestätigen.

»Corona spezial« war nicht als neue, eigene Show geplant, son-dern ist aufgrund unserer Arbeit während der Pandemie entstan-den. Nachdem sich abzuzeichnen begann, dass die neue Infektions-krankheit, die erstmals im chinesi-schen Wuhan aufgetreten war, möglicherweise kein lokales Phä-nomen bleiben könnte, haben wir Ende Januar begonnen, uns in un-seren Kolumnen für Radio FM4 mit dem Thema zu beschäftigen. Ende Februar ist eine Folge mit dem Titel »Superspreader« ausge-strahlt worden, und danach ging es ziemlich schnell. Mit der Pandemie und unserer Mehrarbeit für FM4.

Am 16. März ging die erste Aus-gabe unserer Phone-in-Sendung on air, eine Stunde Sendezeit mit Musik. Anrufersendung hat man das früher auch genannt. Prosai-scher Titel: »Frag die Science Busters«. Genau das war schon die halbe Miete, und die andere Hälfte waren natürlich unsere Antworten. 2014 hatten wir das erste Mal eine Phone-in-Sendung bestritten, damals live von der Ars Electronica in Linz, seither wollten wir so eine Sendung regelmäßig machen, haben uns über die Jahre bei verschiedenen Sendern immer wieder anheischig gemacht, aber erst die Pandemie hat den Ausschlag gegeben. Natürlich hätten wir schon vorher längst einen Podcast gestalten können. Auch Live-Streamings auf Facebook waren schon üblich, aber das ist nicht dasselbe. Eine Stunde live zur Mittagszeit im Radio über Wissenschaft zu sprechen ist etwas anderes als ein Nischenprogramm.

Auch wenn es aus Marketinggründen gern als Fortschritt verkauft wird, Spartenkanäle für Kultur oder Sport bedeuten keinen Gewinn – im Gegenteil. Öffentlich-rechtlicher Rundfunk wird von allen bezahlt, unter anderem um die ganze Gesellschaft und ihre Bedürfnisse möglichst vollständig – und nicht nur, um abzubilden, was sich gut verkaufen lässt. Beispielsweise hat die Sportsendung Sonntag Abend im ORF Ende des 20. Jahrhunderts fast eine halbe Stunde gedauert und den Anspruch verfolgt, das Geschehen des Wochenendes mehr oder weniger vollständig abzubilden. Das war zwar manchmal kurios, aber man hat sehen können: Die Menschen verbringen ihre Freizeit mit vielen Dingen und nicht nur mit Fußball, Skifahren oder Formel 1. Und so wie die Freizeitvergnügungen der Leute sich stark voneinander unterscheiden und vielfältig sind, so ist das auch mit den Menschen und der Gesellschaft, die ihnen nachgehen. Polarisierung, wie sie heute gern Diskussionen dominiert, ganz so, als ob nicht mehr als 2 Meinungen möglich wären oder gerade die Schattierungen zwischen den Polen der Wahrheit deutlich näher kämen, waren deshalb nicht so leicht möglich. Und so erfolgreich Podcasts auch sein können, sehr viele Menschen erreicht man damit überhaupt nicht, weil sie ihr ganzes Leben nie einen Podcast hören werden.

Wir haben dann – zusätzlich zu und nicht als Ersatz unserer Radioshow – ein Jahr später auch endlich einen Podcast gestartet. Aber wir wollten nach wie vor, dass Wissenschaft im allgemeinen Programm genauso vorkommt wie Sport oder Popmusik oder Politik.

Und zwar ordentlich und nicht nur »Die Hirnforschung hat festgestellt …« oder »Eine amerikanische Studie hat jetzt herausgefunden, dass Paare, die jedes Science-Busters-Buch gelesen haben …«. Obwohl wir natürlich schon gerne wüssten, welchen Einfluss die Lektüre unserer Bücher auf das Glück von Paarbeziehungen haben kann.

Von Mitte März bis Anfang Mai haben wir sogar eine tägliche Kolumne für Radio FM4 geschrieben, trotz Ausgangsbeschränkungen. Online Sachen aufzunehmen war ja plötzlich Stand der Dinge. Ende April hieß eine Kolumne übrigens schon »Zweite Welle«. Da war bereits abzusehen, dass es zu einer solchen kommen würde. Als es im Herbst dann erwartungsgemäß so weit war, hat man trotzdem oft gehört, es käme überraschend und wäre so nicht zu erwarten gewesen. Auch im Herbst 2022, zum Erscheinungstermin dieses Buches, besteht eine ganz gute Chance, dass diese Sätze wieder ihren Weg aus Politikermündern finden werden, auch wenn es diese Überraschung weder damals noch dann gegeben haben wird. »Frag die Science Busters« kommt seit März 2020 einmal im Monat (fast immer war Corona als Thema dominant), hat es bislang auf 25 Ausgaben gebracht und wird im Herbst 2022 fortgesetzt.

Eigentlich hätte 2020 für uns ein Jahr mit Klimaschwerpunkt sein sollen. Am 16. Januar hatte unsere neue Show »Global Warming Party« in der Grazer Listhalle Premiere vor 1000 Zuseher:innen, die Resonanz war gut, und es sah alles danach aus, als ob wir mit der Show bis zum 15. Jubiläum erfolgreich würden touren können. Wenn die Show Mitte Oktober 2022 durch unsere neue namens »Planet B« abgelöst wird, werden wir somit leider viel seltener über Klimawandel und Klimakrise gespielt haben als erhofft. Viel zu wenig Zeit, um ausgiebig genug über das noch verbleibende CO_2-Budget zu sprechen, über Eunice Newton Foote und ihre jahrzehntelang unterschlagene Entdeckung, dass CO_2 die Atmosphäre erwärmt, oder über die genetische Optimierung des Menschen zum klimagünstigen kleinen, dicken Sautrottel mit Riesenohren. Und natürlich werden wir weniger live musiziert haben, denn die konzertante Aufführung des Gassenhauers »Das Ozonloch« kann eigentlich gar nicht oft genug dargeboten werden.

Anfang Dezember haben wir wieder unsere Fernsehshows für den ORF aufgezeichnet. Nach dem Rabenhof und dem Stadtsaal diesmal im Alumni Hörsaal der Universität Graz, die als Co-Produzentin eingestiegen ist und die weiteren Staffeln möglich gemacht hat. Erstmals haben wir einen Zweijahresvertag für 50 weitere Folgen bekommen, was nicht nur wegen der Pandemie angenehm war, sondern auch, weil wir dann endlich einmal langfristig planen konnten. Und nicht nur immer von Staffel zu Staffel.

Anfang Dezember war in Österreich gerade der 2. Lockdown in Kraft, also zum 2. Mal Ausgangsbeschränkungen für alle. Die Shows haben wir also ohne Publikum aufzeichnen müssen, was einigermaßen befremdlich war. Normalerweise erklären und zeigen wir Sachen, manchmal gemeinsam mit dem Publikum, dabei hänseln, also triezen wir einander ein wenig, was auf ein hoffentlich ausgiebiges Lachen der Zuseherschaft ausgelegt ist, die wir auch ab und zu beim Staunen aufnehmen können. Ein leerer Hörsaal ist kein besonders guter Zuhörer bzw. hört er schon zu, aber halt ausschließlich. Auch im darauffolgenden Februar muss-

te das Publikum noch ausgeschlossen bleiben. Da gab es immerhin schon gute Impfstoffe und damit die Aussicht, dass die nächsten Aufzeichnungen im September wieder vor Menschen im Saal stattfinden könnten. So ist es dann auch gekommen.

Nicht gekommen ist im November leider Mai Thi Nguyen-Kim. Die deutsche Chemikerin und ihr Mailab-Team wären Preisträger:innen Numero 5 des Oberhummer Awards gewesen. Quasi das kleinstmögliche runde Jubiläum. Zu Hause geblieben sind sie aber nicht etwa, weil sie nicht kommen wollten oder erkrankt waren, sondern wegen des sogenannten 2. harten Lockdowns. Alles war schon vorbereitet, ein Pokal mit frischen Alpaca-Droppings und Urkunde und ein ausverkaufter Stadtsaal, aber es sollte noch bis zum 11. Juni 2022 dauern, bis die Feierlichkeiten nachgeholt werden konnten. Dafür war der Abend, an dem auch das Team des NDR-Corona-Updates gleich mit dem 6. Oberhummer Award ausgezeichnet wurde, umso schöner.

Damals haben wir begonnen, uns langsam an die Gs zu gewöhnen. 1G, 2G, 3G. Vor der Pandemie, das geriet schnell in Vergessenheit, war überall 1G. Allerdings war G damals das Symbol für die Gravitationskonstante. Mit einem G waren wir längst nicht mehr zufrieden. 1G stand für geimpft, 2G für genesen, 3G für getestet. Dieser Nachweis sollte Sicherheit bringen und ein wenig Bewegungsfreiheit in der Pandemie. Was auch gelang. Als ausgesprochen sicher galt zwar auch 4G, für gestorben, es war allerdings nicht nur wegen des Mangels an Bewegungsfreiheit natürlich das unbeliebteste G. Dicht gefolgt bei manchen von 5G – da musste man eine Zeit lang aufpassen, dass nicht Impfgegner kommen und Handymasten anzünden. Und dann war das Jahr auch schon wieder vorbei.

2021

CLIMATE OF
THE CARIBBEAN

*2021 war das 5. wärmste Jahr
seit es Aufzeichnungen gibt.
Es befinden sich 417 ppm CO_2
in der Atmosphäre.*

Am 24. und am 25. Januar 2021 wurden 2 wissenschaftliche Arbeiten veröffentlicht, die festgestellt haben, dass es vermutlich kein Leben auf der Venus gibt. Was eine eher unnötige Fleißaufgabe gewesen wäre, wäre nicht ein paar Monate zuvor die Entdeckung außerirdischen Lebens auf der Venus verkündet worden. O. k., eh nicht von der Wissenschaft, sondern nur von den unseriösen Boulevardmedien (die seriösen Boulevardmedien haben nichts darüber geschrieben, weil es die genauso wenig gibt wie seriöse Astrologie oder seriöse Homöopathie). Die Wissenschaft hat den Nachweis des Moleküls Phosphin in der Atmosphäre der Venus bekannt gegeben, das auf der Erde so gut wie ausschließlich von der chemischen Industrie oder von Bakterien erzeugt wird. Chemische Industrie ist auf unserem Nachbarplaneten eher spärlich vertreten, aber in bestimmten Atmosphärenschichten könnten Bedingungen herrschen, die mikrobiologisches Leben ermöglichen. Das Phosphin auf unserem Nachbarplaneten stammt aber, wie die neuen Arbeiten gezeigt haben, mit ziemlicher Sicherheit nicht von Venus-Bakterien – weil es nicht existiert.

Am 16. März 2021 wurde eine Erklärung für die Entstehung und Herkunft des interstellaren Asteroiden 'Oumuamua geliefert. Der wurde 2017 entdeckt und war der erste von uns beobachtete Asteroid, der nicht im Sonnensystem, sondern bei einem anderen Stern entstanden ist. Er hat sich ein wenig seltsam verhalten und nicht so, wie wir das von unseren Asteroiden gewohnt sind. Aber damit ist zu rechnen, wenn man Besuch aus der Ferne bekommt. Ein paar Forscher:innen (und sehr viele der schon erwähnten unseriösen Boulevardmedien) waren aber der Ansicht, dass es sich bei 'Oumuamua auch um das Raumschiff einer außerirdischen Zivilisation handeln könnte. Tut es aber nicht, und wie die neue Arbeit ergeben hat, ist es sehr viel wahrscheinlicher (und auch plausibler), dass wir es mit dem Bruchstück eines Pluto-ähnlichen Himmelskörpers eines anderen Sterns zu tun haben, der in der chaotischen Frühzeit mit einem anderen Himmelskörper kollidiert ist.

Am 26. März 2021 konnten neue Beobachtungsdaten des Asteroiden Apophis zeigen, dass er in den nächsten 100 Jahren definitiv nicht mit der Erde kollidieren wird. Die Wahrscheinlichkeit dafür war auch davor nicht sonderlich hoch gewesen, lag aber kurzzeitig höher, als es bei Asteroiden üblich ist. Am 13. April 2029 wird er in 38 000 Kilometern Entfernung an der Erde vorbeifliegen, was für einen 400 Meter großen Brocken zwar immer noch recht weit weg ist, aber immerhin so nahe, dass man Apophis ohne Teleskop wird sehen können. Einschlagen wird aber nichts, was insbesondere, Sie erraten es, die unseriösen Boulevardmedien ärgert.

Keine Asteroidenkollision, keine Alieninvasion: Man könnte meinen, es schaut gut aus für die Zukunft auf der Erde. Könnte man, man läge damit aber definitiv falsch. Das kann man auf den knapp 10 000 Seiten des 6. Sachstandsberichts des Intergovernmental Panel on Climate Change nachlesen, von denen der erste (nur 3949 Seiten lange) Teil am 9. August 2021 veröffentlicht worden ist. Und das »Intergovernmental Panel on Climate Change« merken Sie sich bitte, wenn Sie es bisher noch nicht getan haben. Ja, das ist ein langer Begriff, aber wir drücken uns nicht darum und sagen stattdessen »Weltklimarat«, so wie es viele Medien (nicht nur die vom unseriösen Boulevard) tun, weil sie keine Lust haben zu erklären, was ein »Intergovernmental Panel on Climate Change« ist, oder die Abkürzung IPCC zu verwenden (die man dann ja erst recht erklären muss). Wenn schon Deutsch, dann »Zwischenstaatlicher Ausschuss für Klimaänderungen«, das könnte man immerhin mit »ZAK« abkürzen. Aber wir bleiben bei »Intergovernmental Panel on Climate Change« und IPCC.

Der IPCC wurde im November 1988 gegründet. Im gleichen Monat wurde in Österreich die Nationaldemokratische Partei wegen nationalsozialistischer Wiederbetätigung verboten. Hätte man sich auch gleich denken können bei dem Namen. In Österreich war das Lied »Bring me Edelweiß« die Nummer 1 in der Hitparade und in Deutschland »Don't Worry, Be Happy«, und beide scheiterten grandios daran, die Problematik zu illustrieren, wegen der der IPCC gegründet wurde. Nämlich wegen der Klimakrise, die nicht nur keinerlei Grund bietet, happy zu sein, sondern neben dem Edelweiß auch so gut wie allen anderen Lebewesen auf der Erde gröbere Schwierigkeiten für die Zukunft versprochen hat. 1988, wie gesagt, und das, was man damals Zukunft genannt hat, kennen wir heute als heute.

Trotzdem muss der IPCC sich auch heute noch um die gleichen Aufgaben kümmern, für die er damals gegründet wurde. Die Umweltorganisation der Vereinten Nation und die Weltorganisation der Meteorologie wollten eine Institution schaffen, die in Sachen Klima wissenschaftliche Grundlagen für die Politik zusammenfassen sollte. Das Klima sitzt ja nicht nur in einer abgelegenen Ecke von Grönland herum und geht Eisbären auf die Nerven, sondern ist überall auf unserem Planeten zu finden. Und weil es auch überall alles beeinflusst, braucht es nicht nur die Meteorologie, wenn man verstehen will, was da passiert, sondern auch Physik, Astronomie, Chemie, Geologie, Soziologie, Ingenieurwissenschaften, Ökonomie und noch einige andere Disziplinen. Etwas, das alle Länder der ganzen Welt betrifft und von fast allen Wissenschaften gemeinsam erforscht werden muss, ist naturgemäß ein wenig kompliziert zu verstehen. Den aktuellen Forschungsstand zusammenzufassen ist eine größere Aufgabe, für die man sich nicht nur einen Nachmittag freinehmen muss, sondern besser gleich ein paar Jahre im Kalender anstreicht.

Die Aufgabe des IPCC ist es, Informationen zu liefern, mit denen die Politiker:innen der Welt entsprechende Entscheidungen treffen können. Der IPCC ist auch verpflichtet, die Informationen *nur* zusammenzufassen, er darf keine Empfehlungen aussprechen, wie die Politik anhand dieser Informationen am besten handeln sollte. Also nicht etwa schreiben: »Die Klimakrise wird total arg, ihr müsst jetzt sofort sehr viel weniger CO_2 ausstoßen, verdammt noch mal!« Derlei können Klimaforscher:innen privat natürlich äußern, und das tun auch fast alle von ihnen, wenn man sie fragt – und sehr oft auch ungefragt. Aber in den Berichten des IPCC darf nur stehen: »Die Klimakrise wird total arg, wenn in Zukunft nicht sehr viel weniger CO_2 ausgestoßen wird.« Auf die Idee, dass es besser sein dürfte, die Klimakrise nicht total arg werden zu lassen, müssen die Politiker:innen selbst kommen, was eigentlich nicht schwer ist. Trotzdem handeln sie immer noch viel zu selten entsprechend, und auch das ist seltsam, weil es ja letztlich die internationale Politik ist, die die Arbeit des IPCC in Auftrag gibt – und die Politiker:innen zu einem gewissen Grad auch selbst mitbestimmen, was am Ende in den Berichten steht.

Das ist alles sehr verwirrend, und bevor es zu verwirrend wird, gehen wir das Ganze der Reihe nach durch. 195 Länder sind Mitglied des IPCC. Die gesammelte Weltpolitik beauftragt den IPCC damit, den aktuellen Stand des Wissens zum Zustand des Klimas aufzuschreiben, was dann in

Form von »Sachstandsberichten« passiert. Der erste davon ist 1990 erschienen, Bericht Nummer 2 kam 1995, Nummer 3 im Jahr 2001 und Bericht Nummer 4 im Jahr 2007. Für die Veröffentlichung des Sachstandsberichts Nummer 5 hat man schon 2 Jahre gebraucht, nämlich 2013 und 2014, und der 6. und aktuelle Sachstandsbericht ist 2021 und 2022 erschienen.

Jeder Sachstandsbericht besteht aus 3 Teilen, die von 3 Arbeitsgruppen erstellt werden. Arbeitsgruppe I untersucht die physikalischen Grundlagen des Klimasystems und seine Änderungen. Arbeitsgruppe II beschäftigt sich mit den Auswirkungen der Klimakrise, der Verwundbarkeit von ökologischen und sozioökonomischen Systemen sowie Möglichkeiten der Anpassung. Und Arbeitsgruppe III fasst Maßnahmen zur Verlangsamung des Klimawandels zusammen. Oder, etwas anders gesagt: Teil I des Berichts sagt uns, in welcher Scheiße wir sitzen, Teil II erklärt, was das alles mit der Welt anrichten wird, und in Teil III kann man nachlesen, was man tun könnte, damit es nicht ganz so beschissen wird.

Am Ende gibt es noch einen Synthese-Report, in dem alles zusammengefasst wird, und dann macht man sich beim IPCC schon langsam daran, die Arbeit für den nächsten Sachstandsbericht zu organisieren. Denn bis so ein Dokument fertig ist, dauert es ein paar Jahre, und jeder Teil eines Berichts hat mehrere Tausend Seiten. Und falls die Politik irgendwann zwischendurch noch etwas außer der Reihe wissen möchte, schreibt der IPCC sogenannte »Special Reports«. Zum Beispiel den »Sonderbericht 1,5 °C globale Erwärmung«, der im Oktober 2018 veröffentlicht wurde und untersucht hat, ob und wie es möglich ist, die globale Erwärmung unter 1,5 °C zu halten. Man hat also gut zu tun, wenn man für den IPCC arbeitet. Was aber, genau genommen, kaum jemand tut: Die Wissenschaftler:innen, die die Berichte erarbeiten, sind keine Angestellten des IPCC, sondern ganz normale Wissenschaftler:innen, die überall auf der Welt ihrer Arbeit nachgehen – und die Berichte ohne Bezahlung quasi nebenbei verfassen. Das kann man ruhig noch mal wiederholen: Die Tausenden Wissenschaftler:innen, die die Sachstandsberichte des IPCC schreiben, machen das ohne Bezahlung! Der IPCC hat zwar ein Budget und Mitarbeiter:innen; die kümmern sich aber vor allem um die Organisation der Abläufe. Mit dem Geld (das von der UNO, der Weltorganisation für Meteorologie und freiwilligen Spenden der Mitgliedsländer stammt) werden vor allem die Reisekosten derjenigen Forscher:innen finanziert, deren Länder es sich nicht leisten können, sie selbst zu bezahlen.

Die Leute, die diese freiwillige Arbeit für den IPCC machen, forschen dafür übrigens nicht. Der IPCC veröffentlicht keine eigene Forschung, sondern fasst zusammen, was es aktuell an Forschung gibt. Das klingt nach weniger Arbeit, ist aber viel aufwendiger. Die Wissenschaftler:innen müssen nicht nur alle Forschungsarbeiten lesen, die irgendwie relevant sind, sondern deren Inhalte bewerten und aufbereiten. Dabei müssen alle Aussagen mit einer kalibrierten Sprache beschrieben werden. Man kann also nicht sagen: »Ich habe was gelesen, das war urspannend, und die sagen dort, dass die Temperatur bis zum Jahr 2100 um x °C ansteigen wird!« Stattdessen muss man alle Studien lesen, die Aussagen über den Temperaturanstieg bis zum Ende des Jahrhunderts machen, ihre Methodik bewerten, ihre Ergebnisse beurteilen und prüfen, wie sehr sie übereinstimmen oder eben nicht. Die Aussagekraft jeder Studie wird dabei je nach Qualität der Ergebnisse und Übereinstimmung auf einer vorab definierten Skala bewertet, und es gibt eindeutig festgelegte Begriffe, die je nach Position auf der Skala verwendet werden dürfen. Wenn die Autor:innen des IPCC zum Beispiel sagen, dass sie »großes Vertrauen« in eine Aussage haben, dann ist das nicht einfach aus dem Bauch gesprochen, sondern das Resultat einer ausführlichen Sichtung aller verfügbaren wissenschaftlichen Erkenntnisse. Das Gleiche gilt, wenn man im Bericht lesen kann, dass irgendein Ereignis »wahrscheinlich« ist. Oder »unwahrscheinlich«. Im ersten Fall hat die Untersuchung und Zusammenfassung sämtlicher Fachliteratur ergeben, dass das Ereignis mit einer Wahrscheinlichkeit von 66 bis 100 % eintreten wird, im 2. Fall beträgt die Wahrscheinlichkeit 0 bis 33 %. Ähnlich numerisch eindeutig festgelegte Begriffe sind »nahezu sicher«, »sehr wahrscheinlich«, »sehr unwahrscheinlich« und »außergewöhnlich unwahrscheinlich«. Sogar wenn etwas »ungefähr so wahrscheinlich wie nicht« ist, steckt dahinter ein exakt definierter Prozentbereich.

Man muss also nicht einfach nur ein bisschen lesen, wenn man für den IPCC schreibt. Man muss sehr viel lesen und auch noch äußerst sorgfältig darüber schreiben, was man da gelesen hat. Und mit den Hunderten anderen Autor:innen regelmäßig darüber diskutieren, wie man was genau notiert.

Jeder Teil eines Sachstandsberichts hat viele Kapitel; für jedes Kapitel ist ein anderes Team aus Dutzenden Autor:innen zuständig, die sich intern abstimmen, aber auch im Blick behalten müssen, was die Leute von den anderen Kapiteln so treiben. Und wenn dann ein paar Tausend Seiten des Berichts geschrieben sind, ist die Sache noch lange nicht erledigt. Dann wird das Ganze von wieder anderen Wissenschaftler:innen geprüft, Fehler werden korrigiert, Texte werden erweitert, Diagramme neu gezeichnet und vieles mehr, und das in insgesamt 3 Begutachtungsrunden. Und wenn auch das alles erledigt ist, ist es immer noch nicht zu Ende. Denn dann kommt das »Summary for Policymakers«.

Die Politik hat den Bericht ja beauftragt, also sollte sie eigentlich gefälligst auch lesen, was darinsteht. Was aber vermutlich niemand macht. Das ist einerseits verständlich, insgesamt hat so ein Bericht ja viele Tausend Seiten und ist ein fachwissenschaftlicher Text, der sich nicht unbedingt flüssig liest und am Ende nicht mal einen Mörder oder ein Happy End zu bieten hat. Und Politiker:innen haben ja auch noch andere Dinge zu tun. Eigentlich wäre es aber schon cool, wenn sie so einen Sachstandsbericht nicht nur in Auftrag geben, sondern danach auch mal einen Blick auf das Ergebnis werfen würden. Der Kompromiss ist das »Summary for Policymakers«.

Damit dieses erstellt werden kann, findet ganz zum Schluss eine große Konferenz mit Vertreter:innen aus Politik und Wissenschaft statt. Die Wissenschaftler:innen legen hier eine Zusammenfassung vor, in der die wichtigsten Aussagen des Berichts zusammengetragen sind, mit schön aufbereiteten Bildern und Grafiken und sonstigen anschaulichen Verständnishilfen. Und dann wird über diese Zusammenfassung abgestimmt. Satz für Satz. Das heißt, dass tatsächlich auch Politiker:innen Einfluss darauf haben, welche Informationen am Ende in dieser Zusammenfassung landen. Also Menschen, die in den allerwenigsten Fällen Klimaforschung studiert haben. Was, ehrlich gesagt, schlimmer klingt, als es tatsächlich ist. Natürlich kann die Politik versuchen, Aussagen, die ihr nicht in den Kram passen, zu ändern oder abzuschwächen. Und in einigen Fällen hat sie das auch getan. Aber! Die Wissenschaft hat immer das letzte Wort.

Wenn Änderungsvorschläge vonseiten der Politik wissenschaftlich nicht korrekt sind, dann dürfen sie nicht akzeptiert werden und werden abgelehnt. Außerdem ist es auch nicht immer schlecht, wenn an der Zusammenfassung auch Menschen mitarbeiten, die keine Expert:innen in Klimadingen sind. Denn am Ende soll ein solcher Bericht ja auch allgemein verständlich sein, zumindest die »Summary for Policymakers«. Die Aufgabe der politischen Vertreter:innen bei diesem Prozess ist es daher, darauf zu achten, dass der Text verständlich ist, dass die Aussagen alle relevanten Themenbereiche abdecken und nichts ausgelassen wird und dass das Papier am Ende ausreichend ausgewogen ist. Sie dürfen dabei auch nicht einfach irgendwelche Änderungen vorschlagen. Alles muss auf den Informationen basieren, die im Bericht selbst zu finden sind. »Ich hab im Internet bei irgendeinem Typen gelesen, dass das mit dem Klima eh nicht so arg ist, können wir das nicht auch noch reinschreiben« geht also als Änderungsvorschlag eher nicht durch.

Dieser doch etwas aufwendige Prozess stellt sicher, dass die Wissenschaft einerseits am Ende doch das letzte Wort hat. Und dass andererseits die Politik nicht sagen kann, sie finde ja doof, was da im Bericht steht, oder wisse eh nichts davon. »Das hat ja niemand kommen sehen, dass das so wird« gilt als Ausrede nicht, wenn man selbst an der Erstellung eines Sachstandsberichts beteiligt war. Wenn also am Ende – jetzt wirklich – von allen Beteiligten über die Veröffentlichung abgestimmt wurde, dann kann die Wissenschaft zufrieden sein, dass der Stand der Klimaforschung aus ihrer Sicht angemessen dargestellt ist – und die Politik hat diese wissenschaftlichen Aussagen durch ihre Zustimmung gleichzeitig auch offiziell anerkannt.

So. Jetzt wissen Sie, was ein IPCC ist und wie so ein Sachstandsbericht geschrieben wird. Jetzt wäre es schön, wenn Sie auch noch einen Blick hineinwerfen; da stehen wirklich wichtige Sachen drin. Sie können sich das ruhig alles im Internet runterladen; kostet auch nichts. Aber dann vielleicht eher nicht ausdrucken. Teil I hat 3949 Seiten, Teil II hat 3676 Seiten, und Teil III kommt zwar nur noch auf schlappe 2913 Seiten, aber insgesamt brauchen Sie trotzdem mehr als 5000 Blatt Papier, und das auch nur, wenn Sie doppelseitig drucken.

Wenn Sie keine Lust zu lesen haben, können Sie sich auch gerne eine verständliche und unterhaltsame Zusammenfassung aller 3 Teile des Berichts im Podcast »Das Klima« anhören, den Florian Freistetter gemeinsam mit Claudia Frick seit 2021 produziert. Oder Sie lesen einfach weiter, denn wir haben für Sie die allerallerallerwichtigsten Aussagen des Berichts aufgelistet. Die »Summary for Science-Busters-Buchleser:innen« quasi.

- Es ist eindeutig, dass der Einfluss des Menschen die Atmosphäre, den Ozean und die Landflächen erwärmt hat.
- Die globale Oberflächentemperatur wird bei allen betrachteten Emissionsszenarien bis mindestens Mitte des Jahrhunderts weiter ansteigen.
- Eine globale Erwärmung von 1,5 °C und 2 °C wird im Laufe des 21. Jahrhunderts überschritten werden, es sei denn, es erfolgen in den kommenden Jahrzehnten drastische Reduktionen der CO_2- und anderer Treibhausgasemissionen.
- Sollte die globale Erwärmung in naher Zukunft 1,5 °C erreichen, würde sie unvermeidbare Zunahmen vielfältiger Klimagefahren verursachen und vielfältige Risiken für Ökosysteme und Menschen mit sich bringen.
- Ohne eine Verstärkung der politischen Maßnahmen, die über die bis Ende 2020 eingeführten Maßnahmen hinausgehen, wird ein Anstieg der Treibhausgasemissionen über das Jahr 2025 hinaus projiziert, was zu einer mittleren globalen Erwärmung von 3,2 °C bis zum Jahr 2100 führt.
- Die Folgen und Risiken des Klimawandels werden immer komplexer und schwieriger zu bewältigen.
- Es gibt machbare und wirksame Anpassungsoptionen, welche die Risiken für Mensch und Natur reduzieren können.
- Netto-null-CO_2-Emissionen aus dem Industriesektor sind eine Herausforderung, aber möglich.
- Die Senkung von Treibhausgasemissionen im gesamten Energiesektor erfordert einen wesentlichen Wandel, einschließlich einer erheblichen Senkung des Gesamtverbrauchs an fossilen Brennstoffen, des Einsatzes emissionsarmer Energiequellen, des Umstiegs auf alternative Energieträger sowie Energieeffizienz und -einsparung.
- Eine beschleunigte internationale finanzielle Zusammenarbeit ist ein entscheidender förderlicher Faktor für einen treibhausgasarmen und gerechten Wandel.

Tja. Das ist die Lage. Die Wissenschaft hat im 6. Sachstandsbericht des IPCC mehr als deutlich gemacht, worin das Problem besteht, und ebenso deutlich mitgeteilt, wie es zu lösen wäre. Genauso, wie sie es in den 5 Berichten zuvor getan hat. Zwischen den letzten 3 Berichten lagen jeweils 7 Jahre. Sollte sich an diesem Rhythmus nichts ändern, dann wird der 7. Sachstandsbericht im Jahr 2029 erscheinen. Wenn wir so weitermachen wie bisher, wird darin festgestellt werden, dass wir endgültig keine Möglichkeit mehr haben, die globale Erwärmung auf einem Niveau zu halten, bei dem die schlimmsten Folgen der Klimakrise noch vermieden werden können.

Das war's von uns, vielen Dank fürs Lesen.

Wie – Sie finden das Ende zu deprimierend? Ja, da können wir jetzt auch nichts machen. Das hier ist kein Roman mit Happy End. Sondern das echte Leben. Wenn wir da ein Happy End haben wollen, dann müssen wir schon selbst dafür sorgen, dass es eines gibt. Aber wenn es Ihnen dabei hilft, hören wir das Kapitel mit einem Witz auf:

Woran erkennt man einen grünen SUV?
An der Farbe.

Gern geschehen.

Small-Talk-Hilfe: Freibeuterische Gassenhauer

Seit wann Signations üblich sind, lässt sich nicht mehr genau sagen, aber Verlautbarungen von Obrigkeiten oder heilige Handlungen sind vermutlich schon vor Jahrtausenden mit einer Kennmelodie eröffnet worden. Der Podcast »Das Klima« macht es nicht anders. Bombastisch, als hätte Hans Zimmer persönlich in alle Tasten gegriffen, die nicht bei 3 am Baum waren, hört man nach dem Titel förmlich die Enterhaken durch die Luft sirren, sieht, wie sich Klimaforscher:innen mit Dolchen zwischen den Zähnen durch die Luft schwingen, um ein gegnerisches Schiff zu kapern, das sich weigert, auf Schweröl als Treibstoff zu verzichten. Hinter der Verwendung des ausladend üppigen Soundtracks steht aber mitnichten ein ausgeklügelter, akribisch erarbeiteter Masterplan. Vor Jahren hatte Florian

Freistetter bei einem Komponisten ein paar Melodien gekauft, um sie bei Bedarf für seine Audiopublikationen verwenden zu können. Der Entschluss, einen Podcast übers Klima zu gestalten, war relativ spontan und daher wenig Zeit, um lange an einer Kennmelodie zu tüfteln. Glücklicherweise lag im Schrank, also auf einer Festplatte, noch diese monumentale Tonfolge. Als ob sie nur darauf gewartet hätte, den Menschen gute und schlechte Nachrichten zur Situation des Erdenklimas einzubegleiten. Dass sich Florian Freistetter gerne als Jack Sparrow der Klimawissenschaftsvermittlung sähe und Claudia Frick als Elisabeth Swann im Kampf gegen Wetterextreme, ist allerdings ein haltloses Gerücht. Wie der freibeuterische Gassenhauer klingt, hören Sie, wenn Sie im Podcatcher Ihres Vertrauens »Das Klima« ins Suchfenster eingeben und dann auf Abspielen drücken. Oder indem Sie einem anderen Publikumsliebling dieses Buches ein weiteres Mal Ihr Vertrauen schenken und dem QR-Code folgen.

Die Science Busters 2021

»100 Mal Wissen ist alles andere als selbstverständlich in einem Land, das nicht immer nur wissenschaftsfreundlich ist. Einem Land, in dem sich Impfgegner einfach als Impfskeptiker bezeichnen können und ein Kanzler bei zaghaften Maßnahmen gegen die Klimakrise gleich von Rückkehr in die Steinzeit spricht. In dem ein Gesundheitsminister TCM als Medizin verkauft. Ein Landeshauptmann so tut, als wäre Gentechnik immer was Schlimmes. Ein Parlamentspräsident Gott in der Verfassung haben möchte. Ein Autobahnbetreiber seine Unfallstellen auspendeln lassen will. Ein nagelneues Krankenhaus durch einen Energieschutzring gesichert werden soll. Einem Erfinder von belebtem Wasser das Ehrenkreuz für Wissenschaft und Kunst überreicht wird. Während der Wissenschaftsminister gleichzeitig die Zusammenarbeit mit einer der renommiertesten Kernforschungseinrichtungen weltweit als Zwangsehe auflösen möchte und der Kardinal im Dom der Stadt Wien Marienerscheinungen veranstaltet. Und das ist nur ein kleiner Gruß aus der Küche.«

So haben wir im September die 100. Ausgabe unserer TV-Sendung an der Uni Graz eröffnet. Dass es so weit kommen würde, war bekanntlich längst nicht ausgemacht. Natürlich wurde es dann in erster Linie eine Feierstunde für die Wissenschaft, aber ein bisschen darauf hingewiesen, dass es nicht nur in der Bevölkerung, sondern auf Regierungsebene manchmal erstaunlich bildungsfern zugeht, haben wir dann doch.

Zumal der österreichische Bundeskanzler im Mai 2022 den Parteitag seines Arbeitgebers so eröffnet hat: »So viele in einem so kleinen Raum heißt auch so viele Viren. Aber jetzt kümmert es uns nicht mehr!« Und der Gesundheitsminister wenig später beim Fußballschauen Suizide von Kindern und Jugendlichen (die zum Glück nie stattgefunden haben) frei erfunden hat, um die Aufhebung der letzten Pandemie-Schutzmaßnahmen zu rechtfertigen. Entgegen der Warnungen aller maßgeblichen Fachleute.

Natürlich gab es Rückblicke in der 100. Show, aber wir haben die doppelte Sendezeit auch genutzt, um einen großen Tierversuch nachzustellen. Das Bühnenbild bestand aus 8 großen Kartons, besetzt mit 7 Menschen – Science Busters und Gästen. Und Universitätshund Woody musste herausfinden, in welchem Karton sein Herrl Helmut Jungwirth sitzt. Erst ohne Hinweis, dann hat das vermeintlich in Not geratene Herrl um Hilfe gerufen.

Das war ein Re-enactment eines Experiments, das mit 60 untrainierten Hunden bereits gemacht worden war, um herauszufinden, ob Hunde ihre Besitzer:innen, wenn die in Not sind, aus Gehorsam retten oder weil sie die Notlage verstehen und helfen wollen. Denn, wie schon in unserem Buch *Gedankenlesen durch Schneckenstreicheln* beschrieben, bei Hunden handelt es sich um ambivalente Zeitgenossen: »Hunde sind zwar nicht besonders schlau, und man hat es mit äußerst durchschaubaren, käuflichen und charakterlosen Kreaturen zu tun. Wer ihnen Futter gibt, den achten und lieben sie, und wenn der Futtergeber wechselt, dann geben die meisten Tiere ihre anfängliche Loyalität auf. Aber Hunde besitzen ein Spiegelneuronensystem, und das kann sehr praktisch für ihre Herrchen sein,

wenn sie einmal am Heimweg betrunken in den Straßengraben stürzen oder im Ohrensessel mit der Zigarette in der Hand einschlafen. Dann sorgt der Hund möglicherweise dafür, dass sie ihren Platz im Einwohnermeldregister behalten.« Weil sie die Fähigkeit zur Empathie besitzen. Wie sehr und was davon nur angelernter Gehorsam ist, wollte man herausfinden. Und hat 3 Tests durchgeführt. Schwangerschafts-, Corona- und Reli-Test? Nein. Die Forscher:innen haben die Besitzer der Hunde in einen Karton gesperrt, deren Tür die Vierbeiner bei Bedarf leicht öffnen können. Und dann mussten die Besitzer:innen eine Notsituation vortäuschen – und zwar um Hilfe rufen. Also »Hilfe!« oder »Hilf mir!«. Je nachdem, ob man mit dem Hund per Sie oder per Du ist. Kleiner Scherz. Von den 60 untrainierten Hunden haben 20 ihre Besitzer befreit. Eigentlich nicht besonders viel für den besten Freund des Menschen, möchte man meinen. Lassen 2 Drittel ihrer Besitzer:innen verenden, obwohl sie um Hilfe schreien …

So einfach ist das mit Hunden allerdings nicht. Man musste sich in dieser Studie 2 Fragen stellen: Erstens – haben die Hunde die

298

Notsituation begriffen?, und zweitens – sind die Hunde überhaupt in der Lage, die Tür zu öffnen? Quasi ob sie die Tür schnallen. Der 2. Test war daher ein Kontrolltest. Die Forscher:innen haben vor den Hunden Futter in den Karton fallen lassen, und die mussten das Futter wieder herausholen. Während 20 Hunde die Besitzer:innen nach Hilferuf gerettet haben, haben nur 19 das Futter aus der Box geholt. Und die anderen nicht, weil denen der Besitzer besser schmeckt? Vielleicht auch. Aber die Forschungsergebnisse sind eher dahingehend interpretiert worden: Wenn 2 Drittel der Hunde nicht einmal das Futter aus der Box fischen, ist für die Rettung ein bisschen mehr notwendig als nur Motivation, etwa durch Leckerlis. Man spricht dabei von der sogenannten Fähigkeitskomponente. Kennt man auch von uns Menschen – wenn jemand richtig unfähig ist, hilft Anfüttern auch nichts. Bei Hunden meint man damit die Fähigkeit, die Tür zu öffnen. Genauer besehen hat der Futtertest gezeigt, dass 19 Hunde die Türe öffnen können und dass von diesen 19 Hunden 16 auch ihre Besitzer befreit haben. Das sind 84 %. Aber von den 41, die das Futter nicht geholt haben, haben nur 4

ihre Besitzer:innen befreit. Heißt das, wer nicht retten kann, soll auch nicht essen? Es bedeutet eher, dass die Hunde retten wollen, dafür wissen müssen, was sie dabei zu tun haben.

Quasi die Umkehrung der alten Ausrede: »Ich wollte die Hausübung machen, aber das Herrl hat sie gefressen.« In einem dritten Schritt wurde ein sogenannter Lesetest gemacht. In den Karton gesperrte Besitzer:innen sollten nicht um Hilfe rufen, sondern Zeitung lesen. Dabei wurden nur 16 Besitzer:innen befreit. Und da muss man eine Lanze für die Hunde brechen. 16 Befreite klingt zwar wenig, spricht jedoch für die Hunde, die vermutlich gewusst haben, dass man besser nicht in die Nähe geht, wenn Herrl länger wo sitzt und liest. Auch nicht nach dem Spülgeräusch.

Wie der Versuch ausgegangen ist, wer in den Boxen versteckt war und ob Woody sein Herrl gefunden hat, erfahren Sie in der Jubiläumsfolge. Und die finden Sie – richtig –, wenn Sie dem schon bekannten QR-Code folgen.

2021 ist dann auch unser Podcast endlich vom Stapel gelaufen. Genau dann, wenn laut Volkslied früher der Bauer die Rösser angespannt hat, nämlich am 15. März, haben wir die erste Folge veröffentlicht: »Kunstfleischburger mit leichtem Verlauf«. Produziert wird der Podcast mit Unterstützung der Universität Graz und der TU Wien, und in der Premierenausgabe haben Martin Puntigam und Martin Moder besprochen, was T-Zellen besser können als Antikörper. Und wie man sich selber als Sonntagsbraten verspeisen kann. Und sich außerdem bei den Schimpansen bedankt für die vielen Viren. Es war die Zeit, als sogenannte Impfvordrängler Schlagzeilen machten, weil es noch mehr Menschen gab, die möglichst schnell gegen Covid geimpft werden wollten, als Termine dafür. In fast jeder Ausgabe des Podcasts beantworten wir auch eine Publikumsfrage, die wir als Audiofile bekommen. Zum Auftakt hat sie passend zur Zeit gelautet: »Wie kann ich mich nur leicht verlaufen?« Alle 2 Wochen erscheint eine neue Folge, und bis zum Erscheinen des Buches werden es rund 40 Episoden sein. In denen wir uns den Themen deutlich ausführlicher widmen können als in kurzen Radiokolumnen oder TV-Shows. Sozusagen vertiefte Ausbildung.

Und das Ensemble bekam ein weiteres mal Zuwachs. Diesmal wieder zweibeinig. Die Infektiologin Ursula Hollenstein, schon 5 Jahre zuvor bei der Battle Royal »Impfen« im Einsatz, bekam einen Platz im Stammbaum der Science Busters. Im Fernsehen debütiert hatte sie ein halbes Jahr vorher in der Show mit dem einprägsamen Titel »Spritz, Du Impfversager«. Bei Impfversagern handelt es sich übrigens nicht um medizinisches Personal, das es nicht übers Herz bringt, die Injektionsnadel in den Oberarm zu jagen. Sondern um Menschen, die das Pech haben, auf einen Impfstoff nicht oder nur mangelhaft zu reagieren. Das konnte die Frau Doktor natürlich ganz leicht erklären. Und auch noch andere erstaunliche Sachen berichten aus ihrem Alltag als Fachärztin für Reisemedizin.

Dass Desinfizieren wichtig sein kann, haben wir im letzten Kapitel besprochen. Es ist allerdings nicht immer ohne Probleme. In Pandemiezeiten natürlich schon, wenn man keine Gelegenheit hat zum Händewaschen, sowieso, ebenso im Krankenhaus. Und vor Operationen, bevor man jemandem den Bauch aufschneidet, wird sogar farbig desinfiziert. Damit man weiß, ob man schon desinfiziert hat oder nicht, und auch gleich steril kennzeichnen kann, wo man reinschneiden soll.

Dort jedoch, wo wir es kennen und regelmäßig erleben, nämlich beim Impfen, ist Desinfizieren gar nicht notwendig. Klingt kurios. Hände desinfizieren ja, Einstichstelle: eher nicht. Wissen wenige. Gerade jetzt, wo viele erst wieder bei der Auffrischungsimpfung waren oder die Grippeimpfung bevorsteht. Sie kennen das Ritual: Man wird aufgerufen, betritt das Behandlungszimmer, und dann kommt der Arzt oder die Ärztin manchmal daher wie ein Wiener Kaffeehauskellner, mit Silbertablett, damit das Ganze ein Gesicht hat, wie man sagt, und auf dem Tablett liegen der Impfstoff, oft schon in der Spritze, ein Pflaster, um mögliche kleine Blutungen schnell zu stillen, und ein Zellstoffvlies, mit dem vorher über die Einstichstelle gewischt wird. Und das ist ein wenig mit Alkohol getränkt. Aber, und jetzt kommt's: eher als Zierde. Weil die paar Keime, die mit einer modernen, mittlerweile hauchdünnen, scharfen Nadelspit

ze unter die Haut kommen, überhaupt keine ernst zu nehmende Bedrohung für unser Immunsystem sind. Und wenn nicht, dann haben Sie leider ganz andere Probleme.

In Wirklichkeit müsste der Arzt oder die Ärztin aber mindestens 30 Sekunden lang mit dem Tuch an Ihnen herumreiben, um die Bakterien einigermaßen zu beeindrucken. Oder 2-mal Happy Birthday singen. Wissen Sie ja vom Händewaschen. Und das wäre vermutlich eine seltsame Situation, wenn man zum Amtsarzt kommt und sich eigentlich nicht kennt, dann setzt sich der neben einen und reibt eine halbe Minute an einem herum, am Oberarm oder Bauch oder Oberschenkel, je nachdem, wo die Einstichstelle liegt …

Der Hintern als Einstichstelle kommt übrigens praktisch nicht mehr vor. Falls Sie alt genug sind, um das als Kind noch erlebt zu haben, und sich wundern, warum das heute nicht mehr passiert. Wenn man Sie wirklich in den Hintern geimpft haben sollte damals, dann höchstens als Maßregel, weil sie ein sogenanntes freches Kind waren. Also eher schwarze Pädagogik. Denn Impfungen gehören überhaupt nicht in den Hintern. Was man dort verabreicht, das sind Medikamente wie Antibiotika oder Schmerzmittel, die man spritzt, anstatt sie als Tabletten zu nehmen, damit sie verlässlicher wirken. Und nachdem es sich dabei in der Regel um größere Flüssigkeitsmengen handelt, nimmt man den Hintern, der als größerer Muskel mehr Platz bietet als der Oberarm. Dadurch kann man Schmerzen vermeiden. Und das will man in der Regel. Wie Sie ja schon aus der Small-Talk-Hilfe in Kapitel 3 wissen.

Man nennt solche Spritzen Depotspritzen. Und aus diesem Depot, das man in den Muskel spritzt, wird dann der Wirkstoff über einige Tage gleichmäßig ins Blut aufgenommen, sodass man mit einer einzigen Gabe eine lange gleichmäßige Wirkung erzielt. Aber auch das ist heute selten und kommt eigentlich nur noch dann zur Anwendung, wenn man den Patient:innen nicht vertraut, dass sie die Tabletten, die man ihnen sonst verschrieben hätte, auch brav regelmäßig und lange genug einnehmen. So was passiert, und gar nicht immer aus Nachlässigkeit, sondern vor allem, wenn es sich um übertragbare, infektiöse Erkrankungen handelt. Bei Syphilis beispielsweise oder Tripper sind solche Depot-Penicilline nach wie vor gang und gäbe. Dass dabei vergleichsweise sehr große Spritzen zum Einsatz kommen, mit entsprechenden Nadeln, kann man als pädagogische Maßnahme interpretieren, wenn man will, denn man kann eine Ansteckung mit diesen Krankheiten relativ leicht vermeiden. Und sollte das auch tun. Nicht nur, wenn man sich vor Nadeln fürchtet und einem beim Anblick schwummrig wird.

In der Sache gibt es übrigens gute Nachrichten für alle Nadelphobiker:innen, denn es wird sehr intensiv an anderen Verabreichungsmöglichkeiten geforscht. Vielleicht die spektakulärste wären essbare Impfstoffe. Da wäre dann die Schutzimpfung ein Gruß aus der Küche. Es handelt sich dabei um Pflanzen, in denen der gewünschte Impfstoff mitwächst. Er kann nach der Reife mitgeerntet und verzehrt werden, womit man idealerweise geimpft wäre. Welche Pflanzen würde man da nehmen? Das Ideale Impf-Lebensmittel sollte möglichst einfach anzubauen sein, rasch wachsen und dann lange halten. Wie Kartoffeln, auch gern Erdäpfel genannt. Oder Grundbirne oder Erdkastanie. Da könnte man Virusgenome hervorragend einbauen. Wer sich jetzt auf Pommes rot-weiß als Impfung freut, den müssen wir allerdings enttäuschen. Hohe Temperaturen beim Braten und Backen zerstören bekanntlich die Proteinstruktur, daher muss die Frucht roh verzehrt werden. Rohscheiben gilt leider auch nicht, da trügt der Name. Weil Erdäpfel roh sehr unbekömmlich sind, denkt man eher an Früchte wie Bananen. Damit gibt es bereits eine Reihe von erfolgreichen Impfstudien mit Hepatitis-B-Impfstoff.

Bis zum Bananensplit als Schutzimpfung dauert es leider noch etwas, denn neben der schwierigen Wahl des richtigen Lebensmittels kämpft die Forschung derzeit vor allem noch mit einer ganz schlechten Immunogenität. Unser Immunsystem reagiert auf solche Pflanzenimpfstoffe einfach viel schwächer als auf einen konventionellen. Und dann müsste man Unmengen von Bananen essen, um einen Impfschutz zu erzeugen. Und das brächte wieder ganz andere Probleme mit sich. Bis die Impfbanane also Realität ist, müssen Sie sich ganz herkömmlich impfen lassen. Aber davor desinfizieren eben eigentlich nicht.

Warum passiert es dann trotzdem? Die richtige Antwort lautet wie so oft: weil es üblich ist. War immer so. Und ganz sinnlos ist es nicht, aber eher über Bande gespielt sozusagen. Denn die Patient:innen, also Sie, erwarten sich, dass desinfiziert wird, sind es gewohnt und wären vielmehr irritiert, wenn es nicht passiert. Dann denken Sie sich vielleicht: »Oha, wieso macht er das nicht, so ein schlampiger Arzt, wenn der schon so einfache Sachen vergisst, wer weiß, was der sonst noch für Fehler macht, hoffentlich ist das überhaupt der richtige Impfstoff. Vielleicht ist er gar kein echter Arzt, nur Tierarzt. Und wäscht sich nach dem Stallgehen nicht die Hände, bevor er impft. War vielleicht vor einer Stunde mit dem ganzen Arm hinten in der Kuh drinnen und dann gleich zu mir …« Und da ist es medizinisch natürlich sinnvoll, Rituale einzuhalten, den Patient:innen ein gutes Gefühl zu geben, dass alles seine Richtigkeit hat. Und zu desinfizieren. Aber das heißt: Wenn man vor der Impfung Alkohol auf die Einstichstelle aufbringt, dann ist das eher ein Aperitif für die Nadelspitze.

In *Warum landen Asteroiden immer in Kratern?* haben wir im Kapitel »Kann ein Vollrausch lebensrettend sein« übrigens genau das

Gegenteil behauptet. So sind wir. Und warum? Weil wir uns geirrt haben. Tut uns leid. Diesen Fehler haben wir hiermit gestanden und ersuchen höflichst den aktuellen Stand der Wissenschaft zur Kenntnis zu nehmen. Aufgeklärt hat uns natürlich Ursula Hollenstein.

Die Luftblase in der Spritze ist übrigens auch nicht gefährlich. Auch das hat sie uns erzählt. Also, wenn man direkt in eine große Halsschlagader, die zum Gehirn führt, Luft injiziert, dann reichen schon 2 Milliliter für einen Schlaganfall. Das ist tatsächlich gefährlich. Deshalb macht das auch niemand. Außer in Krimis. Oder es möchte wer seinen Berufsstand im Reisepass auf Mörder ändern. In die Venen am Arm, in die Medikamente gespritzt oder an die Infusionen angeschlossen werden, müssten hingegen relativ große Mengen Luft gelangen, damit es gefährlich wird. Viel mehr, als in einer Spritze als Bläschen enthalten ist. Man hat etliche tödlich verlaufene Fälle analysiert, und aus diesen Daten schätzt man, dass etwa 200 bis 300 Milliliter Luft nötig sind, um tatsächlich Komplikationen hervorzurufen. 200 Milliliter Luft ist wirklich viel. Stellen Sie sich ein mittelgroßes Furzkissen vor, mit dem Sie vielleicht in Ihrer Jugend viel Vergnügen hatten. So viel ist das in etwa. Falls Sie auch im Erwachsenenalter noch Freude an Furzkissen haben, bleibt die Luftmenge allerdings gleich.

In vielen Spritzen ist heutzutage oft nicht nur der Impfstoff schon enthalten und muss nicht extra aufgezogen werden, sondern auch die kleinen Luftbläschen sind all inclusive. Die erfüllen eine wesentliche Funktion. Sie drücken den letzten Rest Impfstoff in den Muskel. Verglichen mit vor 50 Jahren wird heute vergleichsweise sehr wenig Impfstoff gespritzt. Der ist bei kleiner Dosierung genauso wirksam und soll zur Gänze im Muskel landen. Nicht nur, weil man einen Anspruch darauf hat, schließlich hat man auch alles bezahlt, sondern auch, weil man so Nebenwirkungen vermeiden kann. Wäre das Luftbläschen nicht in der Spritze, würde einiges an Impfstoff in der Nadel zurückbleiben und beim Zurückziehen der Nadel aus dem Muskel in den Stichkanal rinnen – und so im Unterhautfettgewebe eventuell ein paar Nebenwirkungen verursachen. Das lässt sich leicht verhindern, wenn man die Spritze beim Impfen so hält, dass das Luftbläschen als Letztes die Spritze verlässt und den Impfstoff vor sich hertreibt. Die Luft reibt dem Impfstoff quasi einen Spitz an, wie man auf Wienerisch sagt, verpasst ihm einen Tritt in den Hintern, damit er zur Gänze im Muskel verschwindet und dort wirkt und nicht woanders.

Das war jedoch längst nicht alles, was 2021 uns zu bieten hatte. Anfang des Jahres wurden wir in der Steiermark als »Köpfe des Jahres« ausgezeichnet, was natürlich ein bisschen damit zu tun hatte, dass unsere TV-Shows jetzt an der Mur aufgezeichnet wurden.

Unter anderem gemeinsam mit Franz Viehböck die Show »30 Jahre Austromir«. Austromir war der Name der österreichischen Weltraummission im Jahre 1991, und der Jubilar, Sie erinnern sich, der erste und einzige Astronaut Österreichs. Wie ist er das geworden, hat er die Firma der Eltern übernehmen müssen? Das wäre eine lustige Welt, in der so was möglich ist, und wenn die Privatisierung der Raumfahrt weiter voranschreitet, könnte das tatsächlich einmal passieren. Aber im Jahr 1988 war es noch nicht so weit. Franz Viehböck hat damals an der TU Wien Elektrotechnik studiert und stand kurz vor dem Abschluss der Dissertation vor der Wahl, die Dissertation zu beenden oder ins All zu fliegen. Hat er einfach den Weg des geringeren Widerstandes gewählt? Sogar gleich den Weg des Null-Widerstandes, denn bekanntlich herrscht im Weltall Vakuum. Von der Ausschreibung für österreichische Astronaut:innen hat er aus dem Radio und aus einem Zeitungsinserat erfahren. Die Anforderungen an die Bewerber:innen: österreichische Staatsbürgerschaft, Idealalter 30 bis 40 Jahre, russische Sprachkenntnisse erwünscht, abgeschlossene naturwissenschaftliche, technische oder medizinische universitäre Ausbildung und ausgezeichneter Gesundheitszustand. Er hat die Kriterien erfüllt, indem er unter 30 und mit dem Studium fast fertig war, laut eigener Aussage Alkohol trank wie jeder andere Österreicher, und Russischkenntnisse hatte er auch keine. Eher eine typisch österreichische Ausschreibung.

Martin Moder hat mit seinen Erklärvideos auf YouTube für Furore gesorgt, in denen er auf dem Kanal »M. E. G. A« mit Obst und Gemüse und sehr gut verständlich viele Sachen rund um die Pandemie erklärte. Etwa anhand von Orangen und Zimtnelken, was das

Coronavirus mit dem Spike-Protein so macht, mithilfe von Melanzani und Zwiebeln, was von neuen Mutanten zu halten ist, und durch Fruchtgummi-Schaumzucker-Frösche, worum es sich bei einem Prävalenzfehler handelt. Und vieles mehr. M. E. G. A steht übrigens für »Make Europa Gscheit Again«. Und Sie befinden völlig zu Recht: Warum sollten Akronyme in der Wissenschaftskommunikation besser sein als in der Astronomie? Aber die Videos sind wirklich originell und unterhaltsam und unter unserem viel beschworenen QR-Code zu finden.

Apropos Wissenschaftskommunikation. 2016 ist Helmut Jungwirth Professor in dieser Disziplin geworden. Das stimmt zwar, aber nicht ganz, denn die Professur war befristet und hätte jederzeit enden können. Im Herbst 2021 ist sie auf unbefristet verlängert worden. Wenn er sich also bis zur Emeritierung nichts Gröberes zuschulden kommen lässt, kann er als Professor für Wissenschaftskommunikation in Pension gehen. Dauert aber zum Glück noch ein bisschen.

Und das Jahr war noch nicht zu Ende. Einen Tag vor Silvester haben wir das erste Mal eine Show namens »Bauernsilvester« gespielt. Angeblich rührt der Name daher, weil Landwirte früher den Jahreswechsel schon vorgefeiert haben, um zu Silvester, immerhin eine Raunacht, zu Hause beim Vieh bleiben zu können. Angeblich kann man ja in einer Raunacht zu Mitternacht im Stall die Sprache der Tiere verstehen. Und die reden dann über die Zukunft. Klingt interessant, hat aber den Haken, dass man, wenn man die Tiere belauscht hat, sofort sterben muss. So sind leider die Spielregeln. Dass Bauernsilvester irgendeine alte Tradition sei, ist aber gelogen. Der Spaß ist erst Ende des letzten Jahrhunderts erfunden worden, um zwischen den Jahren noch eine Gelegenheit zum Feiern zu haben. Als ob ein Monat, prall gefüllt mit Weihnachtsfeiern bis zu Silvester, nicht reichen würde. Bei unserem Bauernsilvester ist erstmals die Astronomin Ruth Grützbauch auf der Bühne gestanden. Und das bedeutet, Sie ahnen es, das Ensemble wird bald noch größer.

Ruth Grützbauch hat gemeinsam mit Florian Freistetter studiert. Die beiden bestreiten auch gemeinsam den Podcast »Das Universum«. Darin geht es, wie der Name schon sagt, um alles. Und weil alles offenbar nicht genug ist, hat Florian Freistetter gemeinsam mit der Meteorologin Claudia Frick noch einen Podcast gestartet. Er heißt nicht »Noch mehr als alles«, sondern »Das Klima«, und darum geht es auch. Das klingt allerdings prosaischer, als es ist. Denn die beiden machen nichts weniger, als die aktuellen IPCC-Berichte zu lesen und für Laien gut verständlich aufzubereiten. Was ein IPCC ist, warum seine Berichte so dick sind und trotzdem so wenig gute Nachrichten beinhalten, haben Sie ja schon im ersten Teil dieses Kapitels erfahren. Und warum das Kapitel »Climate of the Caribbean« heißt, was Sie sich vielleicht schon die ganze Zeit fragen, ist Thema der bei Alt und Jung überaus beliebten Small-Talk-Hilfe.

ICH SCHAU
DIR IN DIE AUGEN,
URKNALL!

2022 hat gute Chancen, das wärmste Jahr
zu werden seit es Aufzeichnungen gibt.
Wie viel CO_2 am Ende in der Atmosphäre landen
wird, steht noch nicht fest, aber dass es viel
zu viel sein wird schon.

Am 18. Januar 2022 veröffentlichten Forscher:innen eine Studie über die Kosten von Autos. Für einen Opel Corsa muss man demnach knapp 600 000 Euro bezahlen, ein Mercedes GLC kommt auf fast eine Million Euro. Und zwar nicht, weil zwischenzeitlich die Inflation ausgebrochen ist. Sondern weil hier tatsächlich *alle* Kosten zusammengetragen wurden, die ein Auto verursacht. Also nicht nur die Anschaffungskosten, sondern auch das, was die Gesellschaft für so ein Auto bezahlen muss. Straßen und Infrastruktur, Kosten für die Folgen von Umweltverschmutzung und Unfällen, Kosten, die durch die klimaschädlichen Effekte verursacht werden, und so weiter. Dazu kommen Reparaturen, Steuern, Versicherungen, Parkkosten, Wertverlust und vieles mehr, und am Ende scheint es dann doch irgendwie billiger, mit dem Zug zu fahren …

Dem Verkehr im Weltall hat sich am 2. Februar 2022 die Internationale Astronomische Union gewidmet und das »Zentrum für den Schutz des dunklen und ruhigen Himmels vor dem Einfluss von Satellitenkonstellationen« gegründet. Firmen wie SpaceX oder Amazon sind seit einigen Jahren dabei, enorme Mengen an Kommunikationssatelliten ins All zu schießen; in ein paar Jahren sollen es einige Zehntausend werden. Das hat negative Auswirkungen auf die Beobachtung des Nachthimmels, verstärkt die Lichtverschmutzung und sollte reguliert werden – wird es aber nur halbherzig.

Dass das mit den Transportmitteln generell in Zukunft schwierig werden könnte und vielleicht anders organisiert werden sollte, kann man auch in Teil III des IPCC-Sachstandsberichts nachlesen, der am 4. April 2022 veröffentlicht wurde. Was den Transport angeht, gehört der Wechsel zu Elektroautos und zu öffentlichen Verkehrsmitteln zu den effektivsten Maßnahmen, um den Ausstoß von Treibhausgasen zu reduzieren. Was wir schnellstens tun sollten, denn wenn wir die im Pariser Klimaabkommen vereinbarte Grenze einer globalen Erwärmung von 1,5 °C einhalten und die schlimmsten Folgen der Klimakrise verhindern wollen, müssen unsere Emissionen spätestens ab 2025 sinken und sich bis 2030 quasi halbiert haben.

Was sonst noch 2022 passieren wird, können Sie dann quasi live miterleben, wenn Sie dieses Buch gleich nach dem Erscheinen gekauft haben (haben Sie doch, oder?), dann ist das Jahr ja noch nicht um. Wir lassen uns auch nicht auf Vorhersagen ein, dafür sind ja normalerweise die Astrolog:innen zuständig. Aber semantisch und vielleicht auch thematisch am nächsten dran sind da doch die Astronom:innen. Und um besser und auch wissenschaftlicher in die Zukunft zu blicken, haben sich die Science Busters dafür 2022 extra eine Extragalaktikerin und Piratenspezialistin mit an Bord geholt. Extragalaktiker:innen schauen zwar normalerweise eher weit in die Vergangenheit zurück, aber für uns versucht sie es mal mit der anderen Richtung.

Für eine bessere Sehkraft verwendet man in der Astronomie natürlich Fernrohre. Und da wird sich 2022 eines ganz besonders hervortun: das fantastische und funkelnigelnagelneue James-Webb-Space-Teleskop, kurz JWST.

Seiner ereignisreichen Entwicklungsgeschichte nach hätte es chronologisch in jedes Kapitel dieses Buches gepasst. Der ursprünglich geplante Starttermin fällt mit 2007 genau ins Gründungsjahr dieser fidelen Wissenschaftstruppe. Ersonnen wurde das neue Weltraumauge unter dem Namen »Next Generation Space Telescope« aber schon im Jahr 1996, ist also konzeptuell um einiges älter als die Science Busters. Den Arbeitstitel hätte man vielleicht schon damals als Hinweis auf eine längere Wartezeit verstehen können: Da eine Generation gemeinhin etwa 30 Jahre umfasst, ist es vielleicht kein Wunder, dass es erst 2022, also 26 Jahre nach seiner geistigen Empfängnis, an seinem Bestimmungsort, einem Orbit um einen leeren Punkt im Weltraum, angekommen ist. Generationentechnisch liegt es also eigentlich noch ziemlich gut in der Zeit.

Dabei wäre das ganze Projekt 2011 wegen Geldproblemen schon beinahe abgesägt worden, hat es dann aber gerade noch durch den Performance-Review geschafft. 5 Jahre später waren das Teleskop und seine Instrumente dann auch schon fertig. Lange Zeit sah es so aus, als könnte es 2018 wirklich losgehen, bis der NASA bei einem letzten Test vor dem geplanten Start das ebenso hochtechnologische wie hochempfindliche Sonnenschild zerriss.

Im Jahr 2020 kamen dem Webb dann eine globale Pandemie sowie ein paar Issues der Ariane-Rakete in die Quere. Und 2021 – wir hatten in unserer post- bzw. peri-pandemischen Lethargie schon gar nicht mehr dran geglaubt – sollte es tatsächlich passieren: Das JWST sollte vom Weltraumbahnhof in Kourou das Schwerefeld der Erde verlassen.

Aber haben Sie sich schon mal überlegt, wie man ein hyperempfindliches Weltraumteleskop einmal um den halben – oder in unserem Fall zumindest den viertel – Globus transportiert? Es kann ja leider nicht auf die Startrampe gebeamt werden, auch wenn der ursprüngliche Name Next Generation Space Telescope auf eine gewisse Star-Trek-Affinität der beteiligten Wissenschaftler:innen schließen lässt. Die letzte Reise des Webb begann 4 Monate vor dem Start und nach den abschließenden und jetzt wirklich allerletzten Checks im Johnson Space Center der NASA in Houston. Die Optik und Instrumente des Teleskops mussten nach Kalifornien gebracht werden, wo der »Spacecraft Bus« auf sie wartete. Dabei handelt es sich nicht um ein altmodisches 4-rädriges Transportmittel für Weltraumflugkörper, sondern um die Versorgungseinheit mit Antrieb, Kontroll- und Kommunikationssystemen.

Um das sündteure Riesenteleskop nach Kalifornien zu bekommen, wurde es sorgfältig verpackt, und zwar in einen sehr großen Spezialkoffer. Jetzt wissen wir, dass in der Astronomie ohne ein abstrus konstruiertes Akronym nichts einen Wert hat. Der entsprechend kreative Name des Koffers? STTARS: »Space Telescope Transporter for Air, Road and Sea«. Na ja, das trifft es dann eigentlich doch ganz gut. STTARS ist ein 5 Meter hohes und 33 Meter langes Spezialgehäuse. Es wiegt 75 Tonnen – also gut 10-mal so viel wie das Teleskop selbst. Die Route zum Flughafen musste mit so einer Fracht natürlich sorgfältigst vorbereitet werden. Bei jeder Kreuzung musste das Team checken, ob und wie der Transporter überhaupt um die Kurve kommt. Von Brücken wollen wir gar nicht erst reden. So wurden auf dem Weg in mühevoller Kleinarbeit Schwellen geglättet, Schlaglöcher aufgefüllt und Ampeln abgehängt. Und dann musste STTARS ins Flugzeug.

Glücklicherweise wurde das Teleskop so gebaut, dass es wie angegossen in den Laderaum der C-5 Galaxy passt, der größten Transportmaschine der US Air Force. Mit einem Freiraum von wenigen Zentimetern wurde die Maschine mit einer Geschwindigkeit von etwa einem Zoll pro Minute beladen. Wenn Sie also das nächste Mal fluchend versuchen, ein Sofa in den

Kofferraum zu bekommen, denken Sie an das JWST und seinen Spezialkoffer.

In Kalifornien angekommen, wurden dann Bus und Teleskop zusammengebaut, in einen noch größeren Koffer names Super-STTARS (ja genau) verpackt und schließlich zum Spaceport in Französisch-Guyana verschifft. Warum wurde der Koffer nicht gleich bis nach Kourou durchgecheckt? Anscheinend hätten einige der Brücken auf dem Weg vom Flughafen zum Spaceport dem Gewicht des Transporters nicht standgehalten. Aber jetzt mal ehrlich, hätte das Problem mit den Brücken nicht auf die charmante Art eines ebenso im Weltraum aktiven Milliardärs gelöst werden können, der zuletzt eine unliebsame und denkmalgeschützte Brücke, die mit 40 Metern zu niedrig für seine Megajacht war, einfach entfernen lassen wollte?

Wie dem auch sei, das JWST wurde stattdessen auf dem Seeweg rund 10 000 Kilometer weit über 2 Ozeane und durch den Panamakanal transportiert. Was könnte dabei wohl schiefgehen?, fragen Sie sich. Sie denken womöglich an einen Orkan oder eine Havarie? Fürchten vielleicht, dass sich das Schiff im Panamakanal quer stellen und stecken bleiben könnte? Die Befürchtung der NASA: Weltraumpiraten. Also nicht außerirdische Piraten aus den Tiefen des Kosmos, die uns das Teleskop abluchsen wollen, sondern ganz gewöhnliche Hochsee-Piraten. Die NASA war besorgt, dass das mit Gold beschichtete Teleskop bzw. seine wertvollen Komponenten gekapert und verscherbelt werden oder für Lösegeldforderungen benutzt werden könnten, und kündigte an, möglicherweise eine Reihe von anderen Schiffen als Lockvögel mit auf den Weg zu schicken. Das klingt jetzt vielleicht absurd, wäre aber nicht der erste Fall von Astro-Piraterie gewesen.

Nehmen wir zum Beispiel das James-Clerk-Maxwell-Teleskop. Das Stahlgerüst des 15 Meter großen Submillimeter-Teleskops wurde 1984 von Großbritannien nach Hawaii verschifft. Da im letzten Moment ein Problem mit dem vorgesehenen Transportschiff auftrat, wurde der Auftrag an ein kommerzielles Frachtschiff vergeben. Der Kapitän des Schiffs entschied sich auf dem Weg nach Hawaii, einen lukrativen Nebenauftrag anzunehmen: Er holte eine Ladung Sprengstoff in Holland ab und lieferte sie nach Ecuador.

Man stelle sich die Gesichter des Teleskop-Teams vor, die das Schiff auf ihren Computerbildschirmen verfolgten, als es plötzlich vom vereinbarten Kurs abbog. Als der Frachter dann mit 10-wöchiger Verspätung endlich in Hawaii ankam, waren hohe Strafzahlungen für den Verzug fällig. Der Kapitän jedoch wollte nicht zahlen und drohte, die wertvolle Ladung stattdessen ins Meer zu kippen. Das JCMT-Team konnte glücklicherweise rasch einen Schuldspruch gegen den Kapitän erwirken, den die Küstenwache angeblich den Gepflogenheiten auf hoher See folgend an den Mast des Schiffs nagelte. Den Schuldspruch, nicht den Kapitän. Der Kapitän wurde unter vorgehaltener Waffe verhaftet.

Zu einem anderen Vorfall astronomischer Erpressung kam es auch 1872 im Allegheny Observatory in Pittsburgh. Als der Astronom und Direktor der Sternwarte, Samuel Langley, von einer Reise zurückkehrte, erfuhr er, dass die Linse des großen Fernrohrs gestohlen worden war. Kurz darauf erhielt er einen ominösen Brief mit den Worten: »Meet me in the woods behind the observatory at midnight, or you'll never see your lens again.« Langley traf den Erpresser und konnte ihn in einem langen Gespräch, das sich bis tief in die Nacht hinein zog, davon überzeugen, von seinen Forderungen Abstand zu nehmen. Die Linse wurde daraufhin in einem Mistkübel gefunden, zerkratzt und unbrauchbar.

Dem Webb ist ein vergleichbares Schicksal glücklicherweise erspart geblieben. Nach seinem Eintreffen im Spaceport gab es noch einen bangen Moment, der mit dem plötzlichen Lösen einer Halteklammer zu tun hatte, aber außer ein paar Tagen Extraverspätung keine gröberen Folgen für den Start hatte.

Am 25. Dezember war das größte, aufwendigste und leistungsfähigste Weltraumteleskop und das mit seinen 10 Milliarden Dollar vermutlich teuerste Weihnachtsgeschenk der Welt auf seinen 29 Tage langen Flug zum anderthalb Millionen Kilometer entfernten Lagrangepunkt L2 aufgebrochen. Jetzt konnte ja wohl nicht mehr viel schiefgehen, bis auf die »344 single points of failure«, die beim Auspacken des Weihnachtsgeschenks zu überwinden waren. Um in die Rakete zu passen, waren das riesige Teleskop und seine teilweise noch größeren Komponenten sorgfältig eingefaltet worden und mussten sich nun in einer automatisierten Prozedur über ein paar Wochen hinweg fehlerfrei entfalten.

Doch keine Panik, die Reise des JWST stand von Anfang an unter einem guten Stern. Die Ariane-5 hat dem Teleskop mit einem Bilderbuchstart einen bedeutenden Teil seiner treibstoffintensiven Kurskorrekturen erspart und so eine extra Lebensdauer von bis zu 10 Jahren geschenkt.

Nach nur anderthalb Tagen, als Sie sich gerade noch von den letzten Weihnachtsfeierlichkeiten erholt haben, hat das JWST schon die Umlaufbahn des Mondes passiert. Nach einer knappen Woche, während die Menschen auf dem für das Webb immer kleiner werdenden blauen Punkt den Beginn einer neuen Runde um die Sonne feierten, entfaltete sich der tennisplatzgroße Sonnenschild. Dieser Schritt alleine bestand aus 107 einzelnen Mechanismen voller Minimotoren, Kabel, Scharniere, die alle im richtigen Zeitpunkt ausgelöst werden und funktionieren mussten. Was sie auch taten. Jede der 5 Schichten des aufgespannten Riesensonnenschirms ist nur ein paar Hundertstel Millimeter dick, führt aber so effektiv Wärme ab, dass es auf der Sonnenseite etwa 85 °C, auf der Seite der Instrumente aber nur etwa 50 K oder -220 °C hat. Das ist ein Unterschied von etwa 300 °C.

Warum muss dem Teleskop so kalt sein? Es liegt an der Art von Licht, die das JWST beobachtet. Das ist nämlich nicht sichtbares Licht, sondern Infrarotstrahlung. Es ist so, dass jede Temperatur einer dominanten Farbe bzw. Art von Licht entspricht. Bei sichtbarem Licht ist das die Temperatur von Sternen. Das ergibt durchaus Sinn für uns, da wir ja das meiste unseres Lichts von einem Stern (der Sonne) bekommen und es außerdem gut zur Größe unserer Augen passt.

Infrarotes Licht wird hauptsächlich von etwas weniger heißen bzw. warmen Dingen ausgestrahlt – unsere Haut kann dieses Licht ja auch als Wärme empfinden. Grob gesagt gilt ganz einfach: je länger die Wellenlänge des Lichts (also je »röter« das Licht), desto kühler die Lichtquelle. Wollen wir im Infraroten beobachten, muss also auch unser Detektor dementsprechend kühl sein, sonst würde sich das Instrument selber blenden. Ein Infrarotdetektor bei Raumtemperatur wäre quasi so, als wollte ich mit einem sternenheißen Detektor sichtbares Licht einfangen, was natürlich auch aus diversen anderen Gründen eine dumme Idee wäre.

Anfang Januar, während Sie den als Heilige Drei Könige verkleideten Kindern Süßigkeiten zugesteckt haben, damit sie zu singen aufhören, wurden der Sekundärspiegel ausgefahren und dann der Hauptspiegel mit seinen 18 Einzelsegmenten aufgeklappt, ein bisschen wie ein Flügelaltar. Der

6,5 Meter große Spiegel besteht aus 18 hexagonalen Segmenten, die leichter zu falten sind als ein runder Spiegel. Die einzelnen Segmente bestehen aus Beryllium, federleicht, aber mit hoher Stabilität, vor allem bei Temperaturschwankungen. Beschichtet sind die Segmente mit Gold, nicht weil die NASA es sich leisten kann, sondern weil Gold das Infrarotlicht ausgezeichnet reflektiert. Die Goldschicht ist auch nur 100 Nanometer oder etwa 1000 Atome dick. Für die gesamte Spiegelfläche wurden läppische 50 Gramm Gold (die Masse eines Golfballs) verwendet, was vermutlich eine herbe Enttäuschung für die Piraten gewesen wäre. Mit seiner 25 Quadratmeter großen Bling-bling-Oberfläche hat das JWST die 100-fache Sensitivität bisheriger vergleichbarer (oder eigentlich unvergleichbarer) Infrarot-Instrumente. Damit könnte man das Glimmen einer Zigarette am Mond detektieren, also zukünftige Astronauten beim Rauchen erwischen. Nur wüsste man wohl nie, wer genau es gewesen ist. Die Auflösung von 0,1 Bogensekunde ist zwar großartig und entspricht etwa der Größe einer 1-Cent-Münze in knapp 40 Kilometer Entfernung, der Mond ist dann aber doch recht weit weg: In Mondentfernung entspräche das einer Auflösung von knapp 200 Metern.

Fast wie von selbst ist das Webb dann wie erwartet Ende Januar mittels minimaler Geschwindigkeitsänderung in seine Umlaufbahn eingeschwenkt. Mit bis zu 2-facher Mondentfernung vom L2 zieht es nun in einem stark exzentrischen Orbit seine Bahnen. Exzentrisch sein ist für Umlaufbahnen übrigens eher die Regel als die Ausnahme.

Und was macht unser Lieblingsraumfahrzeug jetzt gerade? Im Frühjahr 2022, während ich diese Zeilen schreibe, ist es gerade dabei, sich passiv, also durch die Umgebungskälte des Weltraums, auf seine Arbeitstemperatur herunterzukühlen und seine Optik in ihre optimale Form zu bringen. Hinter jedem der 18 Segmente befinden sich 7 separate Mini-Motoren, die die perfekte Krümmung des Spiegel-Ensembles auf etwa eine zehntausendstel Haaresbreite genau einstellen können.

Mit der Feinabstimmung des Spiegels werden auch gleich die Instrumente des JWST hochgefahren und getestet. Darunter die NIRCam, eine Infrarotkamera mit Coronagraf, die nichts mit dem berühmt-berüchtigten Virus zu tun hat, sondern das Licht des Sterns abschirmen kann, um zum Beispiel dessen Planeten genauer unter die Lupe zu nehmen.

Das nächste Instrument ist NIRSpec, ein Infrarot-Spektrograf, der das Licht in seine Bestandteile zerlegt und mit dem zwischen 100 und 200 Objekte gleichzeitig beobachtet werden können, ohne sich gegenseitig zu stören. Möglich machen das NIRSpecs revolutionäre Microshutter: 250 000 einzelne kleine Fensterchen, jedes in etwa so breit wie ein paar menschliche Haare. Mit einem magnetischen Arm kann jedes dieser Shutter einzeln und unabhängig voneinander geöffnet und geschlossen werden, wodurch das Instrument extrem präzise Streulicht von anderen Objekten ausschließen und so superscharfe Bilder bekommen kann – in etwa so, wie wenn man die Augen zusammenkneift, um schärfer zu sehen.

Zusätzlich gibt es noch ein Instrument namens FGS/NIRISS, was wie eine Graffiti-Geheimparole klingt, aber in Wirklichkeit ein auf extrem exakte Beobachtungen von Exoplaneten spezialisiertes Gerät ist. Und dann ist da noch MIRI, die Mid-Infrarot-Kamera, mit deren Hilfe wir direkt in die Kinderstube von frisch entstandenen Sternen und bis hin zu den ersten Galaxien im Universum blicken können.

Aber jetzt mal im Ernst, ist die ganze Aufregung wirklich gerechtfertigt? Das JWST mag ja ein beeindruckendes Gerät sein, aber ist es wirklich das mediale Aufsehen und vor allem das ganze Geld wert?

Nur um das noch mal klarzustellen: Das James-Webb-Space-Teleskop wird in den kommenden Jahren unser Verständnis des Universums revolutionieren. Das haben Sie vielleicht schon öfter gehört, aber diesmal stimmt es auch. Mit seiner Hilfe werden wir tatsächlich das Licht der ersten Sterne in den ersten Galaxien, die es je im Universum gegeben hat, einfangen und abbilden können. Es ist wie eine Bohrkernprobe des Universums, die die ersten frühen Kindheitstage der Existenz aller leuchtenden Materie zum Vorschein bringen wird. Das Webb soll weiter als je zuvor ins Universum hinausblicken. Und je weiter etwas von uns weg ist, desto *früher* in der Geschichte des Universums sehen wir es auch, ganz einfach weil das Licht immer länger bis zu uns braucht. Die endliche Ausbreitungsgeschwindigkeit des Lichts sorgt für die unweigerliche Verknüpfung von Raum und Zeit. Wir können das entfernte Universum nur in seiner Kindheit sehen. Oder umgekehrt: Die frühe Kindheit des Universums sehen wir nur, wenn wir weit genug ins Universum hinausschauen.

Das Webb wird durch seine noch nie da gewesene Sensitivität bis an die

Grenzen des beobachtbaren Universums blicken, hinaus und zurück bis zu den ersten Sternen, die das Universum je gesehen hat. Man stelle sich vor, das rapide expandierende Universum kurz nach dem Urknall, eine unfassbar dichte, heiße Ansammlung an Energie, aus der die erste Materie kondensiert. Etwas später: Das ganze Universum, schon bedeutend weiter expandiert, aber immer noch sternenheiß, wird zum ersten Mal durchsichtig. Das Licht, das dabei entkommen kann, bildet heute noch den ausgekühlten Nachhall des kosmischen Infernos: die sogenannte kosmische Hintergrundstrahlung. Das junge Universum expandiert und kühlt weiter ab, es besteht aus gigantischen Wasserstoffwolken, die außer expandieren und dadurch abkühlen nicht viel tun. Es gibt in diesem Zeitraum auch noch nicht viel Licht im Universum, da ja noch keine Sterne entstanden sind, um selbiges zu erzeugen. Diese Epoche nennen wir die »Dark Ages«, das dunkle Zeitalter des Universums.

Aber irgendwann, irgendwo muss sich in die allumfassende Dunkelheit hinein das strahlende Leuchtfeuer des ersten Sterns im Universum entfacht haben. Und genau das werden wir mit dem Webb beobachten können. Wir wissen noch nicht genau, wie das dunkle Zeitalter des Universums erleuchtet wurde. Wir haben unsere Vermutungen, ja, aber keine gesicherten Erklärungen. Wir sehen die ersten Babygalaxien, die teilweise schon eher große Babys waren, haben aber noch nicht mit eigenen Augen gesehen, wie diese ersten Galaxien entstanden sind. Das Webb aber wartet schon darauf, genau dieses Licht der ersten Sterne in den ersten neugeborenen Babygalaxien, das einmal quer durchs Universum geflogen ist, einzufangen und für uns auf den Detektor zu bannen. Webb wird sehen, was wir nie mit unseren eigenen Augen sehen werden können.

Also entscheiden Sie selbst, ob das erste Licht des Universums die 10 Milliarden Dollar Gesamtkosten des Projekts wert ist. Oder hätten Sie dafür doch lieber 300 neue Autobahnkilometer gehabt? Das ist nämlich in etwa ihr Preis. Um 10 Milliarden bekommen Sie genauso etwa 100 000 Kilometer neue Radwege, wenn Ihnen das lieber ist – beides geht aber nicht. Es ist auch in etwa die Summe, die Österreich bis 2030 in den Ausbau erneuerbarer Energien stecken will, bzw. in etwa die Summe, die vorhin erwähnter Milliardär und Amazon-Gründer Jeff Bezos in etwa einem Monat verdient. Oder anders gerechnet: geschätzte 5 % seines Gesamtvermögens. Schuldbewusst hat der Klimaschützer Jeff Bezos angekündigt, 10 Milliarden Dollar für den Kampf gegen die Klimakrise zu spenden. Dabei hat kürzlich eine Studie sein Konsumverhalten im Jahr 2018 untersucht und dabei einen CO_2-Ausstoß von etwa 2224 Tonnen errechnet – also das gut 500-Fache eines Durchschnittsbürgers der großen Industrienationen.

Hätten wir das Geld für JWST also nicht lieber in den Klimaschutz investieren sollen? Möglicherweise, aber vielleicht ist das ja gar nicht die Wahl, die sich uns stellt. Vielleicht sollten wir uns eher über die gerechte Besteuerung von Vermögen Gedanken machen. Vielleicht bräuchte es einfach mal ein paar mutige Piraten, die sie an die Masten ihrer Luxusjachten nageln. Die Vermögenssteuerbescheide, nicht die Milliardäre.

Small-Talk-Hilfe: I-ARRRRR

Das Interesse der Piraten-Community an der Verschiffung des James Webb Space Telescope ist auch an Twitter nicht spurlos vorübergegangen. So hat dort ein Witz die Runde gemacht, den zwar hierzulande niemand versteht, den wir Ihnen aber natürlich trotzdem nicht vorenthalten wollen. Denn was macht einen beim Smalltalken beliebter, als einen Witz zu erzählen, den niemand versteht? Also: Warum war das JWST bei seiner Reise nach Französisch-Guyana so eine attraktive Beute für Piraten? Es beobachtet im I-ARRRRR.

Die Science Busters 2022

»Schönen guten Abend! Herzlich willkommen zu einer neuen Show der Science Busters im Stadtsaal Wien! Planet B – die Jubiläumsshow, anlässlich 15 Jahre Science Busters. Noch 3 Jahre, dann ist Zentralmatura.«

So oder so ähnlich wird es wohl klingen oder geklungen haben am 13. Oktober 2022, wenn wir unser neues Live-Programm vom Stapel lassen. »Science Busters Planet B« erstens deshalb, weil wir uns in den letzten Jahren zu einer Art eigenem Kosmos entwickelt haben, was wir machen, wie wir funktionieren, worum es in unserer Arbeit geht. Die findet zwar in Kabarettheatern statt, unterscheidet sich aber oft doch deutlich von anderen Programmpunkten, und die monothematische Leidenschaft für Wissenschaft ist auch eher noch die Ausnahme, zumindest in der österreichischen Unterhaltungslandschaft. Und zweitens, weil die Klimakrise, der wir uns schon in unserer letzten Show »Global Warming Party« gewidmet haben, leider eher kein One-Trick-Pony bleiben wird. Allerdings schauen wir uns diesmal nicht an, wie es

dazu gekommen ist und was wir dagegen machen können. »There's no Planet B« heißt es auf vielen Klima-Demos, und dabei wird immer davon ausgegangen, dass wir Planet A sind und eine 2. Erde, die wir noch nicht gefunden haben, Planet B wäre. Was würde es aber bedeuten, wenn wir Planet B sind – für andere Bewohner des Universums?

- Wie schaut die Erde für andere aus und warum?
- Wie könnten uns Aliens entdecken, und was würden sie glauben, dass sie auf der Erde erwartet?
- Und was erwartet sie tatsächlich?

Das ist zumindest Stand der Dinge bei Drucklegung des Buches. Zu dem Zeitpunkt haben wir noch keine Kenntnis davon, dass es irgendwo anders im Universum Leben gibt. Allerdings stehen die Chancen aktuell so gut wie nie zuvor, dass wir den Außerirdischen auf die Spur kommen könnten. Falls es sie gibt. Jetzt nicht gleich solchen wie uns, sondern irgendeiner Lebensform an sich. Bakterien oder

Pilze wären für den Anfang schon ziemlich sensationell. Zumindest besteht die Chance in der Gegend, die wir mit dem nagelneuen Weltraumteleskop James Webb absuchen. Das größte, schönste, klügste, teuerste, bestreichende Weltraumteleskop, das jemals die Erde verlassen hat. Wo es arbeiten wird, wie kompliziert es war, das Ding starten zu lassen, was wir uns davon erhoffen und welche Rolle Piraten dabei spielen, davon handelt Kapitel 16 im wissenschaftlichen Teil, den Sie, wenn Sie chronologisch vorgegangen sind, schon genossen haben. Ansonsten: Ai-ai! (ARRR!)

Zum Jubiläum wird es auch einen eigenen Gin geben. Vor 5 Jahren haben wir ein Asteroidenbier gebraut und kredenzt, diesmal wird destilliert. Ein Science-Busters-Gin mit Zutaten von allen Science Busters, natürlich in mikroskopischer Dosis. Den werden wir derart potenzieren, dass man schon vom Einatmen beim Vorbeigehen sturzbetrunken wird, wenn wir zum Jubiläum den homöopathischen Vollrausch remixen, um darauf hinzuweisen, dass es noch immer viel zu viel Esoterik und viel zu wenig Heinz Oberhummer auf der Welt gibt.

Der in seinem Namen jährlich vergebene Award für Wissenschaftskommunikation hat heuer auch ein besonderes Jahr erlebt. Er wird gleich 3-mal vergeben worden sein. Am 11. Juni sind die Preise Nummer 5 und Nummer 6 an einem Abend an das Mailab-Team gegangen, i. E. an Mai Thi Nguyen-Kim, Lars Dittrich, Jens Foell und Melanie Gath. Und an das Team des NDRinfo Coronavirus Update Podcasts, also Corinna Hennig, Katharina Mahrenholtz, Beke Schulmann, Christian Drosten und Sandra Ciesek. So viel Alpaka-Bemmerl im Namen der Wissenschaft gab es vermutlich noch nie auf einer Theaterbühne, und am Ende hat die Heinz Oberhummer Tribute Band gemeinsam mit allen Preisträger:innen musiziert. So, wie es Heinz sehr gut gefallen hätte. Wer sich davon überzeugen möchte, kann das tun, der Abend ist als **Live-Stream** festgehalten worden und wohnt, Sie wissen es bereits, dort, wo einen der QR-Code hinführt.

Den dritten Oberhummer Award, der heuer vergeben wird, Numero 7 bereits, wird an den Ig-Nobel Preis

gehen. Angelehnt an den Nobelpreis wird seine ignoble Variante
mittlerweile seit 1991 jährlich in 10
Kategorien vergeben. Ursprünglich
war von den auszuzeichnenden
Forschungsarbeiten verlangt worden, es müsse sich um Erkenntnisse
handeln »that cannot, or should
not, be reproduced«. Das wir heute
ein bisschen freundlicher formuliert nämlich sei das Ziel »to honor
achievements that first make peop-
le laugh, and then make them
think.« Ins Leben gerufen wurde
der Preis von Marc Abrahams, der
sich sehr freut, dass sein Preis auch
einmal einen Preis bekommt. Und
der Ende November mit einer Auswahl an prämierten Wissenschaft-
ler:innen im Stadtsaal Wien gemeinsam mit uns eine spezielle
Ig-Nobel-Show spielen wird. Mit
dabei sein wird natürlich Elisabeth
Oberzaucher als erste österreichische Gewinnerin.

2022 haben wir außerdem den
Anteil an Astronominnen, Wiene-
rinnen, sogar Simmeringerinnen
gleich um 100 % erhöht. Indem
Ruth Grützbauch zum Ensemble
gestoßen ist, gibt es auch deutlich
mehr Katzenliebhaberinnen und
Frauen. Das war damals zu Boy-
groupzeiten noch anders.

Falls Ihnen Simmering nichts
sagt; dabei handelt es sich um
einen Wiener Gemeindebezirk,
einen sogenannten Flächenbezirk,
den viele Menschen, die ihr ganzes
Leben in Wien verbringen, trotzdem nie kennenlernen. Das liegt
auch am landläufigen Ruf des Be-
zirkes. Vielen Mensch gilt Simmering nicht als Naherholungsge-
biet, vielmehr denken sie an Dinge
wie Stau auf der Ostautobahn,
hohen FPÖ-Wähleranteil, Kläran-
lage, Tierkörperverwertung und
natürlich den großen, malerischen
Parkplatz der Magistratsabteilung
48, auf dem in der Stadt wider-
rechtlich abgestellte und deshalb
abgeschleppte Pkw verwahrt werden. Wenn sie ihr Auto auslösen
müssen, ist das für viele das erste
Mal, dass sie den 11. Bezirk betreten. »Nach Simmering kommen
die Leute zum Sterben«, hat es
früher geheißen, denn mit dem
Zentralfriedhof findet sich auch der
zweitgrößte Friedhof Europas in
Simmering.

Zu Ruth Grützbauchs Kindheit
hat es noch geheißen: Auf jeden
lebenden Simmeringer kommen
44 Tote. Damals ist noch nicht
automatisch gegendert worden.
Heute hat sich das Verhältnis zu-
gunsten der Simmeringer:innen
verbessert: 105 000 Bewohner:in-

nen stehen bzw. liegen 3 Millionen Tote am Zentralfriedhof gegenüber, was immerhin schon ein Verhältnis von 1:28 ergibt. Sollten sich am Jüngsten Tag allerdings die Gräber öffnen oder im Rahmen einer allfälligen Zombie-Apokalypse, würde Simmering vermutlich trotzdem als erster Bezirk fallen.

An ihre Kindheit hat Ruth Grützbach aber mehrheitlich gute Erinnerungen, also dürfte es sich mehrheitlich auch um Vorurteile gegenüber ihrem Heimatbezirk handeln. Verlassen hat sie ihn gleichwohl, um Astronomie zu studieren und letztlich Planetariumsdirektorin zu werden. Und zwar ihres eigenen, mobilen Planetariums. Das transportiert sie mit ihrem Cosmo-Bike durch die Gegend, bläst es mithilfe eines Ventilators auf und kann dann für bis zu 25 Personen im Inneren des Kuppelzeltes das Universum an die Decke projizieren. Und davon schwärmen. Wie sie dazu gekommen ist, hat sie in ihrem Buch aufgezeichnet. Und in der TV-Folge »Crashkurs über Simmering« erzählt, was das bedeutet, dass die Menschen – Erwachsene und Kinder – nicht nur ihr Interesse ins Planetarium mitbringen, sondern auch ihre Peristaltik. Das kann sich

manchmal aromatisch bemerkbar machen. Dass während der Vorführung ein junger Mann aufsteht und das Angebot macht, er würde einen Urknall produzieren, zöge man an seinem Zeigefinger, kommt allerdings wirklich fast so selten vor wie ein Urknall selber.

Als neues Ensemblemitglied wäre sie auch gleich bei einem besonderen Herzensprojekt der Science Busters im Einsatz gewesen. Vielleicht *die* Institution, was Kinderunterhaltung betrifft, ist in Österreich seit Jahrzehnten der Kasperl bzw. das Urania Puppentheater, deren Anchormen Kasperl und sein Kumpel Pezi darstellen. Die kennt in Österreich seit Generationen fast jedes Kind, und fast jeder kann ihre Sprücherl auswendig:

»Pezilein, der kleine Wicht, fehlt auch heute wieder nicht. Und er schickt euch, groß und klein, viele, viele Bussilein.«

Um seinem allerbestesten Freund eine besondere Überraschung zum Ferienbeginn zu machen, möchte er ihn mit einem Picknick am Mars überraschen. Klingt cool. Ist es aber leider tatsächlich. Die Science Busters müssen Pezi bedauerlicherweise erklären, dass er da einem Scam von

Internetmilliardären auf den Leim gegangen sein dürfte. Die Durchschnittstemperatur auf unserem Nachbarplaneten beträgt zirka coole -50 °C. Und die Live-Atmosphäre ist auch nicht sehr beeindruckend. Aber sie haben einen anderen Vorschlag für ihn.

Dass Kasperl und Pezi nicht immer Best Buddies waren und wie sich Pezi vom unbekleideten Tanzbären zum Crowd-Pleaser raufgearbeitet hat, kann man in Ausgabe 32 unseres Podcasts hören. Zum Vorglühen bis Mai 2023. Denn weil Martin Puntigam und Ruth Grützbauch leider ausprobieren wollten, wie mild ein milder Covid-Verlauf tatsächlich ist, musste die Sause von Juni 2022 um ein Jahr verschoben werden.

Falls Sie sich mittlerweile denken: »Jetzt ist das Buch bald aus, aber Preise haben die schon länger keinen mehr gewonnen«, so stimmt das nicht ganz. »Köpfe des Jahres« war schon eine Auszeichnung. Und wir haben unsere Köpfe sogar behalten dürfen, siehe das Kapitel zum Jahr 2020.

Und außerdem haben wir im Frühjahr den Publikumspreis des Österreichischen Kabarettpreises abgeräumt. Und zwar zum 2. Mal. Das ist zwar, wie gesagt, einer der Preise, bei denen man selber mit antauchen muss, aber es war eine schöne Mitteilung, denn einen Publikumspreis 2-mal zu gewinnen bedeutet, dass man noch immer nicht alles falsch gemacht hat.

Eine neue TV-Staffel haben wir auch hergestellt, die Ausgaben 117 bis 129. Und wenn alles gut geht, dann erleben wir in den kommenden Jahren Folge 150. Nicht schlecht für eine Wissenschafts-Show, die es vermutlich nicht zuletzt deshalb gibt, weil Heinz Oberhummer nie eine Glatze bekommen hat.

Im Frühjahr hat Florian Freistetter die bereits 500. Sternengeschichte veröffentlicht. Seit dem 30. November 2012 redet er in diesem Podcast jede Woche Freitag über Astronomie und nicht selten über Sterne. Denn die Sterne lügen nicht! Behaupten zumindest manche, und auch gleich, sie könnten die Zukunft anhand der Sterne voraussagen und wüssten, warum handverlesene Säugetiere, Fische, Spinnentiere, Fabelwesen oder Messinstrumente Verfügungsgewalt über unser Schicksal haben sollen. Mag sein, dass die Sterne nicht lügen. Aber dafür wir Menschen. Deshalb schauen wir, wenn wir in die Sterne schauen, immer in die Vergangenheit und nie in die Zukunft. Wer etwas anderes behauptet, will sich wichtig machen, Ihnen das Geld aus der Tasche ziehen, erzählt jedenfalls Märchen. Und auch wenn Freistetter mit märchenhafter Stimme seine Sternengeschichten ins Mikrofon haucht, bei ihm geht es streng um Wissenschaft.

Zum Jahreswechsel sind auch heuer Bauernsilvester- und Silvester-Shows angesetzt, ob wir uns aber doch wieder um viele Viren in kleinen Räumen kümmern müssen oder schlimmstenfalls nach Jahren der Abstinenz eine Grippewelle daherkommt, die noch normaler ist als die normale, steht ebenfalls noch in den Sternen.

Dass wir in 15 Jahren 30-jähriges Jubiläum feiern werden, ist nicht auszuschließen. Zumindest wenn uns der Herrgott die Gesundheit schenken möchte. Falls es ihn gibt. Sollte er tatsächlich Schöpfer von Himmel und Erde sein, dann erfahren Sie es hier zuerst. Denn wer sonst als die Wissenschaft könnte in der Lage sein, das Vorhandensein eines allmächtigen Weltenlenkers präzise genug zu messen, sodass

man mit an Sicherheit grenzender Wahrscheinlichkeit davon ausgehen kann, er ist. Auch wenn man ihn weder riechen noch sehen, hören, schmecken oder angreifen kann. Was bei Gravitationswellen und Schwarzen Löchern gelungen ist, sollte doch bei einem Himmelvater auch nicht komplizierter sein.

Liebe Kinder, liebe Leute, unser Buch ist aus für heute.

Jetzt müssen wir nach Hause gehen, und die Science Busters sagen: Auf Wiedersehen!

So, das waren 15 Jahre Science Busters im Spiegel der Welt-, ach was, Universumsgeschichte! Einen Epilog haben wir zwar noch auf der Pfanne, aber das Sprücherl, mit dem sich normalerweise der Publikumsliebling Pezi im Puppentheater von Groß und Klein verabschiedet und das wir ein wenig adaptiert haben, passt jetzt viel besser als nach dem Epilog. Sie werden sehen und nicht anders als uns zustimmen können und vor Begeisterung klatschen, rufen, jubeln und mit den Füßen trampeln, dass alle Gugelhupfe in Kasperlhausen nur so wackeln.

EPI LOG

DER EINZIG
WAHRE BLICK
IN DIE ZUKUNFT

Das waren 15 Jahre Science Busters und 15 Jahre Wissenschaft. Und die Zukunft? Wüssten wir auch gerne, aber wer behauptet, die Zukunft zu kennen, ist entweder Scharlatan – oder hat Astronomie studiert.

Im ersten Fall wird man zwar Antworten bekommen, die sind dann aber wahlweise falsch oder trivial. Wenn einem Hellseherinnen oder Astrologen erzählen, dass in Zukunft vielleicht mit der einen oder anderen Naturkatastrophe zu rechnen sei, dass es die Wirtschaft möglicherweise schwer haben wird oder man sich privat und beruflich neuen Herausforderungen gegenübersehen dürfte, dann hätte man das auch kürzer mit »Die Welt wird auch in Zukunft so sein wie eh immer schon« zusammenfassen können. Und »Fragen kostet nix« gilt da leider auch nicht, denn für ihre Binsenweisheiten lässt sich die esoterische Zunft gerne ausgiebig bezahlen. Wenn man stattdessen die Astronomie nach der Zukunft fragt, kriegt man sehr konkrete Antworten, die noch dazu den Vorteil haben, absolut richtig zu sein.

Wenn wir Science Busters im Jahr 2057 unser 50-jähriges Jubiläum feiern (oder halt die von uns, die bis dahin durchgehalten haben), dann können wir das beim Anblick einer ringförmigen Sonnenfinsternis tun. Sie wird am 1. Juli 2057 stattfinden; man wird sie in Asien und Nordamerika miterleben können, und wir wissen jetzt schon, dass man die maximale Dauer der Verfinsterung ein paar Dutzend Kilometer östlich der Wrangelinsel im Arktischen Ozean sehen wird (wer es genau wissen will: bei einer geografischen Breite von 71,5° Nord und einer geografischen Länge von 176,2° West). Und zwar für genau 4 Minuten und 23 Sekunden. Diese Vorhersage freut natürlich alle, die sich gerne auf russischen Inseln im Polarmeer herumtreiben und zuschauen möchten, wie die Sonne finster wird. Diese Zielgruppe ist aber eher klein – und für alle anderen sind Zukunftsprognosen dieser Art vermutlich nicht das, was sie sich vorgestellt haben.

Aber die Wissenschaft ist kein Wunschkonzert. Nur weil man gerne hätte, dass etwas ist, ist das Universum noch lange nicht dazu verpflichtet, auch zu liefern. Wir wissen nicht, was die Zukunft für uns höchstpersönlich bereithält. Aber wir können mit ziemlicher Sicherheit sagen, dass es noch sehr, sehr viel Zukunft geben wird.

Zum Abschluss unseres Jubiläumsbuches kriegen Sie deswegen noch den ultimativen Ausblick in die Zukunft. Von jetzt bis zum Ende von allem.

Also, auf geht's, in die Zukunft: Vorerst geht alles noch so weiter wie bisher. Die Erde wird ihre Runden um die Sonne ziehen, und die Sonne wird weiterhin mit Kernfusion beschäftigt sein. Im Laufe der Jahrhunderttausende wird mit Sicherheit der eine oder andere Asteroid auf der Erde einschlagen. Vielleicht sind wir dann in der Lage, das zu verhindern. Vielleicht ist es uns auch wurscht, weil wir das mit der Kernfusion endlich in den Griff bekommen haben und auf dem Mars, dem Mond oder ganz woanders leben. Vielleicht gibt es uns aber auch schon längst nicht mehr, weil wir blöderweise doch vergessen haben, dass man nicht nur sagen muss, dass man gerne bis 2050 CO_2-neutral werden will und es eh eine super Idee ist, das Klima zu schützen. Sondern man dann auch tatsächlich etwas tun muss, damit das auch passiert.

Der Erde wird es wurscht sein, wenn sie ein paar Grad wärmer ist als vorher; vielleicht ist das auch eine nette Abwechslung für sie. Wenn man ein paar Milliarden Jahre lang um die Sonne fliegt, freut man sich vermutlich über alles, was ein wenig Veränderung bringt, die Aussicht ist ja nicht so üppig, und die Strecke kennt man nach den ersten paar Millionen Runden auch schon ganz gut. Dass wir Menschen mit der Erderwärmung nicht klarkommen, ist der Erde also ziemlich gleichgültig. Wer weiß, was nach uns kommt. Vielleicht packen es ja die Labormäuse und gründen die nächste Zivilisation. Immerhin haben sie eine wissenschaftliche Ausbildung genossen. Aber ewig wird auch eine mächtige Mäusewelt nicht durchhalten. Vielleicht leben auf der Erde irgendwann wieder nur die zähen Archaeen und schauen dabei zu, wie die Sonne immer heißer wird.

Das tut sie nämlich – und wenn die ganzen Klimawandelleugner und anderen Pseudowissenschaftlerinnen jetzt noch leben würden, könnten sie rufen »Ha! Wir haben es euch ja gesagt. Nicht der Mensch ist schuld, sondern die Sonne!«. Was nur erneut zeigen würde, wie wenig Ahnung sie haben, denn die Sonne wird erst in ein paar Milliarden Jahren richtig heiß. Jetzt, in unserer Gegenwart, sind es zweifelsfrei wir, die für die Erderwärmung sorgen. Aber die Sonne fusioniert ja schon seit gut 4,5 Milliarden Jahren Wasserstoff zu Helium und wird das auch noch die nächsten 5 bis 6 Milliarden Jahre fortsetzen. Dass wir das mit der Kernfusion noch immer nicht zusammenbekommen haben, ist ihr egal; sie hat da keine Hemmungen, uns blöd ausschauen zu lassen. Auf jeden Fall aber kommt da einiges an Helium zusammen, und das Zeug liegt dann einfach im Kern der Sonne rum und stört. Denn, so heiß es im Zentrum unseres Sterns auch ist, es ist nicht heiß genug, um auch die Heliumatome zur Fusion zu bewegen. Das Helium ist wie die Asche in einem Kamin: Wenn da nicht geputzt wird, geht das Feuer aus. Je mehr Helium rumfliegt, desto weniger Platz ist für den Wasserstoff und desto weniger Wasserstoff kann auch fusioniert werden. Die Sonne erzeugt also weniger Energie, und bevor Sie verwirrt sind: Ja, wir wissen eh, dass wir vorhin gesagt haben, es wird heißer werden. Aber keine Sorge, das klärt sich alles gleich auf.

Die Sonne will ja eigentlich unter ihrem eigenen Gewicht in sich zusammenfallen. Dass sie das nicht tut, liegt an der Energie, die aus ihrem Inneren nach außen strahlt. Die drückt quasi dagegen, aber wenn jetzt weniger Energie produziert wird, dann fehlt dieser Druck. »Endlich!«, denkt sich dann die Gravitationskraft und nützt das sofort aus. Die Sonne fällt also in sich zusammen, aber nur kurz. Denn je größer der Druck auf ihr Inneres, desto höher wird dort die Temperatur. Und vor allem wird auch die Temperatur außerhalb des Kerns größer, dort, wo noch jede Menge Wasserstoff unfusioniert herumliegt. Im Endeffekt gibt es danach also mehr Fusion als vorher, die Gravitationskraft denkt sich »Na gut, hör ich halt wieder auf mit Kollaps«, und die Sonne leuchtet weiter, jetzt aber stärker als vorher. So geht dieses Spiel immer weiter, und im Laufe der nächsten Jahrmilliarden wird es dadurch immer heißer auf der Erde.

Da helfen dann auch keine Klimaschutzmaßnahmen mehr, keine thermochemischen Wärmespeicher; da hilft gar nix. In 1 bis 2 Milliarden Jahren wird die Durchschnittstemperatur auf der Erde mehr als 100 °C betragen – und das macht vielleicht dem einen oder anderen Archaeon Spaß, ansonsten ist dann aber Schluss auf dem Planeten. Alles tot, alle weg, und es muss nicht mal der Letzte das Licht ausmachen, denn das kriegt die Sonne ganz von alleine hin.

Die wird einfach immer heißer und heißer; irgendwann ist es dann auch so heiß, dass das Helium anfängt zu fusionieren und noch heißer brennt als der Wasserstoff vorher. Durch die Hitze bläht sich die Sonne auf und wird zu einem roten Riesenstern, der bis an die Erdbahn heranreicht. Die Wissenschaftler:innen diskutieren noch, ob sie dabei die Erde zerstören wird oder nicht; aber selbst wenn wir irgendwann eine definitive Antwort haben werden, wird eh niemand nachschauen können, ob man damit auch richtiglag und den Nobelpreis bekommen sollte. Zumindest keine Menschen.

In der Zwischenzeit ist unsere Milchstraße übrigens auch schon mit der Andromedagalaxie zusammengestoßen. Sagen wir nur zur Sicherheit dazu, damit es nicht heißt, wir hätten es vergessen. Die Sonne und die zerstörte oder nicht zerstörte Erde juckt das aber nicht. Denn auch wenn Milchstraße und Andromeda ordentlich große Galaxien sind, mit jeweils ein paar Hundert Milliarden Sternen, bestehen sie doch zum sehr viel größeren Teil aus Nichts. Die Kollision ist also eher ein Durchdringen und Verschmelzen – und die Sonne wird dann eben in »Milkomeda« zum roten Riesen. So hat die Astronomie diese neue Galaxie genannt, die aus der Verschmelzung hervorgehen wird. Die wird zwar erst in circa 10 Milliarden Jahren fertig sein, aber die Sache mit dem Namen hat man jetzt zumindest schon mal erledigt, da muss man sich nicht mehr drum kümmern. Kann man schon Trenspatterl (also ein Lätzchen, für die Nicht-Österreicher unten Ihnen) besticken und das Album mit den Geburtsfotos beschriften.

Wenn die Sonne zum roten Riesen geworden ist, wird sie ihre äußeren Schichten irgendwann ganz ins All hinaus abstoßen, und übrig bleibt nur der innere Kern. Dieser weiße Zwerg wird so groß wie die Erde sein und nur noch deswegen leuchten, weil er so heiß ist. Kernfusion findet keine mehr statt. Er hängt dann einfach nur noch in Milkomeda rum und kühlt ab.

In der Zwischenzeit macht die Dunkle Energie weiter ihr Ding und sorgt für eine immer schnellere Ausdehnung des Universums. Die anderen Sterne von Milkomeda hören auf zu leuchten, die Sterne in anderen Galaxien ebenfalls. Es entstehen zwar immer noch ab und zu neue Sterne, aber auch da ist irgendwann alles an Material aufgebraucht, was dazu verwendet werden kann. Allerspätestens in 100 Billionen Jahren ist es dann vorbei mit Sternen. Es gibt dann nur noch weiße Zwerge, die vor sich hin kühlen. Und andere Sternenreste, Schwarze Löcher zum Beispiel. Wenn wir noch ein bisschen warten, wird alles noch schwärzer; in einer Billiarde Jahren werden die weißen Zwerge komplett ausgekühlt sein und heißen dann – Sie haben es erraten – schwarze Zwerge.

Wenn es ganz blöd läuft, dann fällt in dieser fernen Zukunft überhaupt alles auseinander. Die Wissenschaft ist sich da noch nicht ganz sicher, aber man geht davon aus, dass die Bausteine der Atomkerne selbst nicht dauerhaft stabil sein und irgendwann auseinanderfallen werden. Dann können sich auch die schwarzen Zwerge nicht mehr zusammenreißen bzw. -halten, genauso wenig wie alles andere, was noch an normaler Materie im Universum rumfliegt. Wenn wir viele Trilliarden Jahre warten, dann wird alles zerfallen sein – und die Reste sind in den Schwarzen Löchern verschwunden. Mehr gibt es dann nicht mehr – nur noch Schwarze Löcher.

Ab und zu werden 2 davon kollidieren und miteinander verschmelzen. Aber selbst die Schwarzen Löcher leben nicht ewig. Die Hawking-Strahlung sorgt dafür, dass auch sie sich langsam auflösen. Sie geben Wärmestrahlung ab (aber nicht viel; die Temperatur liegt knapp über dem absoluten Nullpunkt). Das dauert absurd lange, aber es ist eh schon längst niemand mehr da, der meckern könnte, dass da doch jetzt bitte endlich mal was weitergehen soll. Wenn Sie wollen, können Sie eine 1 auf ein Blatt Papier malen, 100 Nullen dahinter schreiben und dann »Jahre«. Sie können es aber auch lassen, weil Sie können sich eh nix darunter vorstellen. Das jedenfalls ist der Zeitraum, um den es hier geht. Nach so vielen Jahren haben sich auch die Schwarzen Löcher im Universum aufgelöst. Dann gibt es nur noch die Teilchen der Wärmestrahlung, die Photonen, die durch das Universum sausen – und die Dunkle Energie, die den Kosmos immer schneller und schneller ausdehnt.

Dann passiert – nichts mehr. Das Universum schaut überall gleich aus, nämlich gar nicht. Damit noch etwas geschehen könnte, bräuchte es irgendwelche Unterschiede, Variationen irgendeiner Art. Aber die gibt es nicht mehr, und das Nicht-Passieren passiert von da an bis in alle Ewigkeit exakt so weiter.

Würde man diese Entwicklung in einem Megazeitraffervideo abspielen, dann würde man den Urknall sehen und danach einen winzigen Moment, in dem Sterne entstehen und Galaxien verschmelzen, einen Augenblick, in dem das Universum ein bisschen leuchtet und funkelt, wo sich ein klein wenig was tut. Aber nach diesem Sekundenbruchteil würde es einfach nur immer dunkler und langweiliger. Wie früher, falls Sie sich noch an VHS-Kassetten erinnern, wenn es aus Versehen passierte, dass man den Kopierschutz nicht aktiviert, also das Zäpfchen nicht abgebrochen hat. Dann konnte es geschehen, dass jemand irrtümlich was aufgenommen, also eine andere Aufnahme überspielt hat. Und wenn man dann einen Film anschauen wollte, dann war der nicht nur nicht mehr zu sehen, sondern es gab dieses nur vermeintlich verheißungsvolle Flimmern am Rand, das einen hoffen ließ, dass da schon noch was kommen würde. Und sonst nur Schwarz. Also, schon bewegtes Bild, aber eben schwarz. Ein bisschen so würde sich vermutlich die Erwartungshaltung anfühlen, wenn man sich diesen Universumsfilm anschauen könnte. Man denkt die ganze Zeit, jetzt kommt gleich was, aber es bleibt alles so, wie es ist. Immer.

Wenn der Urknall die Explosion war, mit der alles angefangen hat, dann leben wir in den Sekundenbruchteilen nach dieser Explosion – im Funkenregen, der gerade noch ein wenig vor sich hin stiebt, bevor alles wieder zu Ende ist. Und Sie haben noch dazu den großen Vorteil, innerhalb dieses kosmisch-kurzen Zeitraums die paar Jahrzehnte erwischt zu haben, in denen die Science Busters existieren. Gratulation!

Hier geht es zum
Science Busters Gin:

Die Autor:innen

Die Science Busters

Die Science Busters sind längst Kult. Seit ihrer Gründung 2007 servieren sie Wissenschaft für alle, gastieren mit ihren Wissenschaftskabarett-Shows in Theatern im gesamten deutschsprachigen Raum und sind in Fernsehen und Radio präsent. Für ihr Kabarettprogramm erhielten sie den Deutschen Kleinkunstpreis sowie den Salzburger Stier. Ihre Bücher *Gedankenlesen durch Schneckenstreicheln* und *Das Universum ist eine Scheißgegend* wurden als Wissensbücher des Jahres ausgezeichnet.

Martin Puntigam Kabarettist Martin Puntigam sorgt dafür, dass sich die Wissenschaftler:innen auf der Bühne halbwegs ordentlich benehmen und nicht in die völlige Unverständlichkeit abgleiten. Für seine Kabarettprogramme, Bücher und sonstigen Projekte ist er mit zwölf Preisen ausgezeichnet worden, unter anderem, als erster Kabarettist, mit dem »Inge-Morath-Preis für Wissenschaftspublizistik«. Die Beschäftigung mit der Wissenschaft hat sich gelohnt, denn seit 2016 ist der Medizinstudienabbrecher Universitätslektor an der Universität Graz.

Dr. Florian Freistetter Seit Mai 2015 fixer Bestandteil der Science Busters. Der Astronom und bekannteste deutschsprachige Science-Blogger hat bei Hanser mehrere eigene Bücher veröffentlicht, zuletzt *Eine Geschichte des Universums in 100 Sternen* und *Eine Geschichte der Welt in 100 Mikroorganismen* (mit Helmut Jungwirth). Er betreibt die erfolgreichen Podcasts »Sternengeschichten«, »Das Universum« und »Das Klima«.

Gunkl Bei den Science Busters sind nun nicht immer die Wissenschaftler, sondern auch die Kabarettisten in der Überzahl. Aber irgendwie auch nicht. Denn Günther Paal ist, was die wenigsten wissen, leidenschaftlicher Damaszenerklingenschmied und Nebenerwerbsmetallurg. Mit Alfred Dorfer erörterte er in der ORF-Sendung »Dorfers Donnerstalk« als »Dr. Paal, Experte für eh alles« allerlei Abseitigkeiten, und als Solokabarettist wurden ihm auch einige Preise zuerkannt, wie der Salzburger Stier, der Prix Pantheon und der Deutsche Kleinkunstpreis.

Dr. Elisabeth Oberzaucher Elisabeth Oberzaucher ist Verhaltensbiologin an der Universität Wien und wissenschaftliche Direktorin von Urban Human. Sie erforscht menschliches Verhalten aus evolutionsbiologischer Sicht. Ihre Arbeitsschwerpunkte sind Mensch-Umwelt-Interaktionen, Kommunikation sowie evolutionäre Genderstudies. 2015 wurde sie gemeinsam mit Karl Grammer mit dem IgNobelpreis für Mathematik ausgezeichnet für ihre Studie zu den Grenzen des männlichen Fortpflanzungspotenzials.

Prof. Dr. Helmut Jungwirth Seit 2015 Ensemblemitglied der Science Busters. Er promovierte im Fach Mikrobiologie an der Karl-Franzens-Universität Graz und habilitierte 2009 im Fach Molekularbiologie. Helmut Jungwirth entwickelte die Marke »Mitmachlabore Graz« und ist wissenschaftlicher Leiter des Geschmackslabors an der Uni Graz. Zudem ist er Geschäftsführender Leiter des Zentrums für Gesellschaft, Wissen und Kommunikation (»die siebente Fakultät«). Im Oktober 2016 wurde er zum österreichweit ersten Universitätsprofessor für Wissenschaftskommunikation berufen.

Assoc. Prof. Dr. Peter Weinberger Peter Weinberger ist Associate Professor für anorganische Chemie an der TU Wien und Leiter der Forschungsgruppe für Magneto- und Thermochemie am Institut für Angewandte Synthesechemie. Sein Spezialgebiet ist die vielfältige Chemie der Metalle, insbesondere des Eisens. Er forscht an magnetischen Materialien sowie an thermochemischen Energiespeichern und lebt seine Liebe zur Experimentalchemie in der Lehre aus. Hat bisher noch kein eigenes Buch geschrieben. Ist aber Co-Autor von *Warum landen Asteroiden immer in Kratern?*.

Martin Moder, PhD Martin Moder ist Molekularbiologe am Zentrum für Molekulare Medizin in Wien. 2014 hielt er in einem Fliegenkostüm den Vortrag »Hirnamputierte Fruchtfliegen zur Tumorbekämpfung« und wurde damit zum ersten Science-Slam-Europameister gewählt. Er engagiert sich in der »Gesellschaft für kritisches Denken« und ist überzeugt, dass es noch nie eine aufregendere Zeit gab, um Molekularbiologe zu sein.

Univ.-Doz. Dr. Ursula Hollenstein Ursula Hollenstein ist Infektiologin und Fachärztin für Tropenmedizin. Sie ist zuständig für Krankheitserreger jedweder Größe und Art, fühlt sich aber besonders zu Protozoen hingezogen, deren Anpassungsfähigkeit an unterschiedlichste Lebensbedingungen sie vorbildhaft findet. Ihre Schwerpunkte liegen auf Impfungen und Malaria. Mangels österreichischer Tropen wird ihre Arbeit häufig von unstillbaren Reisefieberattacken unterbrochen.

Dr. Ruth Grützbauch Ruth Grützbauch ist Astronomin und Spezialistin für die großen Zusammenhänge im Weltall. Nach ein paar Jahren als Wissenschaftsvermittlerin in einem der größten Radioteleskope der Welt nahe Manchester ist sie 2018 wieder nach Österreich zurückgekehrt und hat in Wien das Pop-up-Planetarium »Public Space« gegründet, in dem seither schon über 15 000 Menschen zu Gast waren.

Science Dog Woody Woody heißt eigentlich »Bandido de Lobito Azul«. Er ist ein Whippet, also ein kleiner englischer Windhund. Aufgrund der geringen Größe und der enormen Schnelligkeit wurden Whippets im 19. Jahrhundert eingesetzt, um dem Adel die Hasen aus den Wäldern zu jagen, was natürlich verboten war und auch noch immer ist. Woody muss daher heute nicht mehr wildern, sondern ist seit Dezember 2018 Ensemblemitglied der Science Busters.

Und alle Menschen, bei denen wir uns für ihre Hilfe bei der Entstehung dieses Buchs bedanken, finden Sie – Sie haben es schon erraten, hier: